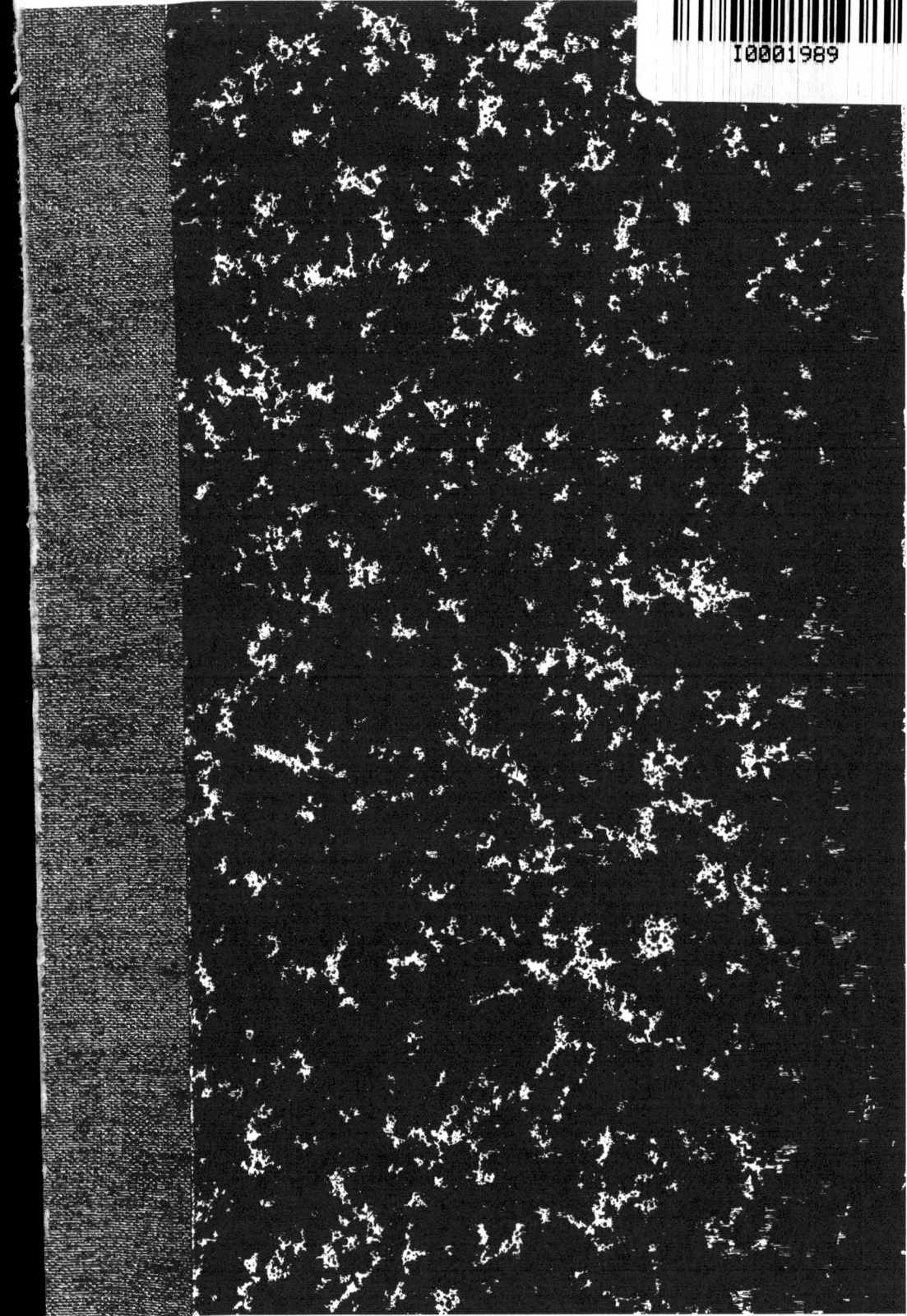

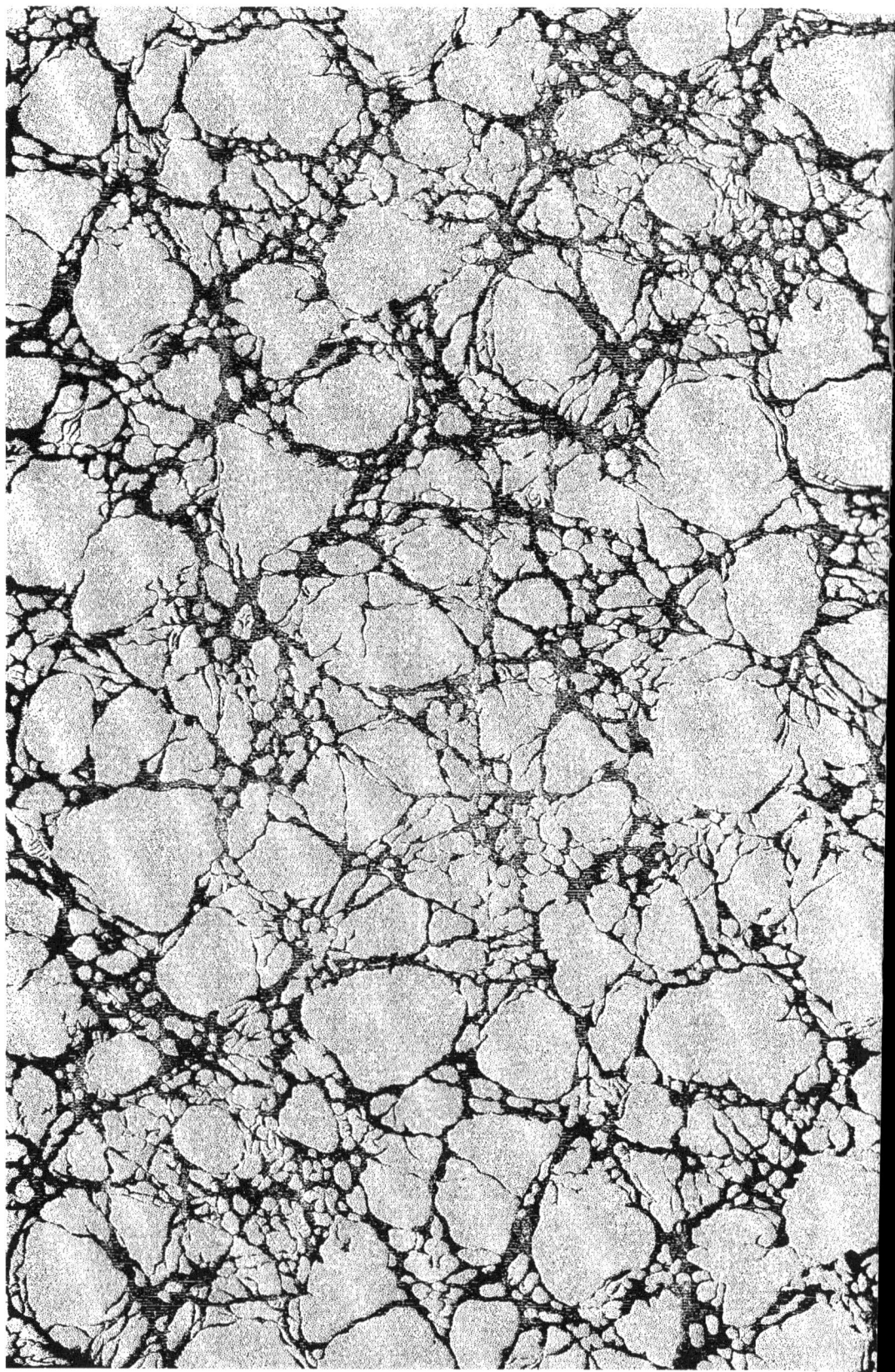

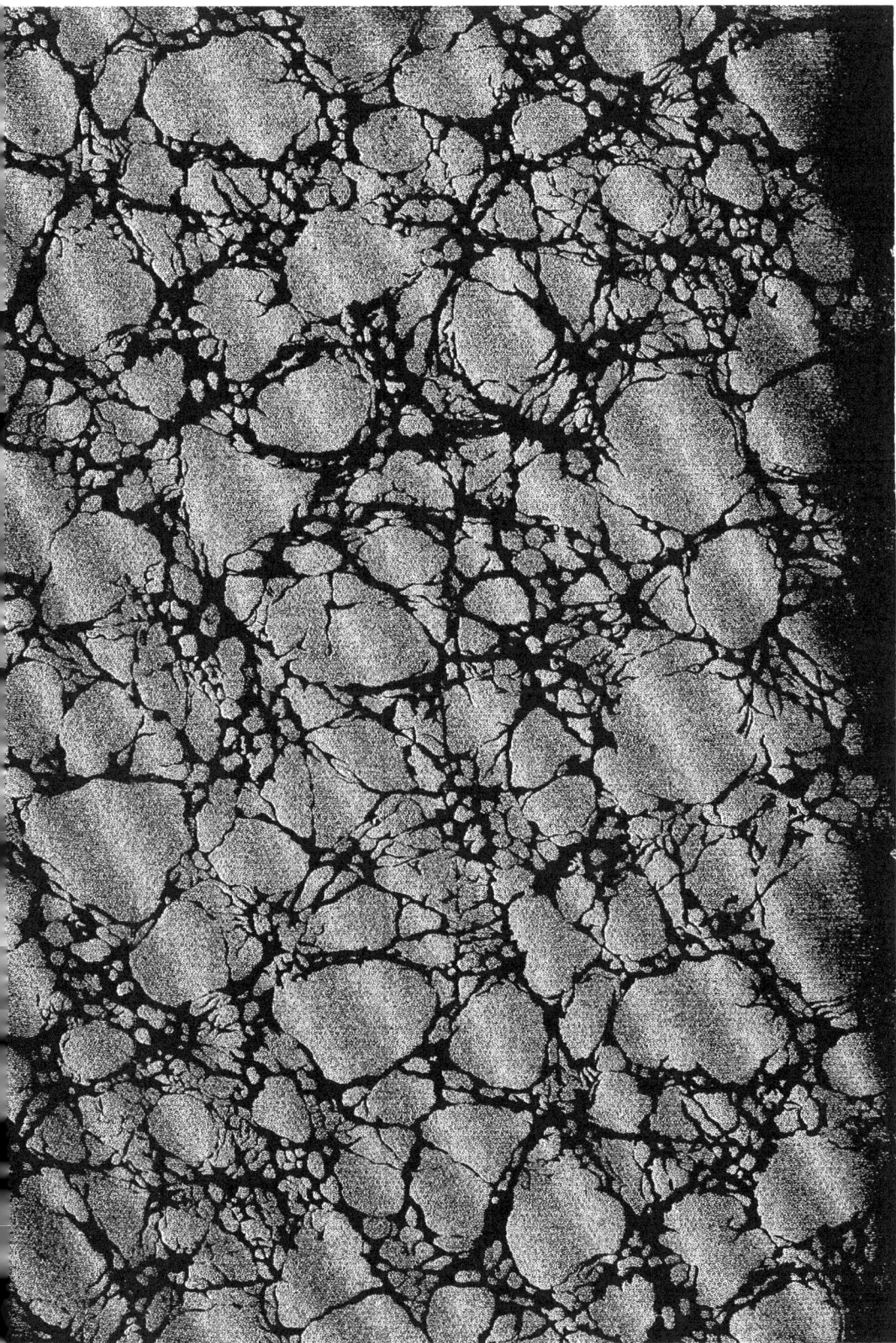

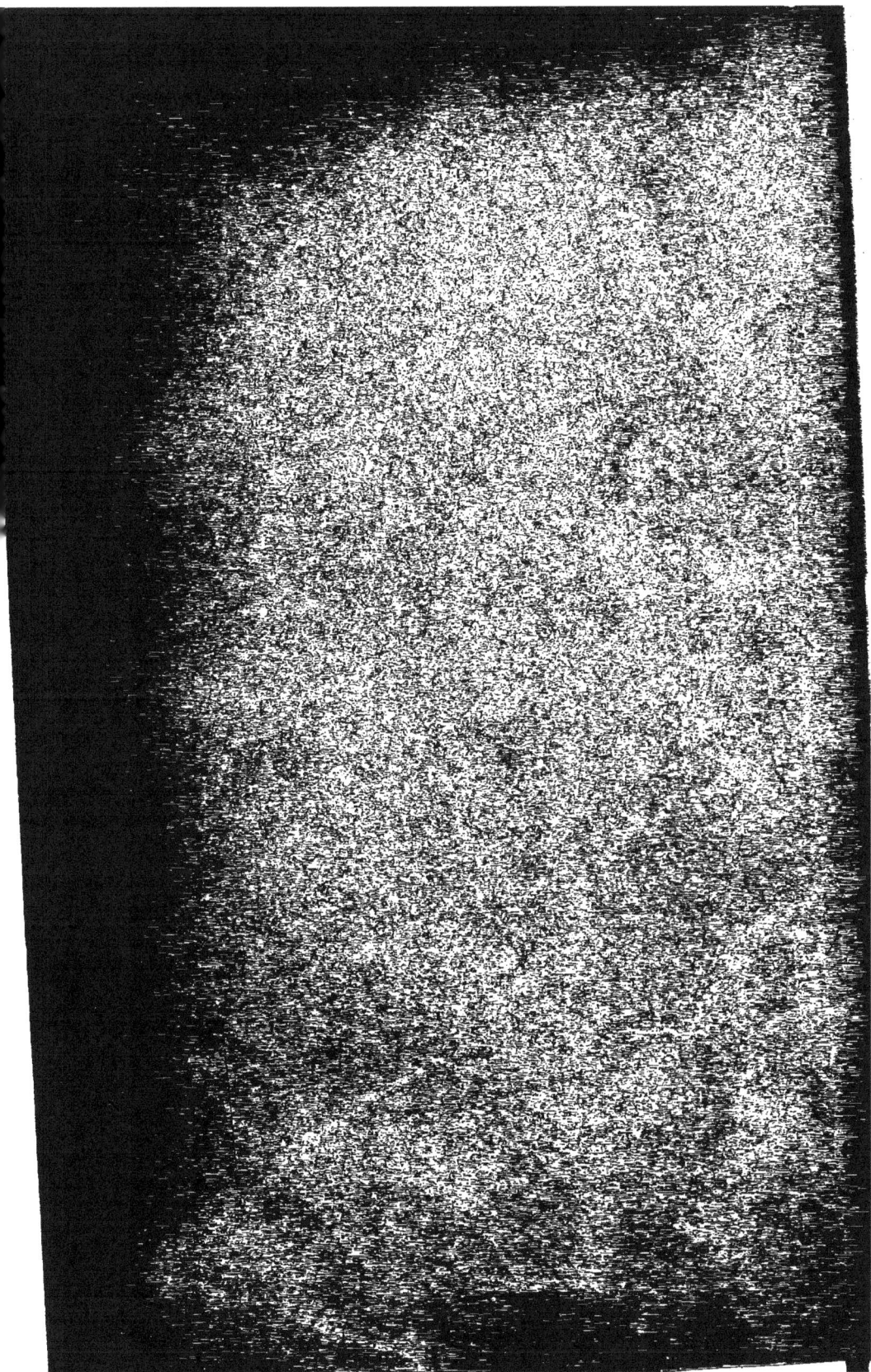

NOTE

LES DUNES DE GASCOGNE

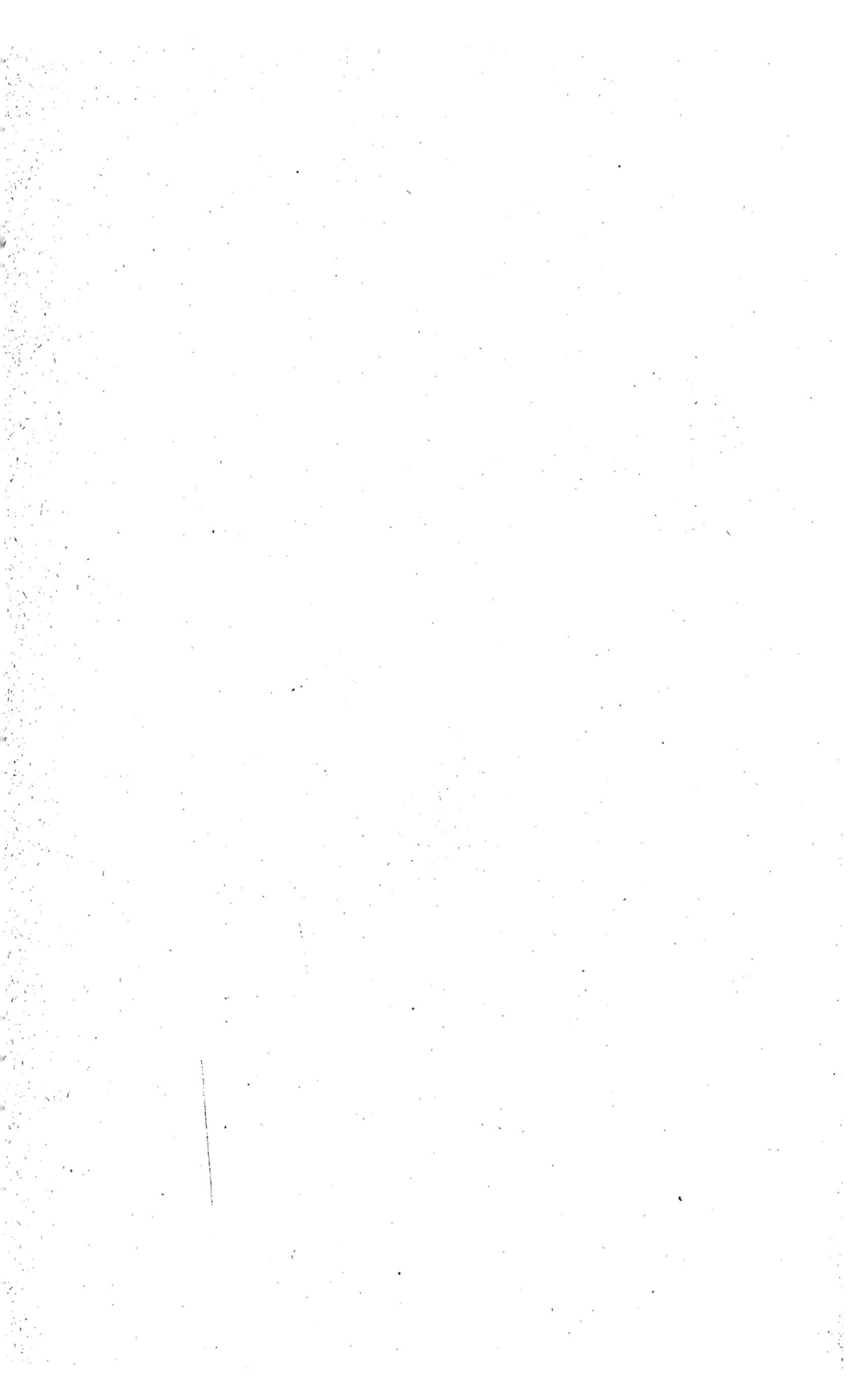

RÉPUBLIQUE FRANÇAISE

MINISTÈRE DE L'AGRICULTURE

ADMINISTRATION DES EAUX ET FORÊTS

EXPOSITION UNIVERSELLE INTERNATIONALE DE 1900

À PARIS

NOTE

SUR

LES DUNES DE GASCOGNE

PAR J. BERT

ADMINISTRATEUR DES EAUX ET FORÊTS

PARIS

IMPRIMERIE NATIONALE

MDCCCC

NOTE

SUR

LES DUNES DE GASCOGNE.

CHAPITRE PREMIER.

DESCRIPTION DES DUNES DE GASCOGNE.

Formation des dunes. — Sur les côtes de Gascogne, les cours d'eau sont déviés vers le sud. Ce phénomène est la conséquence de l'existence sur ces côtes d'un courant se dirigeant vers le sud-est, avec une vitesse d'environ 4 milles par 24 heures[1].

Sous l'influence de la composante parallèle au rivage de ce courant littoral, les sables sont entraînés du nord au sud en glissant le long de la côte.

Les matériaux sableux transportés ont une double origine : ils sont arrachés par la mer à ses rivages et aux fonds sous-marins, ou proviennent de la Garonne. Les sables déposés sont formés de grains de quartz renfermant en mélange des lamelles de mica, très abondantes sur certains points, des grains de jaspe noir, du fer oxydulé et des débris de coquilles[2].

La matière arénacée obstrue les embouchures des rivières ou courants, en constituant des barres puissantes, et les rejette vers le sud. Une seule exception à cette règle générale peut être mentionnée. A Bayonne, vers l'an 1500, les sables ont fermé l'embouchure de l'Adour. Cette rivière n'a pu se diriger vers le sud à

---

[1] *Bulletin de la Société de géographie*, 24 septembre 1893.

[2] A. de Lapparent. *Traité de géologie*, p. 152 : «La proportion de calcaire provenant des débris de coquilles ne s'élève qu'à 0,3 p. 100.»

cause de la résistance des terrains qui bordent sa rive gauche ; de plus, l'obstruction du lit s'étant produite assez loin dans l'intérieur, elle a obéi à la tendance naturelle qui entraîne vers la droite les cours d'eau des Pyrénées [1]. Elle s'est frayé, par suite, un passage au nord, dans la plaine sableuse de Capbreton, pour aller atteindre l'Océan à Vieux-Boucau, à 30 kilomètres environ de son point de départ.

Sur la demande de Henri III, l'architecte Louis de Foix a rétabli l'ancienne embouchure, après de longs travaux commencés en 1579 [2]. L'emplacement du lit temporaire de l'Adour est encore apparent sur le terrain.

Le mécanisme de la formation des dunes est le suivant:

Les matériaux transportés par les flots se déposent sur la plage, qui forme, entre la laisse des hautes et des basses mers, un plan légèrement incliné. Rapidement desséchés, ils sont soulevés par le vent, surtout dans la zone qu'atteignent seules les marées qui se produisent dans le voisinage des syzygies ; entraînés dans l'atmosphère ou roulant sur le sol, ils retombent ou s'arrêtent à une certaine distance, et s'accumulent en formant des rides et des monticules peu élevés. A 700 mètres en moyenne de la laisse des basses mers, une dune commence à se former et elle atteint une hauteur de 20 à 30 mètres; c'est la première chaîne de dunes. Les apports ultérieurs de sable l'accroissent peu; ces matériaux, poussés par le vent, remontent la pente occidentale, franchissent la crête et descendent sur le flanc oriental. Ils s'étalent et sont repris en partie par les vents pour former une deuxième chaîne et ainsi de suite. La pente du versant occidental des dunes est comprise entre 4 p. 100 et 25 p. 100 et celle du versant oriental entre 7 p. 100 et 75 p. 100.

---

[1] Collignon. *Mécanique appliquée*, t. II, p. 527 : «La tendance latérale des corps en mouvement à la surface de la terre se manifeste dans les grands cours d'eau, qui généralement appuient vers la droite dans l'hémisphère boréal.»

[2] Lyell. *Principes de géologie*, t. I, p. 738.

Les matériaux les plus gros restent près du rivage tandis que les plus ténus sont transportés au loin. De plus, la direction générale du vent n'est pas horizontale, elle est inclinée au-dessus de l'horizon à partir du rivage par suite de sa rencontre avec les amoncellements successifs de sable. Il faut aussi tenir compte de ce fait que l'altitude du plateau continental primitif croît de l'ouest à l'est; elle de 15 à 20 mètres à l'est des dernières chaînes de dunes. Les dunes augmentent donc en hauteur de l'ouest à l'est, leur inclinaison générale restant comprise entre 12 p. 100 et 19 p. 100.

A un certain moment le sable s'accumule sur le versant occidental et la crête s'écroule, de sorte que l'intervalle entre deux chaînes consécutives se comble lentement.

Il y a lieu aussi de remarquer que, par suite de l'amoncellement des sables, les lignes de crête et les lignes de thalweg tendent à se remplacer peu à peu, ce que l'on exprime parfois en disant que les dunes roulent comme des vagues sur elles-mêmes. Toutefois, ces déplacements sont assez lents et la forme générale du relief est assez stable [1].

Un mouvement de cette nature s'est produit à Soulac. En 1744, les sables couvraient l'église et empêchaient d'y pénétrer. Un procès-verbal de visite du 2 vendémiaire an x (24 septembre 1801) constate que le monument était dégagé :

De Cordouan nous sommes descendus à l'embouchure de la Gironde, sur la rive gauche de ce fleuve; notre premier soin a été de parcourir la côte et d'y faire choix du lieu le plus convenable pour l'établissement de nos premiers ouvrages. Nous y avons vu, avec peine, que le fort était menacé par la mer; qu'une assez grande partie de la pointe de Grave allait être incessamment envahie sans espoir de pouvoir l'empêcher; que la côte n'était qu'un désert affreux et dénué de toute espèce de production, et que les progrès rapides des dunes dans les terres étaient effrayants. L'église de Soulac en est une preuve incon-

[1] Voir, pour la formation des dunes, le *Traité de géologie* de A. de Lapparent, p. 148-149.

testable. Le clocher qui, il n'y a pas vingt ans, était enseveli sous une épaisseur de plus de vingt mètres de sable, en est aujourd'hui entièrement débarrassé et sert de balise, la montagne a passé [1].

Si on considère une dune d'une longueur limitée, dans son mouvement en avant les extrémités s'avanceront plus rapidement que le centre, parce qu'elles sont moins élevées et que le sable ayant une moindre hauteur à franchir chemine plus rapidement. En réalité, la forme en croissant résultant de cette inégalité de marche s'observe assez rarement. Les dunes forment des chaînes sensiblement parallèles au rivage ou plutôt perpendiculaires à la direction moyenne des vents, ou bien elles présentent, surtout à l'est, des formes très diverses et se composent de monticules distribués sans aucun ordre apparent. Le maximum de hauteur est atteint, en général, par les chaînes qui précèdent ces dunes en ordre confus.

Brémontier, dans son premier mémoire, décrit ainsi qu'il suit les dunes de Gascogne :

Ces dunes sont plus ou moins élevées et plus ou moins avancées dans les terres suivant les circonstances qui ont concouru à leur formation et qui en ont retardé ou accéléré la marche, telles que la violence et la direction des vents, la pente plus ou moins rapide du lit de la mer, du rivage et du terrain qu'elles ont envahi, et les différents obstacles qu'elles rencontrent.

La longueur de l'espace qu'elles occupent n'est quelquefois que d'un mille, et quelquefois de quatre, cinq et plus.

Leur hauteur, réduite quelquefois à 12 pieds, est le plus souvent de 60 à 150 pieds et même davantage.

Elles ne couvrent pas toujours cette vaste étendue : tantôt isolées ou contiguës, tantôt les unes sur les autres, elles sont encore divisées par chaînes,

[1] Procès-verbal de la visite de l'embouchure de la Gironde, relativement à la fixation et à la fertilisation des dunes du 2 vendémiaire an x (24 septembre 1801), signé par MM. Dubois, préfet; Bergevin, commissaire principal de la Marine; Brémontier, ingénieur en chef; Labadie, Bergeron, Catros et Guyet-Laprade, membres de la Commission des dunes; Peychan, inspecteur: Barennes, secrétaire du préfet.

entre lesquelles se trouvent des vallons [1] peu larges, d'une longueur souvent de plusieurs milles sans interruption.

Les dunes restent assez rarement dans le même état : leur sommet s'élève ou s'abaisse, elles se réunissent ou se séparent; de nouveaux vallons se forment et d'autres se remplissent et tous ces changements ou ce désordre sont l'effet des vents dont elles semblent le jouet.

Les vallons qui se forment entre les dunes changent de place comme les montagnes.....

Cette immense surface, comparable à celle d'une mer en fureur dont les flots élevés seraient subitement fixés dans le fort d'une tempête, n'offre aux yeux qu'une blancheur qui les blesse, une perspective monotone, un terrain montueux et nu, enfin un effrayant désert.

Tandis que les sables envahissent le territoire, la mer, qui, même dans les temps calmes, brise en écumant le long des côtes sur toute la ligne maritime, vient, quand les vents la soulèvent, entamer la grève que les dunes ont quittée et en arracher les sables qu'elles avaient abandonnés dans leur fuite. Ces sables mêlés à ceux des fonds, à ceux des bancs immenses qui bordent le golfe et à ceux qui résultent des graviers, sans cesse broyés par les flots, fournissent à l'Océan les matériaux destinés à étendre ou à élever encore les dunes du rivage.

Vitesse des dunes. — Forme. — Altitude. — Superficie. — Volume des sables. — La vitesse de propagation vers l'est des dunes de la Teste a été évaluée par Brémontier à 20 mètres par an, mais il s'agit d'une situation particulière : la pointe du Bernet était attaquée par les courants locaux et les produits de l'érosion étaient entraînés au nord-est, accumulés sur la plage et poussés par les vents d'ouest.

La marche de la dune qui a envahi l'église de Soulac a été assez lente, ainsi qu'on l'a vu précédemment. En 1775, l'église de Mimizan était sur le point d'être recouverte par les sables, mais cette situation menaçante s'est maintenue jusqu'en 1803, première année de l'exécution des travaux de fixation dans la région. D'après un

---

[1] Ces vallons se nomment dans le pays lettes, leytes, lèdes et parfois allettes. On leur donne quelquefois le nom d'escourre (défilé). Clairac (*Us et coutumes de la mer*, édition de 1661, p. 124) emploie l'expression lède pour : rivage de la mer.

procès-verbal de bornage de 1783 de la seigneurie de Castelnau, l'ancienne église de Lège était située dans le voisinage de la dune de *Pas-Cazaux*, c'est-à-dire à 2,000 mètres environ au nord de l'église actuelle. Quant à l'ancienne église du Porge, elle se trouvait sur l'emplacement de la dune de *Gleize-Vieille*, à 4,000 mètres au nord de la précédente, soit à 6,000 mètres au nord de l'église actuelle de Lège. Les dunes de Pas-Cazaux et de Gleize-Vieille sont situées sur la limite occidentale du massif de la Gironde.

On ne peut donc assigner aucune valeur précise à la vitesse de propagation des rides sableuses et par suite on ne peut utiliser cette valeur pour essayer de fixer le commencement de l'époque de la formation des dunes. Au contraire, on peut se baser sur les documents historiques pour déterminer cette vitesse en certains points.

Ainsi, en 1277, la forêt usagère de Biscarrosse s'étendait jusqu'à l'Océan d'après des lettres-patentes datées de Bordeaux, mois de juillet.

D'un autre côté, d'après Strabon et Ausone, les sables, à leur époque, n'envahissaient pas encore le pays.

Strabon (*lib. IV*), en parlant de l'Aquitaine, s'exprime ainsi[1] :

> Aquitaniæ solum quod est ad litus
> Oceani, majore sui parte arenosum
> Est et tenue, milio alens reliquarum
> Frugum minus ferax.

Une épître d'Ausone à Théon, habitant du Médoc, renferme le passage suivant[2] :

> Quid geris, extremis positus telluris in oris,
> Cultor arenarum vates? Cui litus arandum
> Oceani finem juxta, solemque cadentem.....

---

[1] Rapport du 6 décembre 1817 de M. Le Boullenger, ingénieur en chef du département des Landes.

[2] A. de Lapparent. *Traité de géologie*, p. 154.

Montaigne, en 1580, donne des renseignements assez précis dans ses *Essais*, livre I, chap. XXX :

Il me semble qu'il y ait des mouvements naturels les uns aux autres, fiévreux dans ces grands corps comme aux nôtres.

Quand je considère l'impression que ma rivière de Dordogne fait de mon temps sur la rive droite de sa descente, et qu'en vingt ans elle a tout gagné et dérobé le fondement à plusieurs bâtiments, je vois bien que c'est une agitation extraordinaire. Car si elle fût toujours allée de ce train ou dût aller à l'avenir, la figure du monde serait renversée; mais il leur prend des changements. Tantôt elles s'épandent et tantôt elles se contiennent. Je ne parle pas de soudaines inondations, de quoi nous manions les causes.

En Médoc, le long de la mer, mon frère, sieur d'Arzac, voit une sienne terre ensevelie sous les sables que la mer vomit devant elle. Le faîte d'aucuns bâtiments paraît encore; ses rentes et domaines se sont échangés en pacages bien maigres. Les habitants disent que, depuis quelque temps, la mer pousse si fort vers eux qu'ils ont perdu quatre lieues de terre. Ces sables sont ses fourriers, d'arènes mouvantes qui marchent une demi-lieue devant elle et gagnent pays.

Ces différents documents permettent d'assigner une durée probable de 5 siècles à la période de formation des dunes actuelles, du XIVe au XVIIIe siècle inclusivement [1]; la largeur moyenne de ces dunes étant de 5 kilomètres, la vitesse moyenne de propagation serait ainsi de 10 mètres par an. Il y a lieu, toutefois, de remarquer que cette vitesse a varié dans d'assez larges limites, selon les époques et les endroits considérés. Ainsi on a déjà dit que selon Brémontier, vers la fin du siècle dernier, les dunes de la Teste s'avançaient vers l'est de 20 mètres par an. Il résulte aussi de procès-verbaux de bornage de la seigneurie de Castelnau que la marche des dunes de Lège a été de 25 mètres par an environ, de la fin du XVIIe siècle à la fin du XVIIIe.

Le rapport du 6 décembre 1817, déjà cité, de M. Le Boullen-

[1] Les principaux travaux de fixation des dunes ont été exécutés au commencement du XIXe siècle.

ger, ingénieur en chef à Mont-de-Marsan renferme, en ce qui concerne la forme des dunes, les renseignements qui suivent :

Les dunes plates (*Chioule-bent*, *siffle-vent*) sont celles dont l'inclinaison est vers les terres et qui s'avancent par un talus longuement prolongé depuis leur sommet jusqu'au niveau de l'ancien sol. Ces sortes de dunes marchent avec une extrême rapidité, parce que le sable qui a reçu la première impulsion depuis le sommet de la dune est aidé par son propre poids dans sa course. Elles se trouvent toujours dans certains courants violents que prennent les vents; de là leur nom.

Ces sortes de dunes couvrent les héritages d'une première couche de sable imperceptible, mais qui augmente toujours en épaisseur. Souvent la percussion répétée de ces sables suffit pour faire périr tout ce qui végète, même les arbres les plus puissants; elles encombrent les lits des canaux de dégorgement, changent leur direction et, lorsque ceux-ci ne peuvent les contourner, occasionnent des submersions dans le pays.

La dune plate a un autre talus qui s'étend de son sommet vers la lette où elle a pris naissance; ce talus est toujours dirigé vers la mer et c'est sur lui que les vents exercent leur action. Pressant continuellement sur ce plan de forme circulaire, ils en détachent les molécules, les portent au sommet de la dune avec des efforts assez lents et successifs, mais une fois parvenues à cette hauteur celles-ci volent avec rapidité sur le plan très incliné où elles reposent.

Les dunes hautes ont également un plan incliné qui s'étend du côté de la mer, à partir de la lette ou vallée qui leur sert de base jusque vers le sommet; mais ces sortes de dunes sont coupées presque à pic à partir à peu près de leur sommet. Le talus qui les termine est celui que prend cette espèce de sable versé avec une extrême précaution. Il tombe sur la lette par tranches parallèles à cette inclinaison et pas un grain ne tombe au delà, de sorte que les talus de cette nature fournissent un abri et de la fraîcheur aux plantes; les lettes ainsi situées sont en général plus riches en végétation au pied des dunes que partout ailleurs. Il semble que le vent pousse le sable depuis le pied de la dune jusqu'à son sommet, que, l'inclinaison de la dune ayant donné au vent une direction d'ascension, il n'a plus la force de soutenir le sable qu'il abandonne à peu de distance du sommet, et que, quand la masse de ces sables est assez considérable, ils brisent leur légère adhésion et tombent comme un métal fluide le long du talus très incliné formé par les sables précédents. Il suit de ce travail que l'avancement de ces dunes est fort lent, mais aussi tout est étouffé à leur approche; en effet, elles couvrent tout, brusquement d'une tranche de sable de 15 à 40 mètres de hauteur. Lorsque ces dunes se versent dans un étang, il se produit souvent de très fortes détonations, parfois comme un coup de canon.

Enfin, on distingue les dunes éparpillées. Lorsqu'une dune est parvenue, après plusieurs retours successifs, dans l'intérieur des terres, il arrive souvent qu'un accident la divise : alors, elle s'éparpille par le vent et disparaît en formant des bancs à différentes hauteurs sur les plaines adjacentes. Bientôt la végétation couvre ces bancs peu épais et la dune est pour toujours fixée.

La direction des dunes est de l'ouest à l'est, comme la résultante des vents dominants. La dune est par suite toujours arrondie du côté où les vents la frappent, et le côté opposé seul approche de la forme verticale autant que la nature du sable peut le permettre. Cependant cette forme conique qu'elle prend sous l'aspect du vent n'est pas la plus commune; elle n'a lieu que pour les dunes isolées. Souvent les dunes affectent une forme barlongue, mais elles ont toujours leur flanc du côté du vent en plan très incliné.

Le vent, retroussant toujours le sable du pied de la dune pour le porter à son sommet, pousse ce sable en avant vers les terres. Il comble les lettes ou vallées herbeuses qui existaient, mais il découvre en même temps des espaces ensevelis depuis des siècles.

Cependant certaines lettes, Petit-Durand et Grand-Durand, par exemple, sont découvertes depuis des siècles bien qu'entourées de dunes envahissantes en tous sens. On ne peut douter de l'antiquité de ces lettes aux pins, chênes et lièges qu'on y trouve; les eaux y séjournent et nuisent à la végétation.

Un mémoire du 26 messidor an VIII (15 juillet 1800), de M. Fleury, membre du Conseil d'arrondissement de la Teste, renferme des considérations analogues à celles qui précèdent.

L'altitude des sommets de la chaîne la plus élevée ne dépasse guère 60 mètres; pourtant on observe dans les dunes de Biscarrosse une hauteur de 89 mètres.

D'après les levés effectués de 1818 à 1822, la contenance des dunes est la suivante :

Département de la Gironde................	53,233 hect.
Département des Landes..................	49,589
TOTAL................	102,822

Brémontier l'avait évaluée à 110,000 hectares [1] dans ses premiers mémoires, et à 113,887 hectares dans son mémoire du 20 pluviôse an XII (10 février 1803).

L'évaluation de M. de Villers, dans son mémoire de 1779, est de 1,114,650 journaux, mesure de Bordeaux, soit 355,685 hectares, le journal de Bordeaux ayant une valeur de 840 toises carrées; cette contenance comprend évidemment la région des dunes et celle des étangs.

D'après Brémontier, la longueur des dunes entre la Garonne et l'Adour est de 234 kilomètres; la largeur moyenne, de 5 kilomètres, et la hauteur moyenne, de 17 mètres [2]. Il pense que la formation des dunes sur les côtes de Gascogne remontait à 4,215 ans, au commencement du siècle actuel, et il évalue à 15 ou 18 mètres cubes par mètre courant le volume des sables rejetés annuellement par l'Océan [3]. Ce même volume est estimé à 25 mètres cubes par M. Ritter, ingénieur des ponts et chaussées à Mont-de-Marsan, dans son rapport du 27 septembre 1862.

On peut admettre que la quantité de sable déposée a été de 15 à 18 mètres cubes ou de 25 mètres cubes sur les points considérés par Brémontier et par M. Ritter et à l'époque de leurs observations, mais il paraît plausible de supposer qu'il y a eu une période d'apports beaucoup plus importants.

Il y a lieu d'ailleurs de remarquer que les dépôts antérieurs à ceux de l'ère actuelle, dépôts dont il sera question dans le paragraphe suivant, n'ont pas seulement fermé les anciennes échancrures du rivage et comblé en partie le centre du golfe de Gascogne; ils ont aussi constitué des montagnes de sable qui ont été surmontées pour la plupart par les dunes de formation récente.

[1] Institut national des sciences et arts. Séance du 16 floréal an VIII (6 mai 1800). Rapport de Coulomb, Parmentier et Prony.

[2] Société d'agriculture du département de la Seine. Séances des 5 et 19 février 1806. Rapport de MM. Gillet-Laumont, Tessier et Chassirou.

[3] Institut national des sciences et arts. Séance du 16 floréal an VIII (6 mai 1800). Rapport de Coulomb, Parmentier et Prony.

Il semble que l'on aura tenu compte dans une mesure suffisante de ces diverses circonstances en réduisant à 8 mètres l'épaisseur moyenne des apports récents, étendus sur une largeur moyenne de 5 kilomètres et sur une longueur de 234 kilomètres, Dès lors, en admettant une durée de cinq siècles pour la formation des dunes actuelles, le volume moyen déposé annuellement par les eaux serait de 80 mètres cubes par mètre courant.

On peut donc admettre que le phénomène de formation des dunes récentes a présenté une période d'intensité beaucoup plus active qu'actuellement, qui peut avoir coïncidé avec une période de grandes érosions de la Garonne et de ses affluents.

Deux formations distinctes de dunes. — Origine des sables. — Les sables sur lesquels des travaux de fixation ont été exécutés pendant la première moitié du siècle actuel sont des dunes récentes. Une formation plus ancienne avait eu lieu antérieurement; elle constitue encore de nos jours les *montagnes* de Lacanau, de la Teste, de Biscarrosse, de Contis, etc.

Ces anciennes dunes, dont la création coïncide probablement avec celle des étangs, étaient occupées par des forêts de pins, de chênes et de chênes-liège.

On a vu précédemment que la forêt de Biscarrosse s'étendait jusqu'à l'Océan vers la fin du xiie siècle.

M. Le Boullenger, dans son rapport déjà cité du 6 décembre 1817, donne la description suivante de la forêt de Contis :

Cet antique bois de 150 hectares, composé de lièges, de pins et de chênes qui ne tombent jamais que par l'effort des tempêtes et dont on ne daigne pas employer les débris, doit son nom à une vieille chapelle que je crois dédiée à Saint-Jacques. Les miracles du saint sont peints en différentes scènes, sur un tableau en bois que j'ai pris la peine de nettoyer. La date, assez récente, est de 1657, mais il a pour pendant une autre peinture très fruste dont les inscriptions sont en gothique du xiiie au xive siècle; il est dédié à Sainte-Catherine.

La ville et le territoire de Soulac ont été donnés à l'abbaye de Sainte-Croix de Bordeaux par Guillaume-le-Bon, comte de Bordeaux, duc d'Aquitaine. L'acte de donation, qui remonte au milieu du xe siècle, est ainsi conçu : « Villa quae vocatur Solac cum oratorio Sanctae Dei genitrix Mariae, cum aquis dulcis de mare salissâ usque ad mare dulce, cum montanis, cum pinetâ, cum piscatione, cum cunctis pratis, saluissivâ capiente, cum servis et ancillis, cunctae haec de Deo et huic altari in honorem Sanctae Crucis aedificato ».

On peut citer encore le passage suivant d'un rapport du 19 germinal an x, de M. Guyet-Laprade, conservateur des forêts à Bordeaux.

> Parcourant ensuite les parties des dunes qui séparent la grande et la petite forêt de la Teste, nous avons observé que ce vide présente une longueur de plus de 4 milles sur une largeur de 12,000 mètres au moins qui autrefois ne faisait qu'une seule et même forêt. Parcourant les dunes, nous avons aperçu la cime de plusieurs arbres pins qui auparavant avaient plus de 50 pieds de hauteur; ils paraissent et disparaissent au gré des vents, mais on peut en approcher sans crainte lorsque le vent est calme. Il devient pressant de recouvrir toute cette partie qui, en réunissant les deux forêts, abritera le bourg de la Teste [1].

La forêt de la Teste a été grevée de droits d'usage au profit des habitants du captalat de Buch par actes de 1468 et de 1535; ce massif, d'une contenance de 3,854 hectares, appartenait en 1863 à 147 propriétaires distincts. « Elle n'est autre chose qu'une chaîne de dunes et ne diffère de celles plus près de la mer que par sa production. Elle est recouverte de superbes arbres, pins, chênes et autres essences; l'essence dominante est le chêne, et, malgré une mauvaise gestion qui tend à le faire disparaître, il semble que la

---

[1] On reconnaît quelquefois sur le bord de la mer des souches de pin, des débris de fourneaux, qui donnent des preuves non équivoques que ces terres ont été très anciennement — car on ne peut désigner le temps — plantées de bois de pin et exploitées (Brémontier).

nature se plaît à faire tous ses efforts pour suppléer aux plus grandes dévastations [1] ».

Cette double formation de dunes se rattache à la question de l'origine des sables.

D'après Brémontier, les matériaux des dunes de Gascogne proviendraient des érosions de la mer sur ses côtes depuis l'île d'Ouessant jusqu'au cap Ortegal, mais la comparaison des sables au nord et au sud de l'embouchure de la Gironde ne permet pas d'adopter cette opinion.

Les dunes de la Coubre sont, en effet, formées d'éléments très fins, de teinte grise, assez riches en débris de coquilles et en oxydule de fer et renfermant du mica très divisé. Au sud de l'embouchure de la Gironde, au contraire, les éléments sont plus gros, blancs ou jaunâtres, avec quelques grains noirs et parfois rouges ou verts ; les lamelles de mica sont de la dimension des grains les plus gros, les débris de coquilles et l'oxyde de fer sont moins abondants.

On peut admettre que les produits des érosions marines et fluviales depuis l'île d'Ouessant jusqu'à la pointe de la Coubre ont formé les dunes qui font en partie l'objet du quatrième mémoire de Brémontier, en date du 20 pluviôse an XII.

En ce qui concerne les côtes de Gascogne, il s'est produit certainement quelques érosions, de la pointe de Grave à la pointe de Batsable ou de la Négade notamment, mais la majeure partie des dépôts paraît provenir du bassin de la Garonne. Ce fleuve, qui arrive à l'Océan après un trajet relativement assez court (650 kilomètres), entraîne de nombreux éléments sableux qui sont repris par la composante parallèle au rivage du courant du sud-est et déposés peu à peu sur le littoral. L'abondance de ces dépôts décroît en avançant vers le sud ; la puissance des dunes de la partie

---

[1] 23 prairial an V (11 janvier 1797). Procès-verbal de visite des dunes de la Teste, par M. Guyet-Laprade, maître particulier des forêts.

méridionale du département des Landes diminue rapidement à partir du courant de Contis.

Les transports de la Leyre ont dû contribuer à la formation des dunes au sud du bassin d'Arcachon; on peut expliquer ainsi la grande puissance des dépôts de Biscarrosse.

Tous les éléments qui constituent les sables de cette région : quartz, mica, lydienne et oxyde de fer, se trouvent dans les terrains qui forment les terrasses et les vallées de la Garonne et de ses affluents. « Les cailloux et les graviers de ces terrasses et vallées proviennent d'ailleurs de roches des Pyrénées; ils ont été arrachés à ces montagnes par des courants énergiques et transportés dans les plaines » [1].

La formation des dunes du Languedoc est due à une cause analogue :

Entre l'embouchure de l'Hérault et celle du Rhône, une série de marais salants bordent la côte. Ces lacs d'eau saumâtre sont séparés de la mer par un mince cordon littoral formé de dunes dont la hauteur ne dépasse pas 8 à 10 mètres. Toute la côte est calcaire, mais le sable des dunes est siliceux.

D'où peut provenir cette silice? où sont les rochers qui l'ont produite? C'est dans les Alpes qu'il faut chercher leur origine. Lorsque les anciens glaciers sont descendus dans les vallées jusqu'aux bords du Rhône, entre Lyon et Vienne, mais moins bas dans les vallées méridionales, ils ont laissé sur place tous les débris, blocs, cailloux, sable, qu'ils transportaient sur leur dos ou charriaient dans leurs flancs. Quand ces glaciers fondirent et reculèrent, tous ces débris accumulés furent entraînés vers la mer par les eaux résultant de cette fonte prodigieuse. Les roches friables, les calcaires tendres, les grès furent réduits en poudre par le frottement avant d'arriver au débouché des vallées; mais les roches dures et, en particulier, les roches siliceuses, les quartzites parvinrent sous forme de cailloux arrondis dans la plaine du Rhône; ils y formèrent de grandes nappes dont la Crau est la plus étendue et la plus célèbre. Ces cailloux ne s'arrêtèrent pas au bord de la mer, ils dépassèrent le rivage. Depuis cette époque, des milliers d'années se sont écoulées; ces cailloux, balancés par le flot, s'usèrent réciproquement et prirent la

[1] Leymerie. *Description géologique et paléontologique des Pyrénées*, p. 862. Voir aussi p. 863, 867 et 929.

forme de galets aplatis; mais le sable résultant de cette usure, emporté par les vents, a formé les dunes que nous voyons. Les cailloux générateurs des dunes n'ont pas disparu de la plage. Sur toute la côte de Montpellier on les voit mêlés aux coquilles; aussi le sable des dunes est-il formé de 75 p. 100 environ de silice et de 25 p. 100 de calcaire provenant en grande partie des coquilles que le flot broie contre le rivage. Ainsi tout se lie à la surface du globe, et les dunes des rivages languedociens doivent leur origine aux débris accumulés d'abord dans les vallées par les anciens glaciers des Alpes provençales [1].

En admettant que les sables proviennent en grande partie de la Garonne [2] on comprend qu'il y ait eu une formation ancienne de dunes. Cette formation, qui a coïncidé avec une époque de fusion des glaciers pyrénéens, a pu être suivie d'une période de précipitations atmosphériques assez intenses pour fixer les sables mobiles et pour permettre à la végétation de s'en emparer. Ces anciennes dunes sont en effet boisées en pin maritime, chêne pédonculé et chêne-liège : les chênes-liège de la forêt de Contis sont remarquables par leurs fortes dimensions qui indiquent un âge très avancé.

La formation nouvelle coïnciderait avec une période récente d'érosions provenant peut-être du développement de la culture et du défrichement du bassin de la Garonne. Peut-être aussi pourrait-on faire intervenir, dans une certaine mesure, un déplacement des lignes de rivage. Mais rien n'indique qu'on puisse l'attribuer au déboisement du littoral. Si un tel déboisement avait été effectué, pourquoi, en effet, aurait-on respecté les *montagnes* de Lacanau, la Teste, Biscarrosse, Mimizan, Contis qui se trouvaient les plus rapprochées des centres de population? D'ailleurs de nos jours, l'état boisé de la dune du Sablonney, au sud d'Arcachon, n'empêche pas son ensablement.

[1] Ch. Martins. *Du Spitzberg au Sahara*, p. 370-371.

[2] Si cette hypothèse est exacte, les travaux de restauration dans les Pyrénées doivent amener une diminution dans les apports de sable.

Étangs. — Érosions. — Landes, dunes, lettes; distinction entre ces diverses modalités du sol. — Végétation naturelle des dunes. — Production ancienne de la région des dunes. — Climat. — Les anciennes échancrures des côtes du golfe de Gascogne ont été séparées de l'Océan par des cordons littoraux constitués par de puissants apports de sable. C'est à cette cause qu'est due la formation des étangs compris entre la Garonne et l'Adour. Un seul de ces étangs, celui d'Arcachon, communique directement avec la mer; les autres déversent leurs eaux dans l'Océan par le bassin d'Arcachon et par les *boucauts* ou *courants* de Mimizan, de Contis, d'Huchet, de Vieux-Boucau et de Capbreton. On reconnaît encore sur le terrain les emplacements des anciens courants de Cazau et d'Hourtin. «Comblés en partie soit par le sable même des dunes, soit par l'apport des cours d'eau de l'intérieur, ces étangs ont perdu leur salure primitive, entraînée par voie d'infiltration sans jamais pouvoir se renouveler, et sont aujourd'hui à un niveau supérieur à celui de l'Océan [1]. »

Ce phénomène se continue de nos jours à Arcachon. L'extrémité du cap Ferret est située actuellement à 4 kilomètres au sud de l'emplacement qui lui était attribué par M. de Kearney en 1768. Des dépôts de sable se forment toujours et, dans un avenir plus ou moins rapproché, réduiront la largeur de l'entrée du bassin; la profondeur du chenal paraît, toutefois, devoir se maintenir par suite de l'écoulement des eaux provenant de la Leyre et des étangs voisins.

De plus, sur les côtes plates et basses, les apports de sable peuvent contribuer à l'accroissements des continents. «En se dressant sur les rivages à une grande hauteur, les dunes isolent de l'Océan une partie de la plage qui devait, au moins dans les grandes marées, appartenir au domaine maritime [2]. »

---

[1] A. de Lapparent. *Traité de géologie*, p. 169. — [2] *Ibid.*, p. 156.

Cette opinion des géologues se trouve exprimée dans divers mémoires déjà anciens : .

Il y avait autrefois sur la côte, à 7 lieues environ du bassin, une petite rivière nommée Enchize, qui allait vers l'étang de Cazaux : la tradition est même que cet étang était un port, et tout indique qu'il en était de même de tous les autres étangs qui se trouvent situés le long des dunes, au nord et au sud du bassin d'Arcachon. Il est très vraisemblable que les sables ont bouché les entrées de ces havres, qui sont devenus, par la succession des temps, les étangs considérables que l'on y trouve aujourd'hui, et que ces sables les ont partie comblés et haussés tels qu'ils sont maintenant[1].

Il exista autrefois des bassins tels que celui d'Arcachon, quoique peut-être moins étendus. Quelques-uns avaient des issues assez considérables pour la petite navigation . On en cite un dans la partie du nord, qu'on désigne sous le nom de port d'Anchise. Dans la partie du sud, on en cite un autre vis-à-vis l'étang de Cazaux, dans lequel on distingue en effet un chenal très profond qui aboutit au pied des dunes qui la bordent.

Enfin, on en cite un troisième à Mimizan, dont l'ancienne commune, que l'on sait avoir été très considérable, est presque totalement ensevelie aujourd'hui.

Ces issues s'étant fermées successivement par le progrès des sables, il resta une grande quantité d'eau sans écoulement. Les eaux courantes ayant continué à s'y verser, il en est résulté ces lacs ou étangs qui n'ont aujourd'hui que de faibles débouchés dans la mer, savoir : par le bassin d'Arcachon, ceux qui sont dans la partie du nord; par les boucauts ou courants de Mimizan, de Lon, de Contis, ceux qui sont dans la partie du sud.

Ces étangs, dans toute leur étendue, sont bordés d'un côté par les dunes qui, avançant toujours, forcent les eaux à reculer de sorte qu'elles envahissent le pays[2].

Il est présumable que la mer occupait anciennement l'emplacement actuel des dunes, qu'elle s'est continuellement reculée au centre du golfe. La comparaison d'une carte de Blaw, de 1638, avec nos cartes actuelles donne l'idée de l'accroissement que le rivage a successivement éprouvé. Ce fait est en désaccord avec les idées de Brémontier sur les dunes et avec les observations

_____

[1] Mémoire de 1779 de M. de Villers. — [2] Mémoire du 26 messidor an VIII (15 juillet 1800), de M. Fleury, de la Teste.

faites à Saint-Jean-de-Luz, à la pointe de Grave, à la Teste même; mais ce ne sont là que des affouillements locaux sans importance qui ne peuvent faire repousser l'atterrissement général du centre. On accordera facilement que, si la pointe de Grave se détruit, elle n'éprouve cette destruction que jusqu'à une certaine distance au sud, et que, là, il y a plutôt apport qu'affouillement [1].

L'Océan travaille sans cesse à combler le golfe de Gascogne aux dépens des côtes et des promontoires plus avancés [2].

Le niveau supérieur des étangs est d'autant plus élevé au-dessus du niveau moyen de la mer que ces étangs sont plus éloignés du rivage. Ainsi la surface des eaux est à 18 mètres d'altitude pour les étangs de Cazau [3] et de Biscarrosse, de 12 mètres pour Lacanau et Hourtin, de 6 mètres pour Aureilhan, de 4 mètres pour Lit et Léon, et de 2 mètres pour Soustons.

La hauteur des rivages au-dessus du niveau de l'Océan était d'autant plus considérable que les échancrures étaient plus profondes et qu'elles pénétraient ainsi dans les parties élevées de la lande. Il faut aussi tenir compte de ce fait que, pour le jeu des marées, une différence de hauteur de 4 à 5 mètres était nécessaire, entre le rivage et le niveau des basses mers.

Bien que ces étangs aient été comblés en partie par les sables, ils présentent encore actuellement des fonds situés au-dessous du niveau de la mer. « Ces sables prennent un talus proportionnel à la puissance de la vague et, par conséquent, à l'étendue de la nappe d'eau. Ainsi, dans les étangs de Saint-Julien [4] et de Mimizan le talus est de 4 à 5 pour 1, dans celui de Biscarrosse il est de 7 à 8,

---

[1] Rapport du 17 août 1840, de la Commission des dunes, créée par décisions de 1838 des Ministres des finances et des travaux publics.

[2] Rapport sur les mémoires de Brémontier, lu, les 5 et 19 février 1806, à la Société d'agriculture du département de la Seine.

[3] D'après un nivellement effectué en 1821, l'étang de Cazau était, à cette époque, élevé de 17 m. 92 au dessus du bassin d'Arcachon.

[4] L'étang de Saint-Julien est aujourd'hui desséché et cultivé.

et dans celui de Cazau il est dans certains endroits de 10 pour 1, et quelquefois plus prononcé [1] ».

Plusieurs des courants reliant ces nappes d'eau à l'Océan ont été obstrués complètement par les sables. En établissant un puits foré en 1892 près de la maison forestière de la Salie, dans la forêt domaniale de la Teste, à l'ouest de l'étang de Cazau et à 750 mètres de la mer, on a rencontré, à une profondeur de 15 mètres, une couche de limon formant le sol primitif recouvert actuellement par la dune; ce limon, qui renferme des parcelles de mica, paraît constituer le fonds de l'ancien boucau de Cazau.

Une carte, de Claude Masse, datant du commencement du XVIIIe siècle, porte cette annotation au-dessous de la pointe de Babila, dans l'étang d'Hourtin : « ancien boucau où s'écoulaient les eaux de ces étangs ».

« En face du passage de Navarrosse, qui permet d'entrer dans l'étang de Cazaux en venant de celui de Biscarrosse, le long de la mer, il sort de dessous les dunes une forte rivière d'eau douce : l'endroit se nomme le Grand Bivouesse (le grand vivier) [2]. »

A Vendays, le marais de la Perge se déverse de même dans l'Océan par un courant sous les sables.

Par suite de l'ensablement complet ou partiel des courants, plusieurs ports ont disparu.

L'ancienne carte dont il vient d'être question porte, à l'emplacement du Port au Sable actuel, l'annotation suivante : « Ancien port; la tradition assure que dans cet endroit il y avait une ville appelée Lauvagne ».

On a mentionné précédemment le port de l'étang de Cazau.

Celui de Mimizan se trouvait à l'ouest du bourg, sur le courant, à 2,000 mètres environ de l'Océan. Le port de Soulac, accessible aux petites barques de pêche, était situé à 1,500 mètres à l'est du

---

[1] Rapport du 6 décembre 1817, de M. Le Boullenger, ingénieur en chef du département des Landes. — [2] *Ibid.*

2.

bourg, sur un chenal conduisant à la Garonne; il a été ensablé au commencement du xviiⁱᵉ siècle.

Quant à celui de Capbreton, qui peut recevoir actuellement des caboteurs, il ne paraît pas avoir été praticable autrefois pour des navires de fortes dimensions.

On a vu précédemment que, sur les côtes de Gascogne, les cours d'eau sont déviés vers le sud. Afin de s'opposer à ce déplacement, des travaux de redressement du lit ont été effectués sur la plupart des courants du département des Landes. Ce redressement s'effectue en établissant sur la rive gauche, au moyen de pilotis et de blocs de béton, une digue qui se prolonge dans l'Océan par une jetée terminée par un musoir.

Il résulte des considérations présentées dans le troisième paragraphe que les dunes de Gascogne appartiennent à deux formations distinctes. Un premier dépôt de matière arénacée a envahi le terrain entre les échancrures de l'ancienne côte. Les chaînes orientales subsistent encore; elles sont couvertes de forêts connues en général sous le nom de «montagnes» et appartenant à des particuliers. Ces forêts sont le plus souvent grevées de droits d'usage étendus. La formation récente, qui recouvre les premiers apports de sable, se compose des dunes fixées à partir de 1787, époque des premiers travaux de Brémontier.

Ces deux formations comprennent des collines, ou dunes proprement dites, et des vallons, ou lettes; l'ensemble de ces collines et de ces vallons constitue des massifs de dunes.

Les lettes sont situées au-dessus des plans inclinés passant par le rivage de l'Océan et par la rive occidentale des étangs.

Les apports de sables et les érosions présentent actuellement peu d'importance.

Les érosions récentes se manifestent surtout sur deux points: à la pointe de Grave et sur la rive méridionale du bassin d'Arcachon.

L'île de Cordouan paraît avoir appartenu autrefois à la terre ferme. Toutefois, en l'année 1092, elle en était déjà séparée, et à cette époque les dunes de nouvelle formation ne s'étaient pas encore constituées puisque l'abbé qui l'occupait l'a abandonnée pour construire sur le continent l'abbaye de Saint-Nicolas de Grave, à peu de distance de l'Océan. « Stephanus, eremita et abbas de Cordouanâ insulâ huic coenabiac proerat anno MXCII. Hic cum Ermenaldo, ejusdem loci Priore, tumultuosas procellas vitare cupientes, ni loco de grava, juxta oceanum, ni insulâ juris coenobii Cluniacensis, volente Hugone abbate, construxere abbasiadam quem Sancto Nicolao dedicavere [1]. »

La comparaison d'un levé effectué en 1855 avec la carte de Claude Masse, du commencement du XVIIIe siècle, indique que les érosions ont eu lieu sur une largeur maxima de 1,460 mètres, soit environ 10 mètres par an. Ces érosions, arrêtées maintenant par des travaux de défense exécutés par le Service des ponts et chaussées, ont été compensées en partie par des dépôts sur le rivage de la Garonne.

Les progrès de la mer n'ont pas été continus, car il s'est produit, toutefois dans une moindre mesure qu'au sud, des apports de sable qui ont formé les dunes basses de Soulac et du Verdon. Ces sables ont envahi au commencement du XVIIe siècle l'église de Soulac, et ils ont obstrué à la même époque le port et le chenal de Soulac et aussi le chenal du Verdon.

Le fort Cantin, construit en 1754 à 2,000 mètres de la mer, était en 1806 enseveli sous les eaux [2].

Les érosions de la rive méridionale du bassin d'Arcachon sont mises en évidence par la comparaison de la carte de l'état-major de 1851 avec la carte des premiers essais de Brémontier qui paraît reproduire les levés de 1768 de M. de Kearney, et avec la carte de Masse précitée.

[1] Note du 23 février 1893 de M. Buffault, inspecteur adjoint des eaux et forêts à Bordeaux.

[2] Rapport lu, les 5 et 19 février 1806, à la Société d'agriculture de la Seine.

En 1700, le bassin du Pilat est vaste et se trouve séparé de l'Océan par une large pointe de terre. L'intervalle compris entre cette pointe et le cap Ferret est occupé par de nombreux bancs de sable.

En 1768, l'étendue du bassin du Pilat est considérablement réduite, l'anse de Lesta, au nord de ce bassin, et les îlots qu'il renfermait ont disparu. Les bancs de sable qui se trouvaient au sud du cap Ferret forment une île, l'île de Matoc, sur laquelle ont été construites des baraques de pêcheurs.

En 1851, le bassin du Pilat a disparu, l'île de Matoc est réunie au cap Ferret, et des bancs de sable, découvrant à marée basse, sont situés entre la nouvelle extrémité de ce cap et la rive méridionale du bassin.

Depuis 1851, et surtout depuis une dizaine d'années, les affouillements continuent sur cette côte. Le poste de douane, dit *poste du Sud*, a disparu, et la forêt domaniale de la Teste a perdu 49 hectares, dont 21 hectares de zone littorale et 28 hectares de terrain boisé; les matériaux enlevés sont repris par le courant de la marée montante et déposés, à peu de distance, au Nord, où ils envahissent la dune boisée du Sablonney.

L'existence de ces érosions a été constatée au commencement du siècle actuel:

On sait que l'entrée du bassin est sujette à des changements qui en font les difficultés et il est à remarquer que ces variations proviennent encore de la mobilité et de la marche ordinaire des sables. En effet, les dunes bordant, au nord et au sud, une partie du circuit du bassin d'Arcachon, et ces premières s'y jetant toujours, il en résulte que les eaux sont poussées vers le rivage opposé qu'elles minent journellement d'une manière sensible. De là viennent ces changements successifs qu'éprouve l'entrée du havre et qui la rendent plus ou moins difficile....

On remarque que le banc de Matoc s'aplatit journellement et s'allonge dans le bassin, en se portant toujours vers la terre du sud. Celle-ci éprouvant, par l'avancement continuel du Matoc, les mêmes effets que le Matoc éprouve par l'avancement continuel des sables du nord, il en résulte que le rivage

de l'entrée du sud se mine sensiblement, devient chaque jour moins direct
et tend, par ses sinuosités, à rendre l'entrée impraticable [1].

Nous avons remarqué que, dans toute cette partie et sur la longueur d'environ 600 mètres, les semis sont fortement attaqués par les courants qui se jettent sur cette partie, poussés par la pointe du cap Ferret, de telle sorte que, dans l'espace de deux à trois ans, il a été perdu environ 60 mètres de largeur de terrain sur la longueur précitée, de manière que, sous tous les rapports, il est urgent qu'on s'occupe de fixer cette pointe qui roule continuellement les sables dans le bassin et y jette les courants avec force vers la pointe du Bernet [2].

Des érosions se produisent aussi vers le sud du golfe de Gascogne, entre Capbreton et l'embouchure de l'Adour. Elles paraissent être la conséquence de la courbure du littoral, car « ce n'est pas la résistance des matériaux, accumulés en certains points, qui détermine l'état progressif ou stationnaire de la mer, mais bien la configuration générale de la côte [3] ». Dans cette région, comme à la pointe de Grave, les dunes sont basses et peu étendues.

On a vu précédemment qu'un massif de dunes, c'est-à-dire une masse de sable apportée par les vents, comprend toujours des collines, ou dunes proprement dites, et des vallons, ou lettes, qui sont des modalités de la dune. Une note, du 9 mars 1864, de M. de Pons, qui était alors inspecteur des eaux et forêts à Bordeaux, indique d'une manière très nette les différences qui existent entre les dunes, les lettes et les landes :

En partant de l'Océan pour se diriger vers l'Est, on traverse : 1° une zone de quelques centaines de mètres balayée par les sables qui sont rejetés par la mer et que le vent fait glisser jusqu'aux premières dunes ; 2° un massif de dunes, d'une largeur de 3 à 7 kilomètres, coupé de plis, de gorges, de val-

[1] Mémoire du 26 messidor an VIII (15 juillet 1800), de M. Fleury de la Teste.

[2] 19 germinal an x (9 avril 1802). Procès-verbal de visite des dunes de la

Teste, par M. Guyet-Laprade, conservateur des forêts à Bordeaux.

[3] Lyell, *Principes de géologie*, t. I, p. 670.

lons étroits élevés de 20 à 40 mètres au-dessus du niveau de l'Océan et appelés lettes intérieures ; c'est ce massif qui formait ce que dans les titres anciens
on appelait côte ou terre neuve, et que l'on désigne actuellement sous le nom
de chaîne des dunes ; 3° des dunes boisées d'ancienne formation, ou des
étangs, ou une plaine constellée de mamelons, isolés ou groupés, d'une
moindre élévation que les dunes de la grande chaîne ; cette plaine, d'abord
sablonneuse, se couvre de végétation à mesure qu'on avance vers l'Est ; ce
sont d'abord quelques graminées, puis quelques bruyères, des ajoncs, des
genêts, et insensiblement on se trouve dans la lande.

La lande est une nature de propriété qui n'a pas besoin d'être définie. Qui
dit lande, dit végétation de bruyères ou brandes, de fougères, d'ajoncs et de
genêts, dans un périmètre d'une identité certaine, végétation à laquelle l'industrie peut, sans intermédiaire, substituer la culture des céréales ou des
essences forestières.

Les dunes, au contraire, dans l'état où elles se trouvaient au commencement
du siècle, ne présentaient aucune trace de végétation et ne pouvaient en
produire sans des procédés spéciaux à peine expérimentés à cette époque.
Aucune graine ne peut en effet germer sur un sol dont la surface est sans
cesse agitée à la manière d'un tourbillon de poussière. Ces dunes ne consti-
tuaient pas une propriété dans son caractère essentiel d'identité. Leur caractère essentiel était au contraire la mobilité et l'impossibilité de constater et
de reconnaître, d'une année à l'autre, leur forme, leur étendue et leurs limites.

Personne n'a jamais confondu les landes et les dunes.

Les lettes, qui séparent les chaînes de dunes ou les accidents de ces chaînes
et qu'on appelle lettes intérieures, ne sont que des vallées, gorges ou plis
entre plusieurs sommets. Si l'on se reporte aux époques où elles ont reçu la
configuration que les travaux de fixation ont rendue définitive, on reconnaît
que l'expression de *lette intérieure* doit éveiller plutôt une idée de temps qu'une
idée de lieu. Dans cette mer de sable bouleversée par les tempêtes, une
vallée, un pli s'était formé que les pâtres avaient remarqué, soit comme abri,
soit, au bout d'un certain temps, comme pacage, et auquel ils avaient donné
un nom.

Sous l'action des vents ce pli de terrain s'est creusé. Le sable a été enlevé
et poussé sur les dunes voisines tant que l'adhérence provenant de l'humidité
n'a pas été assez forte pour le retenir ; mais à une certaine profondeur cette
adhérence a été plus considérable et son effet de résistance s'est manifesté
horizontalement comme sa cause elle-même : l'humidité résultant de la présence d'une nappe d'eau sous-jacente. Puis, pendant l'hiver, cette lette s'est

convertie en lagune, de façon que son fond plat a tendu sans cesse à se niveler.

Ainsi s'explique l'horizontalité des fonds des lettes intérieures, qu'on a voulu prendre souvent pour des lambeaux des terrains primitifs épargnés par les apports de la mer. Les lettes étant ainsi formées, les pâtres ont mis parfois à profit cette disposition passagère de la surface des dunes, qui, au bout d'un certain temps se prêtait plus ou moins au pâturage des bestiaux. Mais la cause qui les avait formées subsistait toujours, elle les modifiait sans cesse en les faisant varier de position, d'altitude, de forme et d'étendue. Souvent, pendant une tempête, le pli qui existait disparaissait sous un monticule, tandis qu'un autre pli se formait à la place d'un sommet voisin, et la nouvelle lette héritait du nom de celle qui n'était plus.

Ainsi, l'existence de ces lettes intérieures disséminées dans le massif des dunes n'a d'autre garantie que le caprice qui régit le plus mobile et le plus irrégulier des phénomènes. Il en est, toutefois, qui, plus constantes dans leur position relative, tout en changeant sans cesse de situation, de forme et d'étendue, conservent une certaine identité, au moins pendant un long laps de temps. Ce sont celles qui séparent, assez régulièrement quelquefois, les diverses chaînes de dunes; ce sont alors des espaces horizontaux par les mêmes causes que les autres, quelquefois de cent hectares et plus, généralement allongés parallèlement à la côte, et se reliant sensiblement par leurs extrémités à d'autres espaces semblables, de manière à former une chaîne de vallées entre les chaînes de collines. Ces lettes se terminent à l'ouest au pied du talus rapide de la chaîne qui s'avance, et à l'est, au pied du talus de la chaîne qui fuit, talus très légèrement incliné et dont le pied se perd sans dénivellation saisissable dans le fond de la lette. Dans cette situation, les lettes intérieures marchent comme les dunes, sans cesse perdant du terrain à l'ouest et s'accroissant à l'est. On conçoit qu'en cheminant ainsi ces lettes changent aussi de forme et d'étendue, même sous l'action régulière des vents. Mais, quand les tempêtes sont déchaînées, on les voit se réunir à celles qui les avoisinent, ou se partager en plusieurs vallons séparés par de nouvelles collines, et au bout d'un certain temps leur nombre, leur forme, leur étendue ont tellement changé qu'on ne les reconnaît que par le rang qu'elles occupent dans le cortège qui se déroule entre l'Océan et les pays habités.

Il existe souvent au pied des dunes les plus avancées, soit isolément, soit en groupes, soit en chaînes, des sables mobiles qui sont à peu près au niveau de la lande découpée par les dunes, et qui se raccordent avec elle par des pentes peu sensibles. Cependant, ces sables, attenant à la dune et identiques à ceux dont cette dernière est formée, sont mobiles et envahissants comme elle, et marchent même souvent avec plus de rapidité. C'est là une nature de terrain qui n'est plus la dune, qui n'est pas encore la lande, et qui cependant se rapproche de la dune par sa nature et ses dangers; si elle s'en éloigne par son profil et son altitude, si sa disposition et sa configuration la rend plus indépendante des dunes que les lettes intérieures, son origine l'y rattache aussi rigoureusement que celles-ci.

Ce sont ces terrains qu'on nomme lettes extérieures, pour les distinguer des lettes intérieures dont les caractères sont tout différents.

Les lettes extérieures ne sont donc pas celles que Brémontier définit comme des vallons étroits dans les paragraphes 6 et 26, p. 18, de son mémoire; ce sont des landes incomplètement envahies, qui n'ont pas cessé d'être susceptibles de propriété privée, mais qui perdent insensiblement la végétation de la lande à mesure qu'on se rapproche des dunes. Ce sont elles dont il est fait mention dans le rapport du Ministre des finances du 11 octobre 1854, quand il établit que «la superficie des côtes comprend, dans les deux départements de la Gironde et des Landes, 22,852 hectares de terres qui se recouvrent naturellement de végétation, quand les dunes voisines ne leur envoient plus de sable, et dont l'ensemencement devient dès lors inutile.»

Les lettes extérieures ne sont donc que des landes plus ou moins ensablées. Elles ont pu faire partie d'un fief, d'abord comme landes, puis plus tard comme lettes, mais on n'admettra jamais qu'une dune soit un accident, une modalité de ces landes ou lettes. Il y a lieu, d'ailleurs, de remarquer que le nom de dunes s'applique soit à l'ensemble du massif de sable qui prend tantôt la forme de colline et tantôt celle de vallon, soit spécialement aux collines à l'exclusion des lettes.

Certaines lettes extérieures ont une autre origine que celle qui vient d'être indiquée.

Les sables charriés par l'Océan au nord et au sud et rejetés par les vagues ont pour effet d'intercepter sans cesse l'embouchure des courants et de forcer leurs eaux à couler parallèlement à la mer en se dirigeant vers le sud. Cet état de choses ne cesse que lorsque, par des coupures faites de main d'homme, on ramène les eaux normalement à la côte, mais il recommence bientôt et continue jusqu'à ce qu'on entreprenne de nouveaux travaux.

Cette intermittence entre les deux directions des courants a permis ou empêché tour à tour l'avancement vers les terres de la première dune formée sur la côte. Aussi, on remarque, le long des courants, de véritables lettes extérieures, parfois interrompues, mais le plus souvent resserrées seulement par les dunes transversales.

Les dunes d'ancienne formation, ou montagnes, ont toujours été boisées. Le pin maritime, le chêne pédonculé et le chêne-liège sont les principales essences que l'on y rencontre.

Les dunes récentes ont été successivement mises en valeur par le boisement à partir des premiers travaux de Brémontier en 1787. L'essence dominante est le pin maritime, mais les chênes pénètrent peu à peu sous le couvert des pins. Le chêne vert présente, dans les dunes de Lacanau, une croissance particulièrement remarquable ; le chêne occidental se rencontre surtout au sud du courant de Contis ; le chêne tauzin se trouve dans les lettes intérieures de Lège.

La superficie des dunes est occupée actuellement par des plantes nombreuses : crucifères, caryophyllées, légumineuses, composées, joncées, cypéracées et graminées, et par des arbustes et arbrisseaux : ronces, saule pourpre, arbousier, grand ajonc, genêt, grande bruyère.

Les peuplements de pin maritime des dunes ont été assimilés parfois aux peuplements d'un versant montagneux, dont la crête correspondrait au littoral. Cette assimilation manque d'exactitude, car, sous une même latitude, le sol et le climat sont sensiblement uniformes ; un seul élément climatologique est variable : le vent, dont l'intensité croît suivant la direction de l'Ouest.

Le voisinage de l'Océan diminue la production ligneuse, mais accroît dans une forte proportion la production résineuse des pins.

Le mémoire de 1779 de M. de Villers renferme les passages suivants relatifs à la production ancienne de la région des dunes : « Il croît quelques mauvaises herbes dans les intervalles des dunes que l'on nomme leydes, qui servent à la pâture de quelques chevaux aussi sauvages que les paysans qui en sont les propriétaires, sans en tirer de bénéfice et sans même en conserver les souches. » « Ce serait sans doute une très faible objection de leur part que le pacage actuel de ces montagnes de sable dans de petits vallons qu'on nomme lectes, qui séparent les différentes dunes, dans lesquels le séjour des eaux fait croître quelques mauvaises herbes que les chaleurs de l'été détruisent, car sur les dunes il n'en croît pas une seule. »

M. Fleury de la Teste, dans son mémoire du 26 messidor an VIII, (15 juillet 1800), indique que « dans les lettes il croît des herbages excellents et que les bestiaux qui s'y nourrissent y acquièrent un goût extrêmement délicat », mais cette observation paraît concerner les lettes extérieures formées par les prés salés partiellement envahis par les sables.

Une délibération de la Commission des Dunes, du 17 brumaire an XII (9 novembre 1803), fait connaître les conditions dans lesquelles s'exerçait alors le pâturage dans les dunes de la Gironde :

Il a été introduit à la séance le citoyen Couturier, chef de l'atelier de l'étang de Lacanau, lequel a dit que les semis de l'atelier dont il est chargé ont beaucoup à souffrir du parcours des gros bestiaux, chevaux et vaches, qui mènent une vie entièrement sauvage; que ces animaux appartiennent à diverses communes environnantes qui n'en connaissent pas même le nombre, qui de temps à autre en vendent à vil prix quelques pièces à des bouchers de campagne qui ne peuvent s'en saisir qu'en les tuant à coups de fusil; que ces mêmes animaux, n'étant surveillés par personne, viennent, en foule et à toute heure, sur les semis, que ce serait en vain que l'on tenterait de les mettre au parc puisqu'il serait impossible de les attraper, que d'ailleurs ils ne seraient réclamés par personne, que tant que ces animaux existeront il faut renoncer à faire des semis dans les environs, quels que soient le nombre et la vigilance des gardes.

Sur quoi la Commission,

Considérant....

A délibéré :

Article 1er. Le Préfet du département de la Gironde sera prié de vouloir bien ordonner la destruction des bandes errantes de bestiaux sauvages qui existent dans les environs des étangs de Lacanau et d'Hourtin, ainsi que dans les autres lieux environnant les divers semis faits et à faire le long des dunes.

Des arrêtés préfectoraux ont été pris dans ce sens, les 22 brumaire an XII (14 novembre 1803) et 3 messidor an XII (22 juin 1804) pour les dunes d'Hourtin, Lacanau, Carcans et le Porge, et le 16 janvier 1806 pour les dunes de Soulac.

Des troupeaux errants se rencontraient aussi dans les dunes de Lège et de la Teste et dans une partie de celles du département des Landes.

Après l'exécution des premiers travaux de fixation, les lettes ont fourni d'assez bons pâturages pendant quelque temps, mais, par suite de l'action asséchante du pin, la production herbacée a disparu peu à peu ; le pacage dans la région des dunes est à peu près de nulle valeur actuellement.

La note suivante, de 1863, de M. de Pons donne des renseignements sur la production ancienne des lettes dans le département des Landes :

Avant leur ensemencement, les dunes proprement dites ne produisaient absolument rien, et la maigre végétation de la zone où on les trouvait était concentrée dans quelques lettes intérieures où le sable était généralement humide et par suite peu mobile ; plusieurs de ces lettes étaient submergées par les eaux et prenaient alors le nom de lagunes. Les habitants du littoral y faisaient paître des troupeaux presque à l'état sauvage et ces espaces étaient souvent en fait considérés comme communs. Lors de la confection du cadastre, plusieurs communes firent porter les lettes à leur nom ; les dunes n'étant susceptibles d'aucun produit étaient généralement omises, et celles qui sont portées à la matrice cadastrale ne sont point imposées. Dans d'autres communes, les travaux du cadastre se sont arrêtés aux premières dunes. On disait que ces travaux étaient trop coûteux pour qu'ils s'étendissent utilement sur d'aussi vastes terrains sans valeur.

Les produits des lettes, dont le public a joui longtemps sans contrôle et que certaines communes ont mis depuis en ferme sont les suivants :

1° La vaine pâture dont le public jouissait d'abord sans conteste, mais pour laquelle une redevance fut imposée plus tard pour les bestiaux étrangers à la commune ;

2° Le fumier des animaux qui allaient au pâturage, dont l'enlèvement a été souvent affermé par les communes ;

3° Les produits des arbres qui croissaient naturellement dans les lettes abritées. On trouve encore sur certains points les traces de vieux pins qui ont été résinés pendant longtemps. Ces arbres poussaient par bouquets et venaient généralement assez mal, parce qu'ils étaient ensablés pendant les tempêtes. C'est principalement sur les baux à ferme du résinage que les communes se basent pour réclamer la propriété des lettes; ces baux étaient généralement consentis à des prix insignifiants ;

4° Après avoir épuisé la pêche des sangsues, les fermiers mettaient des poissons dans les lagunes qu'ils pêchaient entièrement à l'expiration de leur bail ;

5° Enfin, on a établi des places pour la chasse des oiseaux de passage et certaines communes prélèvent un droit pour la location de ces places.

Tous ces produits, insignifiants avant la fixation des dunes, ont pris de la valeur à mesure que les lettes se sont trouvées abritées et assainies par les semis de pins.

Le sable des dunes renferme assez d'humidité pour que le pin maritime y présente une croissance rapide : l'âge moyen des arbres est indiqué par la moitié de la circonférence mesurée en centimètres à 1 m. 30 du sol. Les conditions climatologiques sont d'ailleurs très favorables à la végétation forestière. On peut admettre les valeurs suivantes pour les principaux éléments météorologiques :

Température moyenne { le plus froid..........		3 degrés.
des mois { le plus chaud..........		23
Hauteur moyenne annuelle des pluies..........		0ᵐ800
Nombre moyen des jours de pluie..............		200

L'éclairement diurne manque un peu d'intensité, mais on y remédie en effectuant dans les massifs des éclaircies assez fortes pour que la lumière vienne frapper toute la cime des arbres.

Les vents d'ouest sont violents; on amortit leur choc en réservant des rideaux de protection.

CHAPITRE II.

LES PRÉCURSEURS DE BRÉMONTIER.

Les procédés d'ensemencement des dunes paraissent avoir été anciennement connus.

La forêt de la Teste, qui appartient à un certain nombre d'habitants du bourg de ce nom, fut en partie incendiée en 1716 et réensemencée en 1717 par les propriétaires [1].

En 1776, M. François Amanieu de Ruat, conseiller au Parlement de Bordeaux et captal de Buch, présentait au Ministre, contrôleur général des finances, un mémoire dont on extrait ce qui suit :

On ne doit pas douter que cette plantation réussisse. Les graines de pin qu'on sèmera sur les sables prendront et viendront très bien, en y prenant les précautions convenables. L'expérience en est notoire et démontrée. Elle a été faite. Il y a quarante ans environ que le père de M. de Ruat, et ensuite un autre habitant de la Teste, en firent semer une partie en pins qui vinrent très beaux. Ce local se garnit en même temps d'agions, de jaugue, de ronces et de fougère, si bien que les sables, dans cette partie, se trouvèrent fixés. Ces pins étant devenus grands et presque de l'âge à être exploités pour y faire venir des gommes; quelques-uns, par malice ou sous prétexte que ces fonds étaient des terrains vacants, les incendièrent.

Un arrêt du Conseil, du 23 mars 1779, lui a accordé la concession des dunes de la Teste, Gujan et Cazeaux « à titre d'accensement et de propriété incommutable à perpétuité, à charge de les planter en pins ou autres arbres en quantité suffisante pour contenir et arrêter leurs progrès, de faire lever à ses frais un plan

---

[1] 23 prairial an v (11 juin 1797). Procès-verbal de visite des dunes de la Teste, par M. Guyet-Laprade.

figuratif et dresser procès-verbal d'arpentage des dunes, et de payer au Domaine, du jour du présent arrêt, un cens annuel et perpétuel de deux livres de blé froment par chaque arpent qu'elles se trouveront contenir ».

Le père de celui-ci, Jean Amanieu de Ruat, qui avait acquis, le 23 août 1713, de Henri de Foix de Candalle la terre et captalat de Buch, avait déjà effectué des essais d'ensemencement :

On assure que M. de Ruat, captal de Buch, s'étant mis au-dessus des préjugés, a fait jeter de la graine de pins sur les dunes placées dans l'étendue de sa seigneurie et dans des lieux très exposés à l'impétuosité des vents de la mer. Si cette graine a poussé, ainsi qu'on l'assure encore, et que les pins puissent s'élever jusqu'à une certaine hauteur, ce serait une nouvelle preuve que les sables qui règnent sur nos côtes peuvent être immobilisés et qu'ils sont susceptibles de culture [1].

C'était partout un morne silence, des eaux monotones, des rivages désolés. Nous fûmes chercher un tableau plus varié dans la magnifique forêt qui fut plantée, dit-on dans le pays, par un captal de Buch. L'histoire a dédaigné de consacrer une ligne de souvenir à cet ami des hommes. Cependant, seul peut-être entre ces fiers captaux, il eut des droits à la reconnaissance publique [2].

Il est urgent que la mesquinerie du Gouvernement vienne faire place à des ressources plus vastes pour achever ce qui a été commencé le siècle dernier par un particulier, et continué avec tant de succès par M. Brémontier. On sait qu'indépendamment des ensemencements des montagnes de la Teste et de Biscarrosse, opérés il y a près de deux siècles, M. de Ruat fut celui qui essaya de donner l'impulsion, par son exemple, à ces semis, dont on a plus tard injustement attribué l'idée à M. Brémontier qui n'en a été que l'exécuteur. M. de Ruat, captal de Buch, fut le premier, selon Beaurein et les chroniques, qui eut l'idée de contenir ces dunes, et, s'élevant au-dessus des préjugés, il les ensemença en pins [3].

---

[1] Beaurein, t. VI, p. 239, *Variétés Bordelaises*, 1784.

[2] M. de Saint-Amans, d'Agen, *Annales de voyage*, xviii volume, 1811.

[3] *De l'agriculture et du défrichement des Landes*, par M. le comte de Mestivier, Pau, 1823.

Ces faits sont attestés par une lettre du 6 prairial an XI (26 mai 1803) de M. Peychan, inspecteur des travaux des dunes, à M. Didiet, ingénieur en chef des Ponts et Chaussées.

Je continue, en effet, de semer une plaine qui s'étend de la pointe du Bernet au lieu appelé de Moulleau et au delà. J'en assure la réussite entière en ayant vers moi la preuve, ainsi que les habitants, puisqu'avant la révolution j'ai fait semer pour M. de Ruat toutes ces plaines. La pignada y vint supérieurement; il y avait des gardes afin d'empêcher que les troupeaux n'y pussent pacager et personne ne murmura, au point que si ces pins n'avaient été détruits et brûlés par suite de la Révolution et par la troupe qui gardait le fort ils donneraient dans ce moment du revenu. Dans ce même temps je fis semer trois lettes ou vallons et il y reste encore de ces semis plus de cent journaux en grands pins, malgré que les habitants en aient détruit une grande partie. Je fais continuer dans ces mêmes lettes les emplacements qui ont été détruits.

Il est dit, d'ailleurs, dans une lettre adressée au Ministre de l'intérieur le 20 nivôse an XI (10 janvier 1803), par la Société des sciences, belles-lettres et arts de Bordeaux, « que le citoyen Peychan n'a jamais fait de plantations qu'au pied des dunes et non sur leurs sommets ni sur leurs rampes, qu'il avait toujours crus stériles ».

Une requête adressée en 1775 par Me Boquet-Destournelles, avocat, à M. Trudaine, conseiller d'État, intendant des finances, pour M. le comte de Montausier, demandant l'autorisation de construire des canaux de navigation partant du bassin d'Arcachon, renferme le passage suivant :

Les dunes ou montagnes de sable, qui appartiennent à Sa Majesté ainsi que les bords de la mer, ne produisent rien; il serait possible d'en tirer parti en faisant des plantations d'arbres à peu de distance de ces dunes, et en semant sur leurs talus des graines abondantes ou racines telles que le chiendent et autres graines de cette espèce : on aurait le double avantage d'arrêter par là les désastres causés par les sables que la mer dépose continuellement sur ses bords, et d'empêcher les dunes de se fendre, de s'affaisser et de s'étendre insensiblement dans les terres. Les ravages opérés par ce fléau ne sont malheureusement que trop réels. L'ancien et le nouveau Soulac ne présentent

maintenant qu'une mer de sable. De hautes dunes couvrent aujourd'
l'ancien bourg de Mimizan, l'église paroissiale et les riches possessions d'
communauté de bénédictins établis dans ce lieu. Les religieux se sont reti
à Saint-Sever et ont abandonné aux habitants leur église conventuelle. M
celle-ci touche au moment de subir le même sort que l'ancienne; les sal
ont franchi depuis peu de temps les murs du cimetière; le quartier de Sai
déjà éprouvé les mêmes maux et court les mêmes dangers.

On peut encore citer l'extrait ci-après d'uue conférence
Pascal Duprat, du 7 janvier 1881, sur la question des canaux
Midi :

C'est une ancienne question que celle du canal de l'Adour à la Garon
Dès le règne de Louis XIV on en trouve la trace; l'idée en était venue à Vaub
grand patriote, cœur honnête, esprit vaste, qui cherchait de toutes parts
il pourrait porter la main pour rendre service à la France. Il ne put y don
suite; le projet fut repris un siècle plus tard par l'ingénieur Brémont
C'était en 1784, il y a un siècle bientôt, alors que Brémontier s'occupait,
fixant les dunes, d'opposer une barrière infranchissable aux invasions
l'Océan.

Vous savez que le système de la fixation des dunes n'est pas tout à fait
lui comme on le croit généralement; il l'avait emprunté aux mémoires
l'Académie de Bordeaux, mémoires très intéressants et que j'aimerais à co
sulter souvent si j'en avais le loisir. Brémontier s'inspira surtout d'un tra
qui est demeuré célèbre, celui de l'abbé Desbieys; il mit également à pr
les leçons que les Hollandais ont données au monde dans l'art d'opposer
barrières à la mer.

Un mémoire de M. Desbiey, ancien receveur à la Teste, rel
à l'ensemencement des dunes, a été lu, le 25 août 1774, dans u
séance publique de l'Académie des sciences de Bordeaux, mai
n'a pas été publié et n'a pu être retrouvé dans les archives de ce
société; il avait déjà disparu en 1802 [1]. Une lettre adressée par
secrétaire général de cette Académie au Ministre de l'intérieur,

_____

[1] 25 frimaire an xi (16 décembre 1802). Lettre de Brémontier à la Soc
d'agriculture de la Seine.

20 nivôse an XI (10 janvier 1803), renferme le passage suivant :

> Nous pouvons vous attester encore, citoyen Ministre, qu'il n'est question dans le mémoire imprimé du citoyen Desbiey, ancien receveur à la Teste, cité dans la feuille du *Moniteur* du 2 frimaire dernier, d'aucun procédé relatif à la fixation des dunes, qu'on y cite à la vérité un autre mémoire manuscrit lu en 1774 et dans une des séances de l'Académie des sciences de Bordeaux, mais que ce dernier mémoire ne s'est point trouvé dans les archives de l'Académie.

Ce mémoire a été mentionné dans un rapport de M. Tassin, secrétaire général des Landes, transmis le 26 pluviôse an XI (15 février 1803) par M. Duplantier, préfet de ce département, à M. Crétet, conseiller d'État, chargé du service des Ponts et Chaussées.

Enfin, il y a lieu de citer l'extrait ci-après d'un rapport du 6 août 1812 de M. Guyet-Laprade, conservateur des forêts à Bordeaux, membre de la Commission des dunes :

> Nous crûmes devoir joindre à notre travail l'extrait d'un mémoire de M. le baron de Villers, rédigé sous le ministère de M. de Sartine, et en vertu des ordres et des instructions qui lui avaient été donnés, où l'on trouve mot pour mot le développement du système mis en avant par M. Brémontier. Ce travail est présenté comme le complément du projet de faire du bassin d'Arcachon un port maritime capable de recevoir les plus gros vaisseaux de l'État. Le travail de M. le baron de Villers n'est qu'une revision d'un mémoire présenté au gouvernement sous Louis XIV, vérifié par M. de Vauban.
> Le mémoire de M. de Villers est déposé à la bibliothèque de Bordeaux.
> Nous avions encore sous les yeux le mémoire imprimé de M. Thore, qui dispute à M. Brémontier, sur le même objet, le mérite de l'invention pour le donner à un habitant des Landes.

Le baron de Charlevoix-Villers, colonel, inspecteur des fortifications, travaux, ingénieurs de la marine et des colonies, avait été, en effet, envoyé en mission à la Teste en 1778 par M. de Sartine, ministre de la marine, pour étudier le projet d'établissement d'un port à Arcachon et d'un canal de Bordeaux à Bayonne. D'après les

instructions qui lui avaient été données par le Ministre, il ét
tenu « de veiller à l'ensemencement des dunes desquelles aura (
ordonnée, de la façon la plus propre à en assurer et hâter
succès ».

Un mémoire de 1779 de M. de Villers, consacré spécialeme
à la question de la fixation des dunes de Gascogne, a été dépos(
la bibliothèque de Bordeaux.

Les extraits qui suivent proviennent d'un autre mémoire, de
même année 1779, intitulé : *Prospectus d'un projet général d'un p
au bassin d'Arcachon, d'un canal de ce bassin à Bordeaux, d'un autr
la rivière de l'Adour près Baïonne et de l'établissement des landes :*

On peut regarder le sable des dunes comme la sixième portion des land
elle n'est propre, par sa nature, qu'aux pins qui y réussissent, et l'on y au
un cinquième de chênes propres aux constructions. Cette portion, conten;
150 lieues superficielles ou 1,114,650 journaux, mesure de Bordeaux, d(
le produit à 12 l., moitié seulement de la plus basse estimation, ferait
revenu certain de 13,375,800 l. en résine seulement, sans les bois
chauffage, de construction, et le parti à tirer des pins secs servant à t(
usage, qui monteraient encore au tiers des produits ci-dessus...

On ne laissera point, pendant près de 60 lieues, toutes les dunes de sa
envahir les meilleures terres, anéantir des villages entiers, le bourg de
Teste même, sans chercher les moyens d'arrêter ces désastres...

Les détails donnés sur la situation actuelle du bassin et ses passes p
sentent à la formation d'un port deux difficultés majeures auxquelles il f;
remédier le plus promptement. La première est la source du mal qu'il f;
arrêter dans son principe; le seul moyen, et il est sûr, c'est de fixer les du;
de sable par une complantation générale qui garantisse également de la s(
mersion totale le bassin, les passes, les islets, tous les villages et terres ct
tivées le long de ces dunes, depuis la pointe de Grave jusqu'à Baïonne.
bourg de la Teste, chef-lieu maritime de toute cette partie, situé dans le s
du havre d'Arcachon va subir le même sort. Depuis vingt ans l'invasion (
sables augmente prodigieusement.

Depuis la pointe de Grave jusqu'à Baïonne, il existe sur les dunes plusieu
forêts que les sables couvrent tous les jours, ce qui prouve la nécessité urge;
de les arrêter, en même temps que la possibilité en est démontrée, puisqu
en subsiste près de 40,000 journaux encore parfaitement boisés; ces du;

de sable couvertes de bois sont devenues fermes et liées par les racines de
différentes espèces d'arbres ou arbustes qui y ont été semés et qui les ont parfaitement consolidées. Cet exemple doit donc prouver suffisamment la possibilité et la facilité de l'ensemencement proposé.

Pour l'exécuter, il n'est question que de commencer l'ouvrage du côté de la
mer, à l'endroit même où les hautes marées ne montent pas, c'est là la source
fatale de ces sables, et continuer successivement en venant du côté des terrains
habités. On peut avec succès, pour arrêter les sables dans les portions complantées, les espacer par de légers clayonnages ou fascinages qui empêcheraient ces sables de passer et de s'accumuler ou de trop couvrir ces ensemencements, y jeter de la graine de pins à distance égale, du gland de loin en
loin et beaucoup de graines de différents arbustes et herbes rampantes dont
l'élévation et le fourré serviront à opposer un rempart à la course du sable
qui sur ces bords est on ne peut plus fin, par conséquent léger; les graines
d'agion, appelé dans le pays vulgairement jogue, celles du genet, celles du
gourbet, espèce de jonc qui se plaît infiniment dans le sable, et surtout celle
du (gricau?) paraissent les plus propres à remplir cet objet. Cette dernière a
un avantage sur tous les autres, c'est que, fleurissant deux fois l'année et donnant conséquemment sa graine, autant de fois elle se reproduit elle-même,
et, ne s'élevant pas au-dessus d'un pied, s'étend et forme un abri assez étendu
pour que le vent ne puisse pas prendre le sable sur son sol; rien de plus aisé
que de s'en procurer, puisque c'est avec le secours de cette graine qu'on est
parvenu à Dunkerque à donner des bornes aux sables de cette côte, lesquels
sont parfaitement ressemblants à ceux de celles-ci; on n'a eu d'autre vue à
Dunkerque que la fixation des sables, pour en arrêter les dégâts; ici, on retirera le double avantage de garantir le bassin et ses passes, de conserver les
terrains excellents qui se détruisent annuellement et d'avoir vingt années
après l'ensemencement un profit immense pour les colons, une branche puissante pour le commerce, des droits considérables pour le Roi et toutes les
autres ressources déjà décrites pour la culture et la population...

A la construction des canaux de Caseaux à Baïonne, et de Caseaux à Bordeaux
par les étangs du Porge, de Lacaneau, de Carcans et d'Hourtins, se rattache
l'assainissement des landes par la direction des crastes. Mais il est un besoin
plus urgent et d'un avantage infini, c'est de fixer les dunes et de le faire d'une
manière qui remplisse le double avantage d'arrêter le torrent impétueux des
sables qui inondent actuellement beaucoup de terres précieuses, déjà cultivées, et de rendre ces montagnes de sable un fonds productible à l'État.

Ces dunes occupent une étendue de près de 6o lieues de longueur sur près de 2 de large, ce qui forme une superficie de presque 150 lieues de terrain. Le commerce et l'État, qui sont inséparables, y gagneraient une quantité prodigieuse de bois utiles même à la navigation, puisque le chêne y vient très bien et de la meilleure qualité ; les bois seraient à portée des exploitations, ils procureraient aussi des matières résineuses de toute espèce, enfin ces montagnes plantées fourniraient en même temps des herbes, des pâturages qui nourriraient un grand nombre de bestiaux. Il ne s'agit que d'ensemencer toutes ces dunes.

Le passage ci-après d'un projet de lettre, de 1778, de M. de Sartine, indique aussi que le résultat de l'opération projetée par M. de Villers ne paraissait nullement douteux.

Écrire à M. Necker et à MM. des Domaines que l'intérêt, la sûreté de toute la navigation du golfe de Guienne et de la marine de Sa Majesté exigent le plus prompt ensemencement des dunes de sable de la côte d'Arcachon depuis la pointe de Grave jusqu'à Baïonne, pour les fixer invariablement par une plantation de pins et d'un cinquième de chênes, qui, en contenant les sables, prévienne leur irruption continuelle, en même temps qu'ils formeront une vigie naturelle, un point fixe et élevé de reconnaissance pour tous les bâtiments sur une côte dangereuse, et seront dans peu d'années d'une très grande production pour les particuliers qui le feront pour l'État, et nommément pour l'usage de la marine dans la suite des temps.

Vers la même époque, 1778-1779, une commission, nommée pour examiner l'état des dunes des Pays-Bas et étudier les moyens propres à en assurer la fixation, a proposé l'exécution des travaux suivants : 1° plantations intérieures sur les terres mêmes qui longent les sables ; 2° plantation de genêts, qui, par leurs racines, sont propres à fixer les sables ; 3° pour fixer les genêts eux-mêmes, emploi de petites bottes de paille fixées par des piquets de 0 m. 66 de longueur, plantés soit séparément, soit conjointement avec les genêts [1].

Il paraît donc certain que les procédés de fixation et d'ensemen-

---

[1] Rapport lu, le 2 avril 1806, à la Société d'agriculture de la Seine.

cement des dunes étaient connus avant l'époque des premiers
essais de Brémontier; ils avaient été appliqués dans une certaine
mesure par M. Peychan, pour le compte de M. de Ruat, et décrits
par M. de Villers.

Le rapport précité de M. Tassin avait vivement ému Brémontier,
qui a adressé une lettre à ce sujet à la Société d'agriculture de la
Seine, et paraît avoir fait écrire au Ministre de l'intérieur par la
Société des sciences, belles-lettres et beaux-arts de Bordeaux; il a
corrigé lui-même la minute de ce dernier document.

Ces deux lettres sont reproduites intégralement à la suite de la
présente note et elles sont suivies d'extraits des rapports lus à la
Société d'agriculture de la Seine à la suite de sa communication.

Le mérite de Brémontier ne saurait, d'ailleurs, être amoindri
par les constatations qui précèdent. On verra, en effet, dans les
chapitres suivants, que, sans son dévouement, son activité, sa per-
sistance, la sûreté de ses vues et de sa direction, les grands travaux
qui honorent sa mémoire auraient été probablement laissés de côté
pendant bien des années après ses premiers essais effectués de
1787 à 1793.

C'était, du reste, l'appréciation de M. Tassin lui-même, ainsi
que l'indique la lettre à la Société d'agriculture de la Seine, mentionnée précédemment. Brémontier s'exprime ainsi qu'il suit à la
fin de cette lettre : «Je connais les motifs qui ont dirigé contre moi
la plume du citoyen Tassin; à bien des égards il s'est trompé. Le
texte de son rapport est d'un style tout différent de celui qu'il a
employé dans une note qu'il a insérée à la fin, et dans la lettre
qu'il a pris la peine de m'écrire. Il me dit positivement dans cette
lettre qui n'est pas connue *qu'il se plaira toujours à proclamer hautement que, sans moi, les semis et plantations des dunes n'auraient jamais
pu être considérés que comme l'une de ces théories brillantes qu'il est impossible de mesurer en pratique.* C'est, à très peu de chose près, tout
ce que je pouvais désirer. »

CHAPITRE III.

LES PREMIERS ESSAIS DE BRÉMONTIER (1787-1793).

On a vu précédemment que, sous le ministère de M. de Sartii
le baron de Charlevoix-Villers, colonel, inspecteur des fortification
travaux, ingénieurs de la marine et des colonies, avait prépar
pendant les années 1778 et 1779, un projet comprenant l'améli
ration du port d'Arcachon, l'ouverture de canaux du bassin d'A
cachon à Bordeaux, par les étangs de Lacanau, Carcans et Hourti
et, à Bayonne, l'assainissement des landes et la fixation des dune
Cette étude avait été précédée elle-même d'un travail partiel (
même nature.

Conformément aux ordres qui lui avaient été donnés le 29 jui
let 1771 par l'intendant de la généralité de Bordeaux, et suiva
les instructions des 5 août et 17 décembre suivants de M. Bon (
Saint-André, ingénieur des ponts et chaussées et inspecteur de
navigation à Bordeaux, M. Clavaux, ingénieur géographe, avait é
chargé d'établir un projet d'utilisation, au moyen de canaux (
décharge dans le bassin d'Arcachon, des étangs du Porge et (
Lacanau pour la navigation, et de desséchement des landes p
des canaux ou rigoles appelés « crastes » dans le pays. Les étud
sur le terrain étaient presque terminées vers la fin de l'année 177
mais le projet n'a été fourni qu'à la fin de 1773.

Les principes étant posés, il s'agissait de passer de la conception
l'exécution. Dans ce but, par lettre du 26 septembre 1786, le co
trôleur général des finances a mis à la disposition de l'intendant (
la généralité de Bordeaux [1] « une somme de 50,000 livres pou

[1] François-Claude-Michel-Benoît Le Camus, chevalier, seigneur châtelain
patron de Néville, etc., intendant de justice, police et finances de la généralité
Bordeaux.

être emploiée aux ouvrages qui ont pour objet de s'assurer de la possibilité de l'exécution du canal projeté dans les landes et de trouver le moïen efficace de fixer les dunes ».

Cette mission fut confiée à Brémontier, ingénieur en chef des ponts et chaussées. Il s'adjoignit pour la surveillance des travaux sur le terrain M. Peychan, de la Teste, qui avait dirigé des ateliers d'ensemencement de lettes pour le compte de M. de Ruat.

Le plus ancien document important signé de Brémontier est un *Mémoire relativement à l'administration des travaux de corvée* daté du 28 septembre 1781; il avait alors le titre d'inspecteur des ponts et chaussées du département de Bordeaux. Il indique, dans ce mémoire, les inconvénients de la corvée fournie en nature et préconise le rachat, les paroisses devant d'ailleurs être mises en demeure chaque année d'opter entre les deux procédés. D'après lui, le rachat pourrait se faire à raison de 20 sols par journée de corvéable et de 5o sols par bête de trait; pour 19,000 corvéables et 13,000 bêtes de trait on obtiendrait ainsi 618,000 livres pour les 200 paroisses du département de Bordeaux. Une somme de 90,000 livres seulement pourrait être exigée en argent et serait suffisante pour assurer le bon état d'entretien des voies de communication.

M. de Villers avait fait connaître les principales dispositions à adopter pour l'ensemencement des dunes : « Commencer les travaux du côté de la mer, à l'endroit même où les hautes marées ne montent pas; pour arrêter les sables dans les parties complantées, protéger ces parties par de légers clayonnages ou fascinages; jeter de la graine de pin à distance égale, quelques glands de loin en loin et beaucoup de graines d'arbustes et de plantes diverses pour opposer un rempart à la course du sable; l'ajonc, le genêt et le gourbet paraissent surtout propres à remplir cet objet [1]. »

Des instructions détaillées, dans ce sens, ont été adressées le

---

[1] Mémoire de 1779 de M. de Villers. Voir le chapitre II.

21 avril 1797 par Brémontier à M. Peychan, chargé de la direction des travaux d'essai à la Teste :

Je vous envoie un état détaillé de la nature et des dimensions des ouvrages à faire relativement aux différents moyens qu'on a cru devoir employer pour fixer les sables et dont on se propose de faire l'essay.

Le premier objet qu'on devait avoir en vue à cet égard était d'empêcher les sables qui s'échappent continuellement du lit de la mer de venir ensevelir et étouffer les jeunes plants de pins destinés, lorsqu'ils auront acquis une certaine hauteur, à retenir ces sables et en même temps de fixer ceux actuellement existants sur lesquels les semis seront faits assez longtemps pour que les graines aient celui de s'y enraciner.

Le premier moyen et le plus sûr qu'on ait trouvé pour y réussir est de former des cordons de fascines ou de fagots d'arbustes ou branchages fixés dans le sable avec de forts piquets disposés parallèlement entre eux et perpendiculairement aux vents régnants de la partie de l'ouest. Ces cordons suivront à peu près les différentes sinuosités de la laisse des plus hautes mers.

Le premier sera établi à environ 40 à 50 toises de distance de cette laisse et aura 4 pieds de hauteur; les autres à la suite auront un pied et demi.

Ils seront espacés de deux manières; suivant la première ils seront exactement à la distance de 8 toises et, suivant la deuxième, à la distance de 33 toises 2 pieds entre eux.

Comme le premier moyen ne laisse pas d'exiger une dépense assez forte on ne l'exécutera que sur une longueur de 500 toises, savoir : 250 toises de la première manière et 250 de la deuxième à l'endroit qui paraîtra le plus convenable et sur une largeur de 100 toises; en sorte que la première manière nécessitera douze cordons et la deuxième seulement trois, y compris pour l'une et pour l'autre le premier cordon dont la hauteur, comme il a été dit, sera de 4 pieds.

Le deuxième moyen n'exigera que le seul premier cordon de 4 pieds de hauteur, disposé comme il vient d'être dit. Comme il est essentiel, afin d'être mieux à portée de juger quel sera le succès de cet essay, de le faire sur une largeur un peu considérable, ce deuxième moyen sera exécuté sur celle de 5,250 toises, lesquelles jointes aux 500 toises à faire d'après les deux manières portées dans le premier moyen formeront une longueur totale de 5,750 toises.

Ces 5,750 toises embrasseront toute la partie de la côte à prendre depuis le bassin du Pilat et peut-être encore au-dessus jusques à la rencontre de la partie de la forêt d'Arcachon qui s'étend jusques sur le bord du bassin de ce nom, vis-à-vis le chenal de Bon.

Dans l'un et l'autre moyen cy-dessus, on sèmera en graine de pin la partie de sable qui sera en dedans des cordons du côté opposé à la mer, sur une largeur de 100 toises réduite.

Cette graine sera espacée de six en six pouces et on en mettra deux ensemble.

A l'abri et à la suite de ces premiers semis, en allant vers le pied des premières dunes, on ensemencera partie de l'espèce de plaine qu'on rencontre presque tout le long de la côte. Ces graines seront également à six pouces de distance entre elles, mais il n'y sera fait aucun cordon ; et c'est là le troisième moyen de fixation que l'on a adopté et qui pourra réussir dans plusieurs circonstances.

Ce dernier moyen pourra être employé sur environ 400 journaux de surface et dans les lieux qui seront plus particulièrement indiqués dans la suite, l'essentiel étant de s'occuper pour le présent de l'exécution des deux premiers moyens sur la largeur réduite de 100 toises ainsi qu'il est dit cy-dessus.

Il sera bon, en outre, de faire un essay sur deux de ces premières dunes; on en choisira à cet effet deux qui soient un peu considérables, saillantes et disposées de manière à n'être point recouvertes par les sables des dunes voisines.

Chacune de ces dunes sera défendue contre l'effort des vents d'une manière différente.

Par la première on établira en prenant depuis le pied et même un peu en avant des cordons de fascines ou fagots d'un pied et demi de hauteur, disposés suivant les contours de la dune et perpendiculairement aux trois vents régnants de la partie de l'ouest. Ces cordons seront parallèles entre eux espacés de six en six toises en allant vers le sommet de la montagne. 2,000 toises de longueur réunie de plusieurs de ces cordons exécutés à la distance indiquée cy-dessus, formant environ 13 journaux de superficie, suffiront pour faire juger de leur effet.

Les semis seront faits ensuite à l'abry de ces cordons, tel qu'il a été prescrit cy-dessus.

Par la deuxième manière, on n'établira qu'un seul cordon au pied de la dune, mais disposé comme celui indiqué pour la précédente. On ensemencera ensuite une partie de cette dune à prendre depuis le cordon et en allant vers son sommet sur une surface d'environ 13 journaux; mais afin de retenir les sables de la partie ensemencée, on la recouvrira d'une couche de branches d'arbres ou arbustes maintenues par des espèces de fourchettes de bois fixées dans les mêmes sables.

Tels sont les différents moyens que l'on s'est proposé de suivre dans l'essay dont on s'occupe. Je vous prie de vouloir bien veiller à ce que chacun d'eux soit exécuté tel, en telle quantité, et suivant ce qui a été prescrit cy-dessus. L'état concernant ces ouvrages étant en ce moment arrêté et fixé par M. l'Intendant, je ne suis pas le maître d'y faire aucune espèce de changement, sans y être auparavant expressément autorisé; c'est pourquoi je vous serai infiniment obligé de ne pas permettre qu'on s'écarte nullement de ce qui est porté dans la présente lettre. Je compte beaucoup sur les soins que je suis persuadé d'avance que vous voudrez bien y donner et je ne vous ferai pas à cet égard de recommandations.

Ces instructions ne mentionnaient pas l'emploi des graines de genêt, d'ajonc et de gourbet, recommandé par M. de Villers. Mais cependant le directeur des travaux, M. Peychan, a mélangé la graine de genêt à celle de pin, et depuis il a été reconnu que ce mélange était indispensable.

On a eu recours au genêt et à l'ajonc dans les dunes, et on a employé le gourbet pour fixer la zone littorale.

Les travaux sur le terrain ont été commencés le 12 mars 1787 et les dépenses successives sont énumérées dans l'état suivant :

| DATES. | FRAIS de MAIN-D'ŒUVRE. | ACQUISITION EN 1787. | | | FRAIS | | CENTIÈME DENIER. | FRAIS de GARDE des semis, du 20 octobre au 31 décembre 1788. | HONORAIRES | |
		de 110 BOISSEAUX de graines de pin maritime de Bazas.	de 3 NIVEAUX à bulle d'air.	de 3 CHAINES et 3 PAQUETS de piquets.	de NIVELLEMENT et de levés.	de MAGASIN pour graines et d'avances de fonds.			de L'INGÉNIEUR.	de M. PEYCHAN.
Du 12 mars au 18 octobre 1787.....	9,899# 19ˢ 9ᵈ	4,320#	1,020#	60#	2634# 13ˢ	300#	150#	"	712#	412#
Du 26 février au 30 octobre 1788.....	14,750 19 3	"	"	"	130 5	150	177	69#	881	600
Du 21 septembre au 29 décembre 1789.	1,995 2 0	"	"	"	"	100	"	"	"	225
Du 17 août au 17 décembre 1791.....	7,742 19 6	"	"	"	"	"	"	"	"	"
Du 3 janvier au 18 février et du 15 septembre au 7 décembre 1792......	5,356 19 6	"	"	"	"	"	"	"	"	"
Du 24 février au 5 mars 1793.......	45 0 0	"	"	"	"	"	"	"	"	"
TOTAUX........	39,791 0 0[1]	4,320	1,020	60	393 18	550	327	69	1,593	1,237

(1) En 1788 et 1789, le prix de la journée de travail était de 25, 28 et 30 sous pour les hommes et de 14 sous pour les femmes.

RÉCAPITULATION PAR ANNÉE.

1787.........................	17,137ᵗᵗ 12ˢ 9ᵈ
1788.........................	16,758 4 3
1789.........................	2,320 2 0
1791.........................	7,742 19 6
1792.........................	5,356 19 6
1793.........................	45 0 0
DÉPENSE TOTALE....	49,360 18 0

Les travaux de l'automne 1792 et de 1793 avaient été entrepris à la suite d'un arrêté du 20 septembre 1792 du Conseil général du département de la Gironde [1], mais ils ont été suspendus le 5 mars 1793, M. Peychan n'ayant pu obtenir le remboursement d'une somme de 1,844ᵗᵗ13ˢ6ᵈ, avancée par lui et dépensée pendant la période du 15 septembre au 7 décembre 1792 :

J'ai eu l'honneur de vous prévenir par ma dernière lettre que j'allais de suite faire travailler à la Batterie, ce que j'ai fait, suivant l'arrêté du Conseil du département, jusques à ce moment où je renvoie les ouvriers, et cela parce que je ne suis pas encore remboursé des avances que j'ai faites (1,844ᵗᵗ13ˢ6ᵈ). L'ordonnance que j'ai reçue de MM. les administrateurs, pour être payé par le receveur du district de Bordeaux, a été inutile jusqu'à ce jour. J'ai fait passer par deux fois chez lui. On a répondu que la caisse était vide; la mienne l'est aussi, ce qui fait que l'ouvrage est suspendu; je renvoye les ouvriers faute de pouvoir continuer à les payer [2].

Cette lettre porte l'annotation suivante écrite de la main de Brémontier :

Marquer à MM. les Administrateurs que le citoyen Peychan vient de me marquer qu'il était obligé de suspendre l'exécution de leurs ordres relative-

---

[1] Ensemencement des dunes de la Teste pour couvrir la batterie. Extrait du registre du conseil général du département de la Gironde (conseil de départe-

ment institué par la loi du 22 décembre 1789) du 20 septembre 1792.

[2] Lettre du 5 mars 1793 de M. Peychan à Brémontier.

ment à l'ensemencement des dunes, qu'il n'avait pas été payé de l'ordonnance qui était délivrée en son nom; qu'il est bien fâché mais qu'il a
employé tout ce qu'il avait de fonds ou de ressources et qu'aussitôt cette
ordonnance serait acquittée qu'il reprendrait le travail.

Ce 7 mars 1792.

M. Peychan a été remboursé de ses avances, en l'an x, lors de la
reprise des travaux de fixation des dunes et il lui a été alloué à
à cette époque une somme de 1,200 francs pour direction des
ateliers pendant les années 1791, 1792 et 1793.

D'après un levé effectué en 1806, 80 hectares de dunes et
13 hectares 92 ares de lettes ont été ensemencés à la Teste lors
des premiers essais de Brémontier. En déduisant de la dépense
totale, indiquée précédemment, de 49,360ʰ18ˢ, la somme de
1,455ʰ18ˢ qui a été dépensée pour achat de niveaux et de chaînes
et pour nivellements et levés divers, il reste 47,905 livres pour
le montant des frais concernant les travaux d'ensemencement.
D'après M. Dejean[1], les semis effectués sans couverture sur les
13 hectares 92 ares de lettes avaient coûté 621 francs, graine
comprise; il reste, par conséquent 47,284 livres pour les frais
d'ensemencement de 80 hectares de dunes, dépense correspondant
à 591 francs par hectare :

On a fait en premier lieu des clayonnages en broussailles, disposés en fer
à cheval et à une distance moyenne de 10 mètres les uns des autres. On sema
dans l'intérieur des graines de pin et de genêt qui germèrent, mais le premier vent violent survenu déracina les jeunes plants, combla en partie les
clayonnages et les renversa. On vit alors la nécessité d'une couverture. On
étendit d'abord les broussailles sans préparation, mais celles qui n'étaient pas
planes étaient facilement déplacées par le vent; on les maintint alors avec des
lattes fixées par des crochets en pin qu'on enfonçait dans le sable au centre
et aux extrémités de chaque latte [2].

---

[1] Rapport du 6 juillet 1827 de M. Dejean, ancien inspecteur des dunes.— [2] *Ibid.*

M. Dejean (Pierre) avait été nommé inspecteur des travaux des dunes, dans les départements de la Gironde et des Landes, par arrêté du 24 frimaire an xii du Préfet de la Gironde. Il était le gendre de M. Peychan, inspecteur des dunes, qui avait dirigé les premiers ateliers d'ensemencement de la Teste, et il le suppléait depuis plusieurs années, pour la comptabilité des travaux, sans caractère officiel.

CHAPITRE IV.

COMMISSION DES DUNES (1801-1817).

Organisation de la Commission des dunes. — Brémontier n'avait pas été découragé par l'interruption de ses travaux en 1793. Il continuait à poursuivre le but qu'il s'était proposé et intéressait à son œuvre le Gouvernement, l'Administration départementale, l'Institut et la Société d'agriculture de la Seine. Les résultats de ses premiers essais servaient de base à ses mémoires relatifs à la fixation des dunes de Gascogne.

Les dunes de la Teste étaient visitées les 18 prairial an v (6 juin 1797) et jours suivants par M. Duplantier, président de l'Administration centrale du département de la Gironde, accompagné de MM. Guyet-Laprade, maître particulier de l'administration provisoire des forêts nationales, Marichon, commissaire du directoire exécutif près l'administration municipale, et Peychan, directeur des semis. Les observations faites dans cette visite ont été consignées dans un procès-verbal du 23 prairial an v (11 juin 1797) dont un extrait suit :

Après avoir parcouru les nouveaux semis, nous avons observé qu'il y avait environ douze cents journaux (huit cents arpents) de semis de pins de divers âges, généralement bien venants, ayant 8, 7, 6 et 5 ans; avons toutefois remarqué que dans la partie la plus élevée de la dune semée en 1788 les pins étaient rabougris et mal venants, et, en ayant cherché la cause, avons reconnu, ainsi qu'il nous l'a été dit par le sieur Peychan, que cela provenait de ce que les semences n'avaient été mélangées d'aucune espèce de graine d'arbuste propre à abriter les jeunes semis de pin. A cette époque on était astreint à se conformer aux ordres reçus qui se bornaient à faire enfermer par des clayonnages, formant différentes figures, un certain espace de terrain dans l'enceinte duquel on faisait répandre uniquement de la graine de pin. Mais, dès la première année, l'inutilité et le vice de ce procédé dispendieux ayant été reconnus, on l'a abandonné pour s'en tenir à la manière connue et usitée depuis long-temps par les habitants du pays, et qui consiste à répandre la graine sur le sable et à la recouvrir de branchages qu'on fixe avec de petits piquets. En suivant ce dernier procédé et en croisant les semences de pin avec des graines de genêt et de jonc marin épineux, on a supérieurement réussi, au point que, partout où les semences ont été croisées et simplement abritées des vents salés et des grandes chaleurs, les pins sont de la plus grande beauté : ceux de 8 ans ayant jusqu'à 17 pieds de tige sur 8 pouces de grosseur, ce qui est prodi-gieux et annonce une végétation très forte et peu commune.

Nous avons également observé que partout où les semis ont été abrités, soit naturellement, soit par les divers arbustes qui y ont été mêlés, le gazon-nement des sables s'est très bien opéré, au point qu'ils se trouvent dans toute cette partie définitivement fixés, ce qui démontre d'une manière incontestable la possibilité de les fixer sur toute la côte, notamment le long du bassin d'Ar-cachon jusques à la pointe du Sud, soit sur une lieue de longueur et un quart de lieue de largeur, si l'on veut du moins préserver ce vaste pays de l'enva-hissement des sables dont il est menacé et qui font des progrès très ra-pides.

Indépendamment de l'intérêt particulier du pays, le gouvernement aurait un très grand avantage à couvrir ces dunes de diverses essences de bois, qui, dans la suite, pourraient réparer les pertes que l'État a faites dans cette partie de la richesse nationale et dont la disette effrayante se fait sentir journelle-ment. Cet avantage nous a paru démontré jusques à l'évidence par la compa-raison que nous avons faite de la nature de ces sables avec ceux de la grande forêt de la Teste, dont nous aurons occasion de parler dans le cours de ce rapport, et d'après laquelle nous avons reconnu que ces dunes, ou mon-tagnes de sable, sont propres à élever toute espèce d'arbres de haute futaie, tels que le chêne, le hêtre, le sapin, le pin, le mélèze, le châtaignier, le cèdre le liège, le chêne vert et généralement tous les arbres verts. Une plantation pareille sur les côtes de l'Océan et sur les bords du plus beau bassin qu'il y ait en Europe serait pour l'État une source inépuisable de richesse.

Dans un mémoire du 26 messidor an VIII (15 juillet 1800), in-titulé : *Projets d'améliorations pour une partie du ve arrondissement de Bordeaux*, M. Fleury, de la Teste, membre du conseil de cet arrondissement, expose ses vues sur la fixation des dunes et mentionne, à l'appui de ses propositions, les premiers travaux de Brémontier :

Dominé par les considérations que je viens de mettre sous vos yeux, l'ancien Gouvernement accorda quelques fonds pour faire des essais d'ensemencement de ces dunes. Ces essais eurent lieu peu de temps avant la Révolution ; ils cessèrent à peu près lorsqu'elle éclata. Quelques fonds y furent employés depuis, mais il y a longtemps que ce travail a entièrement cessé.

Les semis qui ont eu lieu à diverses reprises couvrent une étendue d'environ 1,200 journaux. Il est impossible de voir ces semis sans en admirer la croissance : déjà les premiers forment une véritable forêt. Les pins y sont généralement beaucoup plus forts qu'on devait s'y attendre. Il en est de même de tout ce qu'on y a semé.

J'ai surtout remarqué que le genêt commun y croît et s'y propage d'une manière étonnante ; il est ordinaire de voir les semis de cette graine couvrir, dès la première année, une surface de près de deux pieds carrés, ce qui est un double avantage, et pour la fixation des sables et pour la croissance du semis de pin qu'il favorise en l'abritant.

Précédemment, les mémoires de Brémontier, soumis à l'examen de l'Institut, avaient été l'objet, le 16 floréal an viii (6 mai 1800) d'un rapport favorable de Coulomb, Parmentier et Prony ; dans le cours de la même année, la Société d'agriculture de la Seine lui avait accordé une médaille.

Les principales conclusions du rapport du 16 floréal an viii sont les suivantes :

Le résumé ci-après présente toutes les conséquences que l'ingénieur Brémontier a tirées de ses recherches et de ses expériences ; c'est lui qui parle :

« 1° Il ne peut rester aucun doute sur la possibilité de fixer et de fertiliser les sables désastreux de la côte de Gascogne.

« 2° Il est parfaitement reconnu que le pin maritime y prend un accroissement extraordinaire, y produit plus tôt, et y donne un revenu beaucoup plus fort que dans les meilleures terres des landes, où il est très soigneusement et très avantageusement cultivé.

« 3° Les frais d'ensemencement sur les plages, ou dans les vallons qui se trouvent entre les dunes, ne sont guère que le quart de ceux que ces mêmes ensemencements exigent dans ces mêmes terres des landes.

4.

« 4° La fixation et la fertilisation de la totalité de ces sables ne peut guère s'élever au delà de quatre millions, et 25 années après leur ensemencement ils peuvent produire 4 millions de revenu.

« 5° La végétation des genêts, de l'osier rouge, des vignes et de plusieurs autres plantes y est extrêmement vigoureuse.

« 6° Il résultera de l'exécution de ce projet d'immenses avantages pour les particuliers riverains dont les propriétés ne seront plus envahies ; pour les commerçants dont les marchandises seront moins exposées aux dangers de la mer. »

Il est encore reconnu, dit l'auteur, que la mer qui sera obligée de remanier sur ses bords tous les sables qu'elle rejette sera ralentie dans les progrès rapides faits journellement dans cette partie de la France...

Le supplément dont nous venons de rendre compte nous a paru, comme le premier ouvrage dont il est la suite, écrit correctement et rédigé avec soin. On trouve dans l'un et dans l'autre des détails intéressants et curieux sur la formation, la marche et les mouvements de ces montagnes errantes, des moyens de prévenir leurs effets dévastateurs, et des expériences qui rendent bien probable la possibilité de les fertiliser et de les fixer.

Le citoyen Brémontier est connu depuis plus de 30 ans par ses talents distingués et par des travaux importants exécutés avec autant d'habileté que de succès. Les commissaires pensent que ce dernier ouvrage soumis au jugement de la classe, les projets et les expériences qui y sont décrits, augmentent les droits que cet ingénieur avait déjà à la reconnaissance publique; ils ajoutent qu'il serait à désirer que le Gouvernement donnât à ce supplément la même publicité qu'il a déjà donnée au premier mémoire.

L'attention du Gouvernement ayant été ainsi appelée sur les travaux de fixation des dunes de Gascogne, un rapport du 9 frimaire an ix (30 novembre 1800) présenté aux consuls par le ministre de l'intérieur, Chaptal, a été suivi d'un arrêté du 13 messidor an ix (2 juillet 1801) réglant définitivement la question et chargeant de l'exécution des travaux une commission spéciale. Cette disposition législative a été complétée à bref délai par un arrêté du 3ᵉ jour complémentaire an ix (20 septembre 1801).

Par arrêté préfectoral du 17 thermidor an ix (5 août 1801) la Commission des dunes a été composée ainsi qu'il suit au début de son fonctionnement: MM. Dubois, préfet de la Gironde, président, Brémontier, ingénieur en chef, Guyet-Laprade, conservateur des forêts, Bergeron, Catros et Labadie de Haux, ces trois derniers, membres de la Société des sciences, belles-lettres et arts de Bordeaux, nommés par l'arrêté préfectoral du 17 thermidor sur la présentation de cette société.

Les membres de cette commission avaient droit à une indemnité de tournée fixée à 12 francs par jour par arrêté du 25 fructidor an IX (12 septembre 1802). Par arrêté du 20 brumaire an XII (12 novembre 1803)[1], approuvé par le préfet le 27 pluviôse suivant (17 février 1804), cette indemnité a été élevée à 18 francs par jour.

En fait, la Commission des dunes a été présidée par Brémontier jusque vers la fin de l'an XI, époque à laquelle il fut nommé inspecteur général des Ponts et Chaussées, et appelé à Paris où il est décédé sept ans plus tard.

Le préfet ayant fait connaître à la Commission, par lettre du 12 messidor an XI (1er juillet 1803), que Brémontier était alors à Paris, la délibération du 24 du même mois (13 juillet) a été présidée par M. Didiet, ingénieur en chef des Ponts et Chaussées à Bordeaux, et il en fut de même jusqu'en 1811. A cette époque, M. Guyet-Laprade, conservateur des forêts à Bordeaux, réclama l'exécution de l'article 4 de l'arrêté du 3e jour complémentaire an IX, ainsi conçu:

Le préfet présidera la commission établie par l'article 2 de l'arrêté (du 13 messidor an IX), et à son défaut elle sera présidée par l'ingénieur en chef des Ponts et Chaussées lorsque la délibération aura pour objet des ouvrages d'art, ou par le conservateur lorsqu'il s'agira de semis et de plantations,

En réalité, il s'agissait toujours de semis et de plantations, et

[1] Cet arrêté, de même que celui du 25 fructidor an IX, a été pris par la Commission des dunes.

M. Guyet-Laprade était fondé à réclamer la présidence en l'absence du préfet.

La difficulté a été soumise au Directeur général des Ponts et Chaussées, qui a adressé à ce sujet, le 22 avril 1811, la lettre suivante au préfet de la Gironde :

J'ai lu avec attention les pièces que vous m'avez adressées, avec vos lettres des 1er et 3 de ce mois, et qui renferment la copie d'une lettre de M. le maire de Soulac, ainsi que celle de la correspondance de M. le Directeur général des forêts avec M. Guyet-Laprade, conservateur au 11e arrondissement, et M. Didiet, ingénieur en chef de votre département, président de la commission des travaux pour l'ensemencement des dunes du golfe de Gascogne. Quelque intérêt que j'attache à cette importante opération, je dois m'abstenir d'y prendre une part directe, puisqu'elle a été confiée à l'Administration des forêts, à qui il appartient de peser les observations développées par M. Didiet et d'y avoir tel égard qu'elle jugera convenable.

A la suite de cette réponse, l'Administration des forêts consultée par le préfet lui a fait savoir qu'il y aurait lieu, à l'avenir, de se conformer aux prescriptions de l'article 4 précité.

Commencement des travaux. — Ces dispositions d'organisation ayant été prises, une reconnaissance des dunes a été effectuée à l'embouchure de la Gironde, ainsi que le constate un procès-verbal du 2 vendémiaire an x (24 septembre 1801), et a été suivie d'un commencement d'exécution des travaux :

Unanimement convaincus que le point le plus avantageux, pour l'établissement de notre premier atelier, se trouvait au midi du fort, nous y avons fait transporter les lattes, piquets et branchages que nous avions fait provisoirement couper et approvisionner sur la côte, et à 4 heures précises de l'après-midi (le 4 vendémiaire an x, 26 septembre 1801) le conseiller d'État, préfet, le commissaire principal de la marine, les membres de la commission et le citoyen N.-T. Brémontier, nommé président de la commission par les consuls de la République, et auteur du projet, les citoyens Peychan, inspecteur, et Barennes tracèrent chacun leur sillon, établirent les premières couvertures et commencèrent enfin cette grande et utile opération, d'où doit dépendre la conservation de tant de possessions précieuses, le salut d'un très grand nombre de navigateurs, la fertilisation de plus de douze cent milles quarrés de terrain, qui, sans exagération dans les dépenses ni dans les produits, doivent apporter un revenu à peu près égal à cette dépense, qui ne peut former un objet de plus de quatre ou cinq millions.

Cette reconnaissance a été suivie d'un arrêté du 22 nivôse an x (12 janvier 1802) du préfet de la Gironde, réglant la reprise des travaux, dans les départements de la Gironde et des Landes, en exécution de l'arrêté des consuls du 13 messidor an ix :

LE CONSEILLER D'ÉTAT, PRÉFET DU DÉPARTEMENT DE LA GIRONDE,

Vu.....

4° La lettre du citoyen Crétet, conseiller d'État, chargé spécialement des ponts et chaussées, canaux, navigation intérieure, etc., du 18 fructidor (5 septembre 1801), laquelle annonce l'ouverture d'un premier crédit de 1,200 francs pour commencer les travaux;.....

9° La lettre des administrateurs généraux des forêts, du 21 vendémiaire (14 octobre 1801), qui nous a été communiquée par le conservateur du 11ᵉ arrondissement, et par laquelle ils manifestent l'intérêt qu'ils attachent à une opération dont les résultats doivent être aussi avantageux, et offrent de faire un fonds de 50,000 francs pour l'article seul des plantations,

ARRÊTE :

ART. 1ᵉʳ. L'état estimatif des ouvrages et dépenses accessoires, fourni par ladite commission pour la fixation et l'ensemencement des dunes des côtes de la Gascogne, pendant l'an x, est approuvé.

ART. 2. Pour continuer l'ensemencement et les ouvrages, il sera établi dans le mois cinq ateliers sur les points suivants, savoir :

Le premier au Verdon, entre la pointe de Grave et les balises de Soulac; le second, sur la côte d'Arcachon; le troisième à la pointe de Pachou; le quatrième au cap Ferret; le cinquième au boucaut de Mimizan, département des Landes.

ART. 3. L'ensemencement et les ouvrages seront surveillés et dirigés par la commission. Elle réglera et arrêtera les dépenses. Le préfet les approuvera définitivement et les ordonnancera.

Art. 4. L'inspecteur remettra au préfet, le 1ᵉʳ et le 16 de chaque mois, l'état des travaux.

Art. 5. L'Administration générale des forêts est invitée à nommer des gardes pour veiller à la conservation des semis, des clayonnages et des autres ouvrages accessoires, au fur et à mesure qu'ils s'effectueront, et à mettre incessamment à la disposition de la commission des dunes la somme de 50,000 francs, pour les plantations à faire en l'an x, indépendamment des fonds que le Ministre de l'intérieur doit faire, aux termes des arrêtés des consuls, pour les ouvrages d'art et les clayonnages dont les dépenses ont été aussi jugées par la commission, devoir s'élever à la somme de 50,000 francs pendant la même année, et pour acquitter les travaux exécutés en l'an ix.

Art. 6. La commission est invitée à faire mêler dans l'ensemencement des graines de diverses espèces d'arbres, et notamment de ceux qui sont reconnus les plus propres à la construction des navires.

Des graines de pin maritime et de genêt ont été récoltées à la Teste en l'an ix et un commencement d'exécution d'ensemencement a été effectué dans les sables du Verdon le 4 vendémiaire an x (26 septembre 1801), sous la direction du préfet de la Gironde, par les membres de la Commission des dunes. A la même époque les travaux de fixation ont été repris à Arcachon et au cap Ferret, puis dans le département des Landes, en 1803 à Lit, et en 1804 à Mimizan.

Commission du département des Landes. — Décret de Bayonne. —

Bien que la Commission des dunes instituée par l'article 2 de l'arrêté du 13 messidor an ix fût composée de fonctionnaires du département de la Gironde et de membres de la Société d'agriculture de Bordeaux, son action s'étendait sur les deux départements de la Gironde et des Landes.

Cette situation ayant présenté l'inconvénient de mettre obstacle à la rapidité d'exécution des travaux, le décret de Bayonne, du 12 juillet 1808, a institué une commission pour le département des Landes, tout en laissant au préfet de la Gironde la direction supérieure dans les deux départements.

Chaque année, pendant le mois de décembre, aux termes de l'article 25 du décret, les deux commissions devaient se réunir à Bordeaux, sous la présidence du préfet. Le décret de Bayonne complétait, en outre, l'arrêté du 13 messidor an IX, en prévoyant les concessions de dunes à des communes ou à des particuliers et en réglant la procédure à suivre par l'article 26 ainsi conçu :

> Toutes demandes en concession de dunes, qui viendraient à être faites par des communes ou des particuliers, seront adressées à l'une ou l'autre commission, lesquelles donneront leur avis, qui sera remis au préfet et transmis au Ministre des finances.

Par l'article 27, une concession de 50 hectares, sur le territoire de la commune de Tarnos, était consentie au sieur Bourgeois, enseigne de marine et pilote-major de la barre de Bayonne, « à la charge d'en faire le semis à ses frais dans le délai de deux années, suivant les procédés du sieur Brémontier, inspecteur divisionnaire des Ponts et Chaussées, et d'entretenir les plantations en bon état ».

Les concessions de cette nature avaient été prévues précédemment dans le rapport présenté, à l'appui du projet de l'arrêté du 13 messidor an IX, aux consuls de la République, le 9 frimaire an IX (30 novembre 1800), par le ministre de l'intérieur, Chaptal. Ce rapport renferme, en effet, le passage suivant :

> Les premières plantations faites peuvent encourager des spéculations particulières; dans ce cas, on pourrait les concéder à la charge de les planter.

Il en est fait mention également dans une lettre, du mois d'octobre 1806, adressée par le préfet des Landes au président de la Commission des dunes et relative à une demande de concession de 500 à 600 hectares, faite par M. Texoères, sur la commune de Mimizan :

> Les demandes de concession ont été proposées par M. Brémontier, dans son mémoire sur les dunes imprimé en thermidor an V. Tout donne lieu de présumer que non seulement le Gouvernement les accueillera favorablement, mais encore qu'il accordera des primes d'encouragement.

Évaluation des avantages de l'opération (1775 à 1803).
— Dans la demande de concession de canaux adressée, en 1775,
par M. de Montausier à M. Trudaine, intendant des finances, les
avantages de la fixation des dunes sont appréciés ainsi qu'on l'a
vu précédemment, page 33.

D'après le projet, les dunes proprement dites devaient être
fixées au moyen de plantes herbacées, et des travaux de boisement
devaient être entrepris à peu de distance des dunes, c'est-à-dire sur
les lettes intérieures et extérieures : on espérait tirer parti de ces sables, mais on ne donnait aucune évaluation en argent de la production.

Il semble que l'on avait surtout en vue l'avantage que la fixation
procurerait en mettant obstacle à l'envahissement des terres fertiles par les sables que l'Océan dépose sur ses bords.

Dans le projet de lettre à M. Necker et à MM. des Domaines,
qu'il avait préparé en 1778 pour M. de Sartine, ministre de la
marine, M. de Villers s'exprime ainsi qu'il suit :

L'intérêt, la sûreté de toute la navigation du golfe de Guienne et de la
marine de Sa Majesté exige le plus prompt ensemencement des dunes de
sable depuis la pointe de Grave jusqu'à Bayonne, pour les fixer invariablement par une plantation de pins et d'un cinquième de chêne, qui, en contenant les sables, prévienne leur irruption continuelle, en même temps qu'ils
formeront une vigie naturelle, un point fixe et élevé de reconnaissance pour
tous les bâtiments sur une côte dangereuse, et seront, dans peu d'années,
d'une très grande production...

Dans son mémoire de 1779, il estime que le revenu, en résine
seulement, d'un journal de dune reboisée peut être fixé à 12 livres
par an.

D'après M. Guyet-Laprade, « vingt-cinq ans au plus sont suffisants, dans cette contrée, à l'arbre pin pour produire de la
gomme. Un arpent ne peut contenir que 100 arbres; il doit
être réduit à ce nombre par succession de temps; chaque arbre
produit annuellement 4 livres de gomme, ce qui fait 4 quin-

taux par arpent, à 6 livres le quintal, soit 24 livres par arpent.
Ainsi, les dunes de la Teste, contenant 20,000 arpents, recouvertes d'arbres pins et converties en ateliers résineux donneraient, au bout de vingt-cinq ans, 480,000 livres de revenu
tous les ans, pour un capital d'environ 520,000 livres, lequel, augmenté des intérêts à 5 p. o/o pendant ces vingt-cinq
années, formerait au total un capital d'environ 1,170,000 livres.
D'après ce calcul, on peut avancer que, indépendamment de
l'intérêt public, le Gouvernement ne pourrait mieux placer son
argent [1]. »

M. Fleury évalue de la manière suivante les avantages de l'opération :

D'après les données résultant des essais qui ont eu lieu, on pourrait évaluer la dépense de l'ensemencement total des dunes à une somme de 4 à
5 millions au plus. Indépendamment de l'immense quantité de bois de toute
espèce que ces forêts fourniraient à l'État, on en sortirait encore un produit
énorme par la vente des matières résineuses qu'on peut évaluer à raison
de 8 francs par journal, si du moins l'arbre pin y est l'essence dominante [2].

D'après Chaptal, « l'exécution du projet rendrait à la culture
des bois 100 lieues de terrain carrées, susceptibles un jour de rapporter annuellement plus de 5 millions de francs [3] ».

Brémontier, dans ses premiers mémoires, avance que « la
fixation et la fertilisation de la totalité de ces sables ne peut
guère s'élever au delà de 4 millions, et, vingt-cinq années
après leur ensemencement, ils peuvent produire 4 millions de
revenu [4] ».

---

[1] 23 prairial an v. Procès-verbal de
visite des dunes de la Teste, par M. Guyet-
Laprade, maître particulier des forêts.

[2] Mémoire du 26 messidor an viii,
de M. Fleury, de la Teste.

[3] Rapport du 9 frimaire an ix, du
ministre de l'intérieur, Chaptal.

[4] Institut national des sciences et arts.
Séance du 16 floréal an viii. Rapport de
Coulomb, Parmentier et Prony.

Son mémoire du 20 pluviôse an XII renferme le passage suivant :

Nous avons établi que, pour les dunes du golfe de Gascogne, les avances effectives à faire par l'État seraient de 2 millions, soit 2/5 de la dépense totale, que les travaux pourraient être terminés en trente-cinq ou quarante ans, et qu'à cette époque les produits cumulés atteindraient 3 millions pour la résine seulement.

Enfin, dans sa lettre du 25 frimaire an XI, adressée à la Société d'agriculture de la Seine, il donne des renseignements plus détaillés :

Je voulais procurer à l'État, avec une très modique dépense, une richesse de denrées qu'elle n'avait pas, et plusieurs millions de revenu. En effet, d'après un calcul que nous ne croyons point exagéré et dont le détail est ci-joint, vous vous convaincrez facilement, citoyens, qu'au moyen de la somme de 2,350,000 francs que fournira le Gouvernement, il retirera, en LVII (1848), un revenu net de 575,000 francs qui s'accroîtra successivement; qu'en l'an LX (1851), il sera remboursé de sa première dépense, et qu'en l'an LXXXI (1872), à peu près, il jouira presque complètement des produits de cette entreprise, que nous pouvons porter, sans trop d'erreur, à 4 ou 5 millions de revenu, et vous serez convaincus encore que l'époque de la fertilisation des dunes ne peut être portée au delà de quarante-trois ans ou, au plus, de quarante-six ans.

Mode d'exécution des travaux. — Prix de revient. — Essences. — Les semis des chaînes de dunes assurent l'ensemencement des lettes dans un délai très court, pourvu que les troupeaux en soient éloignés, de sorte que le fait de les couvrir de végétation constitue une occupation complète du terrain.

Aussi, la Commission portait surtout ses efforts sur les dunes proprement dites. Il aurait été préférable, toutefois, de semer aussi toutes les lettes; on aurait ainsi évité des revendications ultérieures.

On a vu, dans le chapitre III, qu'au début des travaux on employait pour couverture des broussailles étendues sur le sol et maintenues par des lattes fixées dans le sable au moyen de piquets

à crochets. En l'an xiii (1804), M. Dejean, inspecteur des travaux des dunes, fit supprimer les lattes et les piquets; on se ser-
vit alors de rameaux coupés en forme d'éventail, dont les tiges
étaient enfoncées de 0 m. 10 dans le sable. On employait de préférence la bruyère, le genêt et l'ajonc, puis le tamaris et les branches
de pin; enfin, on a eu recours aux roseaux, aux joncs et au
gourbet.

Un rapport du 6 juillet 1827, de M. Dejean, renferme les renseignements ci-après sur le mode d'exécution et le prix de revient
dans les principaux ateliers.

Au début, les travaux se faisaient à la journée. En 1809, les fagots ont été
fournis par entreprise, puis, peu à peu, la régie fut supprimée pour tous les
travaux.

Prix d'un hectare fixé à la Teste.

Coupe de 1,400 fagots, à 0 fr. 80 le cent.	11^{f}20^c
Façon, à 0 fr. 80 le cent.	11 20
Transport à une distance de 1,500 à 2,000 mètres, à 4 francs le cent.	56 00
Étendage, à 1 franc le cent.	14 00
Surveillant et frais de cordes pour les fagots, à 0 fr. 75 le cent.	10 50
1/2 hectolitre de graines de pin maritime.	10 00
5 kilogrammes de graines de genêt.	2 50
Faux frais et réparations à la suite d'ouragans.	4 60
TOTAL.	120 00

À l'atelier du cap Ferret, il fut fait un premier essai pendant les années x,
xi et xii. On couvrit en broussailles, vers la pointe, une surface de 26 hectares de sable mobile qu'on chercha à garantir par un clayonnage. Couverture
et clayonnage coûtèrent 12,048 fr. 75 c., mais les sables pénétraient à chaque
coup de vent, et les pins et genêts ne résistaient pas au vent de mer. Le travail fut abandonné et la couverture envahie, mais alors parut une grande
quantité de gourbet semé naturellement et le sable fut fixé.

L'atelier d'Hourtin a été organisé en l'an xi. Les fagots de brande (bruyère)
étaient coupés dans la lande d'Hourtin. La coupe et le liage coûtaient 6 francs
le cent, pris entre Hourtin et Carcans. Le transport au bord de l'étang, la

traversée et le transport à la côte coûtaient 27 francs. Les frais de semis pour 1 hectare, sur la côte, étaient :

1,500 fagots à 33 francs le cent...................	495ᶠ 00ᶜ
1,000 lattes......................................	50 00
2,000 crochets...................................	15 00
Étendage et crochetage...........................	70 00
Surveillant, 6 jours à 1 fr. 75 c..................	10 50
Chef d'atelier, 6 jours...........................	20 00
1/2 hectolitre de graines de pin maritime...........	20 00
4 kilogrammes de graines de genêt................	4 00
Frais de cordes pour lier les fagots...............	0 50
TOTAL...................	685 00

L'atelier du Verdon fut organisé en l'an x. Depuis cette époque, jusqu'au 20 avril 1818, on a dépensé 148,030 fr. 51 et on a semé, dunes et lettes, 499 h. 86 a. 66. Les semis coûtaient très cher au début, parce que la broussaille était rare et qu'il fallait l'acheter à grands frais.

Prix pendant les exercices (ans x, xi et xii).

Achat à Saint-Vivien de la broussaille pour 100 fagots de 10 kilogrammes en pin..........................	24 francs.
Coupe et liage, le cent............................	3
Transport de Saint-Vivien au port..................	6
Transport par bateau..............................	8
Transport du lieu de débarquement au lieu d'emploi.........	3
Prix de 100 fagots à pied d'œuvre....	44

On employait 1,500 fagots par hectare, d'où le détail ci-après :

1,500 fagots à 44 francs le cent..................	660ᶠ 00ᶜ
1,000 lattes et 2,000 crochets....................	65 00
Lattage, crochetage et étendage..................	70 00
Chef d'atelier, 6 jours à 3 francs.................	18 00
Surveillant, 6 jours à 1 fr. 75....................	10 50
1/2 hectolitre de graines de pin maritime...........	20 00
4 kilogrammes de graines de genêt................	4 00
Frais de cordes..................................	0 50
TOTAL...................	848 00

Ayant pris l'inspection de cet atelier en frimaire an xii, je fis semer les plaines où les pins pouvaient réussir sans couverture, et, en attendant le développement de ces semis, j'employai, pour les couvertures, des roseaux de marais et autres plantes de bas-fonds que je payais jusqu'à 15 francs le cent. Enfin, en juillet 1808, je fis un marché avec les sieurs Barrère et Bourgeois, à raison de 8 francs le cent rendu sur place, de fagots d'herbes et autres plantes des lettes. Les semis ne réussissaient pas aussi bien qu'avec les couvertures de broussailles, attendu que l'herbe se tasse trop et que, pour cette raison, le vent fatigue davantage les jeunes pins et en détruit beaucoup; mais il en reste toujours assez pour former un massif et même fournir des produits pour couverture[1].

Les marais salants conservés à Soulac par suite des travaux donnent à l'État 600,000 francs pour droits.

Lors de l'exécution des travaux, il était nécessaire de prendre certaines précautions pour la disposition de la couverture.

Les vents les plus violents et les plus fréquents sur les côtes du golfe de Gascogne sont ceux du sud-ouest, de l'ouest et du nord-ouest.

Dans le cas d'une dune isolée vers le nord et reliée au sud à une chaîne continue, l'ensemencement était dirigé en allant du nord au sud, de manière à former, autant que possible, des zones parallèles à la direction du vent du sud-ouest et en ayant soin de disposer les lisières des couvertures suivant cette même direction. Alors le semis n'avait rien à redouter des vents du nord, du nord-ouest ou de l'ouest, et, les vents du sud-ouest formant en peu de temps une dépression profonde vers le périmètre, le vent du sud, qui d'ailleurs n'est pas très à craindre, ne pouvait occasionner aucun préjudice.

Dans le cas d'une dune isolée au sud, il fallait, au contraire, commencer par le sud et donner aux zones formées par la couverture une direction parallèle au nord-est.

[1] Les joncs, les roseaux et les autres plantes aquatiques sont de beaucoup préférables aux branches de pin. Rapport du 26 février 1810, de l'ingénieur en chef des ponts et chaussées au Conseil général de la Gironde.

Si les travaux étaient commencés au milieu d'une chaîne, il fallait se rattacher à des dépressions orientées vers le nord et vers le sud, et arrêter les lisières des couvertures dans le sens des vents du sud-ouest et du nord-est.

Les dunes à ensemencer étaient, en outre, protégées par des clayonnages contre lesquels le sable venait s'amonceler.

D'après un extrait du registre des délibérations de la Commission des dunes, pour la séance du 11 janvier 1808, on a substitué, à cette époque, aux clayonnages, des châssis portatifs en planches.

Les prix de revient moyen, par hectare, étaient alors les suivants pour les contenances ensemencées depuis la reprise des travaux :

Département de la Gironde.

Atelier du Verdon......................	156^{f}80^c
Atelier d'Hourtin.......................	57 40
Ateliers de la Teste et d'Arcachon............	135 00

Département des Landes.

Atelier de Mimizan.....................	412^{f}00^c
Atelier de Saint-Julien..................	807 90
Atelier de Neuf-Boucaut.................	8 30

Le rapport du 11 janvier 1808 renferme les renseignements ci-après :

On doit observer que, depuis quelque temps, les procédés se sont simplifiés et sont devenus beaucoup plus économiques. On se sert, partout où l'on peut s'en procurer, d'herbes, de joncs ou de roseaux pour faire des couvertures. Une fois que les semis seront assez grands pour être éclaircis et fournir des branchages, la dépense des ateliers de Saint-Julien et Mimizan sera considérablement réduite.

On peut donc regarder comme assuré le succès de cette grande entreprise, digne d'illustrer tout autre règne que celui de Napoléon le Grand. Des contrées immenses, condamnées à une stérilité qui paraissait devoir être éternelle et qui envahissaient successivement les terrains en arrière, fourniront à l'État plus de 5 millions de produit; le haussement progressif des eaux sera arrêté et leur écoulement à la mer rendu facile; le balisage des côtes sera assuré; des productions territoriales remplaceront celles que l'étranger nous fournissait à très haut prix; enfin, ce qui est assez rare dans toute entreprise, la dépense sera beaucoup au-dessous des prévisions.

La Commission, toutefois, pense que les fonds mis à sa disposition sont insuffisants, même en n'augmentant pas le nombre des ateliers. Il est certain qu'en doublant la dépense effective chacun de ceux-ci ne coûtera pas plus de frais de régie et de garde, et les frais généraux d'administration resteront les mêmes. De plus, comme les frais d'enceinte et, ce qui est bien plus important, les avaries occasionnées par les coups de vent sont en raison composée de la circonférence des parties ensemencées, qui n'augmente pas en raison des surfaces, et que ces mêmes avaries sont proportionnelles au temps que dure le travail, il y a tout à gagner par la célérité.

La Commission ne cessera donc de représenter au Gouvernement, au nom du bien public et des succès qu'elle a déjà obtenus et espère obtenir par la suite, la nécessité de doubler au moins les fonds destinés à cette entreprise, afin d'être mise à portée d'accélérer cette grande opération. Elle n'augmentera pas pour cela, au moins d'ici à quelque temps, le nombre des ateliers, mais elle sera en mesure de travailler plus en grand, de faire pour chaque atelier les frais d'établissement nécessaires dans des endroits éloignés de toute habitation, et où il faut retenir les ouvriers le jour et la nuit, à peine de perdre un temps considérable sur le travail effectif; enfin, elle pourra faire entreprendre chaque année une dune entière, ou au moins le revers exposé aux vents régnants. Le prix d'ensemencement se trouvera par conséquent réduit de beaucoup, et on n'aura pas le désagrément de voir des parties considérables, déjà couvertes, envahies par les sables et sur lesquelles le travail est à recommencer.

Les prix par hectare indiqués ci-dessus doivent être augmentés de 8 fr. 57 pour frais d'administration.

Le montant très élevé des travaux à Saint-Julien est la conséquence de l'éloignement des branchages pour couverture.

Le prix moyen des ensemencements d'Hourtin a été abaissé par les travaux de l'année 1807; 300 hectares ont été fixés pour la somme modique de 3,400 francs.

En ce qui concerne l'atelier de Neuf-Boucaut, de vastes plaines ont été ensemencées sans couverture, et «les dunes ont été à peu près fixées par l'interdiction seule du pâturage, qui a permis aux plantes de se développer[1]».

[1] Rapport du 11 janvier 1808.

La seule essence forestière employée dans les dunes au début des travaux était le pin maritime.

En 1810, on a introduit des feuillus à Soulac et au Verdon : « On a essayé cette année de planter les lèdes en diverses natures d'arbres, principalement en robiniers dont on espère tirer à l'avenir un très bon parti en les vendant pour faire des échalas; les châtaigniers réussissent très bien [1]. » Plus tard, on a planté des peupliers et des chênes; cette dernière essence, indiquée par M. de Villers dans son mémoire de 1779, a donné d'excellents résultats.

On employait encore, dans la même région, le tamaris et le gourbet pour fixer les sables.

Statistique. — Dans sa séance du 2 ventôse an XII (22 février 1804), la Commission a décidé qu'il serait procédé à l'arpentage des dunes déjà ensemencées et a chargé M. Sarlat, sous-inspecteur des forêts, de l'exécution de ce travail.

A partir de cette époque, le levé des sables fixés a été effectué régulièrement chaque année.

Conformément aux dispositions des articles 4 de l'arrêté du 13 messidor an IX et 2 de l'arrêté du 3ᵉ jour complémentaire an IX, une somme de 50,000 francs était prélevée annuellement sur le budget de l'Administration des forêts, pour être employée aux travaux d'ensemencement. A la suite du rapport du 11 janvier 1808, mentionné dans le paragraphe précédent, cette somme a été portée à 75,000 francs pendant quatre ans, à partir de 1809.

L'ordonnance du 5 février 1817 ayant confié l'exécution des travaux de fixation à l'Administration des ponts et chaussées, la Commission des dunes a cessé de fonctionner à cette époque.

---

[1] Rapport du 28 février 1810, de l'ingénieur en chef des ponts et chaussées au Conseil général de la Gironde.

Les contenances ensemencées sous sa direction sont indiquées ci-après :

	CONTENANCE.	DÉPENSE.
	hectares.	francs.
Département de la Gironde........	2,507	506,751
Département des Landes..........	1,867	344,408
Totaux.......	4,374	851,159

La dépense moyenne par hectare est de 194 fr. 60.

Police des dunes. — Dans son rapport de tournée du 23 prairial an v, M. Guyet-Laprade, maître particulier des forêts à Bordeaux, demandait l'institution d'un garde particulier pour veiller à la conservation des semis de la Teste. De même, M. Lagorsse, garde général à la Teste, dans un procès-verbal de reconnaissance du 21 floréal an vi (10 mai 1798), indiquait la nécessité de protéger la nouvelle forêt contre les délinquants. Peu de temps après, un garde était nommé et, par un premier procès-verbal du 5ᵉ jour complémentaire an vi (21 septembre 1798), constatait un délit de pâturage dans les semis du canton de Moulleau.

Au Verdon, le garde champêtre de Soulac a été chargé de la surveillance, à la suite d'une lettre du 22 thermidor an xi (10 août 1803) du président de la Commission des dunes au préfet de la Gironde, puis un garde spécial a été désigné par délibération de la Commission du 18 brumaire an xii (10 novembre 1803).

D'autres préposés ont été nommés successivement à Hourtin, à Lacanau, à la Teste, à Mimizan et à Capbreton.

Les délits commis dans les semis des dunes étaient considérés comme des délits forestiers. Les plus à redouter étaient les délits de pâturage.

On a vu, dans le chapitre 1ᵉʳ, § 4, que des bandes de bestiaux sauvages, chevaux et bêtes à cornes, parcouraient les dunes d'Hourtin, de Lacanau, de Carcans et du Porge. Des troupeaux errants se trouvaient aussi à la Teste, et des chevaux sauvages vivaient dans les dunes de Lège et dans celles de Capbreton et de Boucau-Neuf dans le département des Landes.

Les gardes ne pouvaient s'en emparer malgré tous leurs efforts et personne ne voulait en paraître propriétaire. Les riverains des dunes ne pouvaient même en tirer parti qu'en se livrant à des chasses qui n'étaient pas sans danger.

Enfin, les habitants de Soulac et du Verdon se permettaient de faire paître leurs bestiaux dans les semis et de couper ou d'arracher le gourbet.

Cette situation ayant été signalée au préfet de la Gironde par les délibérations de la Commission du 17 brumaire an XII (9 novembre 1803) et du 1er brumaire an XIV (23 octobre 1805), il a été mis fin à ces abus par les arrêtés des 22 brumaire an XIV (14 novembre 1803) et 3 messidor an XII (22 juin 1804), et du 16 janvier 1806.

Par les deux premiers de ces arrêtés, les maires des communes d'Hourtin, de Carcans, de Lacanau et du Porge étaient chargés d'organiser «des battues générales pour détruire les bestiaux errants», et les gardes étaient autorisés à les tuer à l'aide des armes à feu.

L'arrêté du 16 janvier 1806 interdisait le pâturage dans les dunes du Verdon et de Soulac et à la distance de 150 mètres de leur périmètre, et donnait aux gardes l'autorisation «de tirer à coups de fusil sur les bestiaux errants et sans conducteur»; il défendait, en outre, «de faire brûler, de couper ou d'arracher les gourbets ou autres plantes».

Il fallait aussi protéger les jeunes semis contre les incendies provenant des incinérations de landes, fréquemment effectuées pour renouveler les pâturages.

D'après un arrêté du 24 juin 1809, du préfet de la Gironde, «les incinérations ne peuvent, dans aucun cas, s'étendre au delà du sixième des landes de chaque commune» et le service forestier local doit être consulté. De plus, l'article 13 rappelle les dispositions de l'arrêt du Conseil d'État du 13 juin 1741 ainsi conçu : «Il est fait défense expresse à tous propriétaires de mener ou envoyer, sous quelque prétexte que ce soit, pendant cinq ans, à compter du jour et date des incendies, leurs bestiaux pâturer dans les landes ou bruyères où le feu aurait été mis, et d'en approcher plus d'une demi-lieue, à peine de confiscation des bestiaux et de 500 livres d'amende contre les propriétaires desdits bestiaux, et de peine corporelle contre les pâtres qui les conduiraient.»

Enfin, un arrêté du 3 avril 1811, du préfet de la Gironde, a interdit, dans l'intérêt de l'exécution des travaux, aux propriétaires riverains des dunes, «la coupe des végétaux employés par la Commission pour couvrir et fixer les semis».

Exploitations. — Gemmage. — M. Guyet-Laprade, maître particulier des forêts, avait signalé, dans le rapport du 23 prairial an v précité, la nécessité d'effectuer, à bref délai, des éclaircies dans les semis de la Teste provenant des premiers essais de Brémontier. Dès la reprise des travaux, en exécution de l'arrêté du 13 messidor an ix, on a procédé à ces opérations en enlevant les bois nécessaires pour les couvertures. Mais ces extractions étaient insuffisantes parce qu'elles ne portaient que sur les brins de faibles dimensions. Aussi, à la suite d'une délibération du 15 frimaire an xi (6 décembre 1803) de la Commission des dunes, on a enlevé par gemmage à mort, effectué en régie, les bois trop gros pour être utilisés dans les travaux.

Il en a été rendu compte, ainsi qu'il suit, dans le registre des délibérations de la Commission :

Par lettre du 20 nivôse an xii (11 janvier 1804), M. Dejean, inspecteur des travaux, a fait connaître à la Commission que les semis de 1788 et 1789 à la Teste ont produit 998 kilogrammes de résine. Les pins des dunes, don plusieurs ont atteint 0m.33 (1 pied) de diamètre, ont donc fourni de la résine, au bout de quatorze à quinze ans, tandis qu'il faut trente ans dans la lande.

Cette récolte a été le produit des arbres qui, étant dans le cas de gêner l'accroissement des autres, ont été saignés à mort.

D'où la délibération du 22 pluviôse an XII (12 février 1804) de la Commission des dunes :

Art. 1er. Il sera fondu 250 échantillons des résines produites par les pins de la forêt d'Arcachon, semés en 1788 sous la direction et d'après les procédés découverts et mis en exécution par le citoyen Brémontier.

Art. 2. La quantité de 125 échantillons sera adressée au citoyen Brémontier pour être présentée aux consuls de la République, au Corps législatif et au Tribunat, aux ministres, aux conseillers d'État, à l'Institut national, à la Société d'agriculture de Paris et autres réunions savantes, etc.

Art. 3. Les consuls de la République sont très instamment priés de vouloir bien affecter aux travaux des dunes les produits successifs de la récolte des résines, pour être ajoutés à ceux qui seront accordés chaque année d'après l'arrêté des consuls du 13 messidor an IX.

Art. 4. Une députation de la Commission sera chargée de présenter au préfet et au conseil de préfecture de ce département les échantillons qui leur sont destinés et qu'ils sont priés de recevoir comme une marque de la reconnaissance de la Commission pour toutes les preuves d'intérêt qu'ils veulent bien lui témoigner et les encouragements qu'elle en reçoit.

Art. 5. Il en sera adressé à la même destination au préfet du département des Landes.

Art. 6. Il en sera remis un échantillon au citoyen Guyet-Laprade, qui est prié de les faire parvenir aux conservateurs généraux des forêts, comme gage de la reconnaissance de la Commission.

Art. 7. Il en sera adressé de même aux principaux fonctionnaires publics de ce département, aux sociétés savantes, aux conservateurs des dépôts publics d'objets relatifs aux arts et aux sciences.

Quelques années après, il a été procédé à une nouvelle exploitation, et les produits du gemmage ont été vendus à la Teste le 17 septembre 1808, par adjudication publique et à l'extinction des

feux. Cette adjudication, effectuée par les agents forestiers, a donné
les résultats suivants :

1ᵉʳ lot. — 49 pains de résine, pesant ensemble 2,334 kilogrammes. Adjugé
au sieur Fleury de la Teste, à 12 fr. 50 les cent kilogrammes.

2ᵉ lot. — 1 barrique de térébenthine. Adjugé au sieur Lesca de la Teste
pour 28 francs.

3ᵉ lot. — Les escoubils provenant de la résine. Adjugé au sieur Lesca de
la Teste pour 6 francs.

Les adjudicataires ont payé comptant le prix principal ci-dessus,
plus le décime et les frais.

Des ventes ont eu lieu ensuite chaque année à la Teste à partir
de l'année 1813 inclusivement.

A Soulac, la Commission a mis en adjudication, le 21 mai 1815,
1 toise cube (environ 11 stères) de bois provenant des éclaircies
effectuées dans les massifs de pin maritime des dunes de Soulac et
du Verdon. Une offre de 15 francs seulement ayant été faite, la
vente n'a pas eu lieu ; les bois ont été cédés à l'entrepreneur de la
fourniture des fagots pour couverture, et celui-ci a transporté en
échange les matériaux nécessaires à la construction d'une ba-
raque.

Dunes autres que celles du golfe de Gascogne. — Les
dunes autres que celles du golfe de Gascogne ont fait l'objet
d'un mémoire de Brémontier en date du 20 pluviôse an xii (10 février 1804). Elles diffèrent en général de celles-ci par leur composition.

Elles sont formées le plus souvent de sables calcaires mélangés
de fragments de quartz. Ces sables se tassent et se lient, et les oyats
s'y rencontrent habituellement ; ils constituent des chaînes d'une
faible puissance et d'une marche lente. Il en résulte que les terres
envahies dans de telles conditions forment une zone de propriétés
dont l'identité peut être facilement constatée.

Les travaux de fixation de ces dunes sont d'une exécution très simple.

De la frontière belge à l'embouchure de la Somme, la dixième partie seulement de la contenance comprend des sables dénudés et nécessitant des procédés analogues à ceux qui sont employés dans les dunes de Gascogne ; sur le reste, il suffit d'effectuer sans précautions spéciales des semis de pin maritime.

Entre la Somme et la Gironde et sur les côtes de la Méditerranée, la proportion des sables nus est plus considérable et peut être fixée à un cinquième de la contenance totale.

La dépense et le rendement probables sont évalués ainsi qu'il suit :

DÉSIGNATION DES DUNES.	CONTENANCE.	DÉPENSE.	PRODUIT PRÉSUMÉ.
	hectares.	francs.	francs.
Entre la frontière belge et la Somme............	20,161	870,000	440,000
Entre la Somme et la Gironde, îles comprises 19,533ʰ ⎫ Côtes de la Méditerranée............ 980 ⎭	20,513	900,000	450,000
Totaux.................	40,674	1,770,000	890,000

« Dans les dunes du Nord, dit Brémontier, la résine sera moins abondante que dans les sables de Gascogne, mais le bois aura une valeur appréciable, de sorte que l'évaluation du produit peut être la même à contenance égale. »

L'ensemencement des dunes dont il est question dans ce paragraphe a fait l'objet d'une circulaire adressée aux préfets le 18 octobre 1808 par le directeur général des Ponts et Chaussées. Aux termes de cette instruction, l'ingénieur en chef de chaque département devait établir une carte des dunes et un état estimatif des frais de fixation ; le préfet devait, en outre, prendre un arrêté « pour assurer la conservation des semis et plantations, soit pour en interdire soigneusement l'accès aux troupeaux de gros ou de

menu bétail, soit pour les défendre contre les malveillants, soit enfin pour en régler les coupes, de manière qu'elles soient constamment subordonnées à l'autorisation préfectorale, et que, dans aucun temps, elles ne puissent porter préjudice aux plantations, dans
le cas même où elles appartiendraient à des particuliers ».

Peu de temps après, ces dispositions ont été remplacées et complétées par le décret du 14 décembre 1810, qui a été notifié aux
préfets des départements maritimes à la suite d'une circulaire du
11 février 1811 du directeur général des Ponts et Chaussées.

Propriété des dunes de Gascogne. — Il résulte des considérations développées dans le chapitre Iᵉʳ que les dunes situées
à l'Ouest des étangs recouvrent des lais de la mer, anciens ou
récents, et que, par suite, elles appartiennent au domaine de
l'État.

Elles ont été aussi considérées comme faisant partie du rivage de
la mer et dépendant, par conséquent, du domaine royal en vertu
d'un édit de février 1710 [1]. Les anciens seigneurs s'arrogeaient,
il est vrai, les côtes de la mer avec les droits en dépendant, tels que
bris, naufrage, épave, pêche et ambre gris, mais leurs prétentions
étaient repoussées par les arrêts du Conseil et du Parlement et par
les ordonnances royales. Beaurein cite, d'après Clairac, un arrêt du
Conseil de 1621 qui prescrit aux seigneurs de Guienne de présenter
les titres leur attribuant juridiction et autres droits sur la côte pour
qu'ils soient revisés, et, à défaut de cette revision, les déclare dé-
chus de tous droits, « ce qui était advenu » ajoute-t-il.

Les ducs d'Épernon ont néanmoins continué à s'attribuer la
côte. Le duc Jean-Louis de la Valette, ayant acheté sur arrêt de
décret, le 18 novembre 1658, la baronie de Lacanau, l'a revendue
le 16 septembre 1659 à M. de Caupos. La vente comprenait « la
terre et baronie de Lacanau, consistant en maisons, prés, bois,

[1] Les rivages de la mer ont été rattachés au domaine public par l'article 2 de la loi
du 22 novembre-1ᵉʳ décembre 1790, et par l'article 58 du Code civil.

pignadas, domaines, moulin, étang, cens, rentes, avec tout droit
de justice haute, moyenne et basse..., à la réserve néanmoins de
la côte de la grande mer et droits en dépendant, dans toute l'étendue de ladite terre et baronie de Lacanau, comme droit de naufrage, ambre gris, pêche et autres... »

Une certaine zone littorale était nécessaire pour assurer l'exercice des droits de côte réservés par le duc d'Épernon ; elle a été
déterminée par deux procès-verbaux de bornage de la seigneurie
de Castelnau. Le plus ancien de ces actes, datant vraisemblablement de la fin du xviie siècle, indique que la terre de Castelnau
s'étend « jusqu'à la terre neuve qui est joignant le grand Océan et
au lieu appelé Hicque d'Expert » et que la limite est formée ensuite par une ligne droite allant au Toureil de Laspeyres, puis
« au lieu appelé le Grand vaisseau de la Caraque ».

Le bornage de 1783 n'est qu'une application sur le terrain du
procès-verbal précédent.

Le lieu appelé Hicque d'Expert est indiqué comme étant « les
dunes qui forment le rivage de la grande mer », mais cet emplacement est désigné comme étant situé « vis-à-vis l'église de Lège
et au couchant d'icelle », et laissant au nord « le vallon ou lède
nommé Passe Cazaux ». Les dunes s'étaient avancées vers l'est depuis
l'époque de la première opération, et le juge de la juridiction de
Castelnau avait pensé devoir adopter pour limite du rivage de la
mer la nouvelle limite orientale des dunes. C'est, toutefois, par
suite d'une erreur qu'il a donné le nom de Hicque d'Expert à ce
nouvel emplacement.

Le Toureil de Laspeyres et la Caraque sont ensuite indiqués
comme formant la limite entre les seigneuries de Castelnau et de
Lacanau, la Caraque étant située en face de la métairie d'un habitant du hameau de Talaris.

La ligne droite formée par les pointes Hicque d'Expert, Laspeyres et la Caraque limite une zone littorale de 2,500 mètres
de largeur environ, d'après la délimitation de 1700.

Cette zone, ou côte de la mer, qui appartenait en réalité au domaine royal, était susceptible de s'accroître par la formation de nouvelles dunes, ainsi que l'indique le bornage de 1783. Aussi, il n'est pas surprenant qu'un arrêt du Conseil du 23 mars 1779 ait fait concession à M. Amanieu de Ruat des dunes situées dans l'étendue des terres de la Teste, Gujan et Cazaux, à titre d'accensement et à charge de les ensemencer; cette concession a été ensuite convertie en une inféodation par arrêt du 21 mai 1782.

Précédemment déjà, en 1775, le comte de Montausier avait demandé la concession, à titre d'inféodation, et de propriété incommutable « des terrains immenses appartenant à Sa Majesté, le long des bords de la mer, depuis Bayonne jusqu'à la pointe de Grave ». Par une autre requête, il demandait aussi l'autorisation de faire construire des canaux de navigation partant du bassin d'Arcachon; il exposait que « les dunes ou montagnes de sable, qui appartiennent à Sa Majesté ainsi que les bords de la mer, ne produisent rien » et qu'il serait possible d'en tirer parti en y effectuant des plantations d'arbres et des semis de graines diverses. Les deux requêtes portent la signature de M. Bocquet-Destournilles, avocat du pétitionnaire.

Dans les parties comprises entre les anciennes échancrures du littoral, c'est-à-dire entre les étangs actuels, les dunes les plus récentes ont recouvert des terrains qui, bien que formés par le dépôt du sable des Landes, étaient susceptibles d'appropriation. Mais les anciens propriétaires ont presque toujours disparu ou ont perdu le souvenir de leur propriété, de sorte que l'ensemble des sables superposés a constitué des biens vacants et sans maîtres, par l'abandon des détenteurs. Ces biens, dont les seigneurs hauts justiciers avaient la possession, ont été attribués à l'État par l'article 3 de la loi des 22 novembre-1er décembre 1790, puis par les articles 539 et 713 du Code civil. Enfin, il y a lieu d'examiner si les dunes peuvent être considérées comme des terres vaines et vagues dont la propriété est attribuée aux communes par l'article 1er, section IV, du décret-loi des 10-11 juin 1793 : « Tous les biens communaux, en général, connus dans toute la République sous les divers noms de terres vaines et vagues, gastes, garrigues, landes, pacages, pâtis, ajoncs, bruyères, bois communs, hermes, vacants, palus, marais, marécages, montagnes, et sous toute autre dénomination quelconque, sont et appartiennent, de leur nature, à la généralité des habitants ou membres des communes ou des sections de communes dans le territoire desquels ces communaux sont situés. . . . »

Cette interprétation ne peut être admise. Les dunes n'ont pas le caractère de biens communaux, c'est-à-dire de biens utilisés pour l'usage commun des habitants. « Ces amas de sables, mouvants et stériles, n'étaient susceptibles, avant leur fixation, ni de propriété, ni de partage; on n'en pouvait tirer aucun profit [1] ». De plus, le dénombrement de l'article 1er précité est très complet, et la formule « sous toute autre dénomination quelconque » ne peut concerner que les synonymes des dénominations comprises dans l'énumération.

Les dunes, à cette époque, étaient connues, et depuis longtemps leur invasion dans l'intérieur des continents avait été signalée, non seulement en France, mais aussi en Angleterre et dans les Pays-Bas. De temps immémorial, les habitants de la Flandre et de la Picardie fixaient leurs sables mobiles au moyen de plantations [2]. Depuis plusieurs années, on voyait la possibilité d'en tirer parti par le boisement, en effectuant des travaux d'ensemble, très coûteux il est vrai, mais qui pouvaient être entrepris fructueusement par l'État. On ne saurait donc admettre, dans ces conditions, que l'absence de toute mention des dunes dans la loi de 1793 soit la conséquence d'une omission.

Il ne faut pas oublier, d'ailleurs, que l'esprit de cette loi n'était pas « de troubler les possessions particulières et paisibles, mais de réprimer les abus de la puissance féodale et les usurpations [3] ». Or, il n'y

---

[1] M. Calmon. Mémoire pour l'État contre la commune du Porge; Bordeaux, 1870.

[2] Répertoire du journal du Palais, t. V.

[3] Article 9.

a pas eu d'abus de cette nature, puisque les propriétés, abandonnées par leurs détenteurs, n'ont été délaissées que par suite de l'invasion des sables déposés par la mer et entraînés par les mouvements de l'atmosphère.

De plus, une partie des terres envahies appartenaient aux abbayes de Soulac et de Mimizan, et ces terres, si elles étaient restées en valeur, auraient été réunies au domaine de l'État par la loi des 2-4 novembre 1789, qui a attribué les biens ecclésiastiques à la nation.

La question de la domanialité des dunes a attiré l'attention de tous ceux qui se sont occupés de leur fixation.

En 1775, M. Bocquet-Destournelles, avocat, dans deux requêtes établies pour le comte de Montausier, regardait les dunes comme « appartenant à Sa Majesté ».

Ces demandes de concession, adressées à l'Intendant des finances, ont donné lieu à la correspondance suivante :

5 *mars* 1775. — Lettre adressée à M. l'Intendant par M. Trudaine, intendant des finances :

J'ai l'honneur de vous envoyer les deux requêtes ci-jointes, par la première desquelles M. le comte de Montausier demande la permission de faire construire à ses frais des canaux de navigation depuis Bayonne jusques au bassin d'Arcachon, et par la deuxième il demande que, pour favoriser son projet, on lui accorde la concession des terrains appartenant au Roi le long des bords de la mer depuis la pointe de Grave jusques à Bayonne et de plusieurs autres objets appartenant au Roi. Je vous prie de vous faire rendre compte par l'ingénieur qui sert près de vous des demandes de M. le comte de Montausier et de me renvoyer ensuite les requêtes ci-jointes avec votre avis.

25 *mars* 1775. — Lettre adressée à l'ingénieur mentionné ci-dessus :

Je joins ici copie d'une lettre de M. Trudaine, accompagnées de deux requêtes présentées au Conseil par le comte de Montausier qui demande la permission de faire construire des canaux de navigation depuis Bayonne jusques au bassin d'Arcachon, moyennant la concession qui lui serait faite de plusieurs objets appartenant au Roi. Vous voudrez bien me procurer les éclaircissements les plus détaillés qu'il vous sera possible sur les avantages et les inconvénients du projet, afin que je puisse en rendre compte au Conseil.

1er juin 1775. — Observations sur les requêtes :

1° Le projet de plusieurs canaux à pratiquer dans les grandes landes, nommément celui le long des dunes, depuis Bayonne jusques au bassin d'Arcachon, paraît être praticable et ne saurait que produire de grands avantages s'il était exécuté. La demande de M. le comte paraît, en conséquence, être avantageuse pour l'État et mérite d'être accueillie.

2° Il est très à craindre que le projet ci-dessus reste imparfait, comme celui de la Compagnie Nezer et Billard, à raison des avances immenses qu'il exigera, et à cause des précautions essentielles à prendre pour la réussite, sans lesquelles les ouvrages, une fois faits, pourront se trouver tout à coup inutiles. La destruction de quelques parties qu'on ne pourra réparer qu'avec beaucoup de peine et de temps, et avec une nouvelle dépense sur laquelle on n'aura pas compté, pourra devenir capable de rebuter des personnes qui pensaient n'avoir plus qu'à en jouir.

Les plantations sur les dunes forment un objet de précaution essentielle telle que celles dont on vient de parler. Il est très dangereux qu'on ne tombe dans les inconvénients décrits ci-dessus, si l'on vient à exécuter le canal projeté le long des dunes depuis Bayonne jusques au bassin d'Arcachon, sans attendre auparavant que les plantations soient non seulement faites, mais encore préservées avec beaucoup de dépenses pendant plusieurs années, jusqu'à ce qu'enfin elles couvrent si parfaitement le terrain qu'il n'y ait plus rien à craindre de l'effet des vents les plus violents.

Toutes ces pièces supposent implicitement que les concessions sollicitées pouvaient être accordées; la seule objection formulée est basée sur la dépense à effectuer, qui paraît trop considérable pour un particulier et même pour une compagnie.

Un peu plus récemment, par un arrêt du Conseil du 23 mars 1779, M. François Amanieu de Ruat a obtenu la concession, à titre d'accensement, des dunes situées dans l'étendue du captalat de

Buch, dont son père, Jean Amanieu de Ruat, conseiller au Parlement de Bordeaux, s'était rendu acquéreur, le 23 août 1713, avec droit de haute, moyenne et basse justice.

A cette époque, 1775-1779, on admettait donc, dans la province de Guienne, que les dunes faisaient partie du domaine royal.

En ce qui concerne la question de propriété, M. de Villers paraît avoir considéré les dunes comme des biens vacants et abandonnés qui devaient être attribués aux seigneurs dans l'étendue de leur justice. « Les dunes, dit-il, ont des propriétaires; elles appartiennent aux seigneurs des terres qui les avoisinent [1] ». Il estime qu'il y a lieu d'ordonner à ces propriétaires d'ensemencer les sables mobiles dans un délai de cinq ans, à l'expiration duquel « faute par eux de le faire, Sa Majesté s'en emparera pour la faire ensemencer à son profit [2] ».

L'intendant de Guienne, Dupré de Saint-Maur, consulté sur la question, était d'avis que « les dunes sont hors de la ligne des terres qui sont baignées par les marées et, par conséquent, les seigneurs ou les communautés de chaque territoire y ont un droit particulier, sans préjudicier à celui qui est réservé au souverain sur les rivages [3] ».

Les idées de M. de Villers et de M. Dupré de Saint-Maur, basées sur les lois et coutumes féodales, paraissent d'ailleurs avoir été combattues par l'Administration des domaines.

Il résulte des mémoires de Brémontier et de M. Fleury que les travaux d'ensemencement devaient être effectués dans l'intérêt de l'État, qui devait avoir la propriété des forêts futures. La fixation des dunes était présentée au Gouvernement non seulement comme un travail d'intérêt public, mais aussi comme une spéculation avantageuse.

---

[1] Mémoire de 1779 de M. de Villers.
[2] 1778. Projet de lettre du Ministre de la marine (de Sartine) au Ministre des finances (Necker).

[3] 26 février 1780. Lettre de l'intendant de Guienne au Ministre des finances.

Un mémoire de Brémontier, du 21 septembre 1791, renferme le passage suivant concernant une réclamation d'un riverain des semis de la Teste.

L'ingénieur en chef a ignoré, jusques en ce moment, que Mme Peychan ou son fils eussent aucune prétention sur les sables dont on a ordonné l'ensemencement.

On reconnaît quelquefois sur le bord de la mer des souches de pin, des débris de fourneaux qui donnent des preuves non équivoques que ces terres ont été très anciennement (car on ne peut en désigner le temps) plantées en bois de pin et exploitées.

Ces terres, aujourd'hui absolument incultes, envahies par ces sables qui journellement les couvrent et les découvrent, et aussi souvent que le vent change, ne peuvent être censées, l'on pense, appartenir à personne, et peuvent être d'autant moins réclamées qu'elles deviendraient à charge à tout particulier qui serait dans le dessein de les améliorer; qu'une amélioration partielle serait en pure perte pour lui et de nul effet, et que les travaux de ce genre exigent nécessairement, pour leur confection et leur succès, les secours réunis du plus grand nombre et encore le concours de l'Administration. Il serait à désirer que le sr Peychan et beaucoup d'autres réclamassent les terrains de l'ensemencement desquels on est occupé; on devrait souhaiter même qu'il se trouvât des concessionnaires, aux conditions de se charger des frais de cet ensemencement sur les parties qui leur seraient concédées. Ces secours, joints à ceux que MM. les administrateurs veulent bien accorder, hâteraient sans doute la confection de ce travail utile, et que la municipalité de la Teste surtout a tant d'intérêt à voir achever [1].

M. Guyet-Laprade, maître particulier, puis conservateur des forêts à Bordeaux, dans ses rapports du 23 prairial an v et du 19 germinal an x, regarde les dunes comme appartenant à l'État.

Le même, dans un rapport du 15 décembre 1810 relatif à la revendication d'une partie de la forêt de Soulac par M. Durousset, expose que les dunes sont des relais de la mer ou bien des fonds abandonnés par suite de l'envahissement des sables; qu'elles

---

[1] La veuve Peychan et son fils, reconnaissant qu'ils n'avaient aucun droit sur les dunes, ont abandonné leurs prétentions.

appartenaient au seigneur ou au roi antérieurement à la déclaration du 4 août 1789, et qu'elles ont été rattachées au domaine national par les articles 2 et 3 du décret des 22 novembre-1er décembre 1790 et par les articles 538 et 539 du Code civil [1].

La Commission des dunes était du même avis. La délibération du 17 brumaire an XII, invitant le préfet de la Gironde à ordonner la destruction des bestiaux sauvages errant dans les dunes de Lacanau et d'Hourtin, était basée sur les considérations suivantes :

La Commission, considérant que le grand avantage, si bien senti par le Gouvernement, que présente la plantation des dunes et les succès constants qui ont couronné ces travaux, succès qui font l'étonnement de tous ceux qui les avaient jusqu'alors révoqués en doute, est d'une toute autre importance que ces bandes fugitives de bestiaux qui ne sont d'aucune utilité, ni pour les travaux de l'agriculture ni pour les engrais, qui ne fournissent d'ailleurs aucun laitage et dont on ne peut tirer parti qu'en les tuant sur place après des chasses dangereuses qui emploient beaucoup de monde;

Que le Gouvernement, qui consacre des fonds annuels à la fertilisation des dunes, entend que tous les obstacles qui peuvent rendre inutiles les sacrifices qu'il fait pour parvenir à ce but disparaissent;

Que la propriété du sol sur lequel ces plantations doivent être assises *est incontestablement à la République*, que par conséquent tout usage et jouissance rivée, de quelque nature que ce soit, doit cesser lorsque la conservation des semis l'exigera; a délibéré.....

Dans un rapport de tournée du 12 thermidor an XII (31 juillet 1804), un membre de cette commission exprime l'avis qu'il y avait lieu «d'inviter les habitants du Verdon à demander à la Commission qu'elle sollicite pour eux auprès du Gouvernement la concession des parties de terrain les plus à leur portée, sous la condition qui leur serait imposée de fixer ces parties dans le courant de l'année».

---

[1] M. Durousset offrait d'ailleurs, en échange des dunes dont il revendiquait la propriété, 66 hectares de landes lui appartenant sur le territoire du Taillan.

En 1806, une demande de concession de 500 à 600 hectares dans les dunes de Mimizan, adressée par M. Texoëres, a donné lieu aux observations suivantes comprises dans une lettre du préfet des Landes au président de la Commission :

> Les demandes en concession ont été proposées par M. Brémontier dans son mémoire sur les dunes imprimé en thermidor an v; tout donne lieu de présumer que non seulement le Gouvernement les accueillera favorablement, mais encore qu'il accordera des primes d'encouragement..... Si les dunes sont considérées comme faisant partie du domaine impérial, quoiqu'une pareille propriété soit plus onéreuse que profitable, on doit observer les formalités voulues par les lois pour la concession des domaines nationaux.....

Les dunes ont donc toujours été regardées comme appartenant à l'État.

Les semis ont été nommés successivement : semis de la nation [1], bois de la nation [2], propriété de la République [3], propriété du Gouvernement [4], propriété impériale [5].

Sur tous les points où des travaux ont été entrepris, la possession conserve le même caractère. Partout les membres de la Commission et les agents de l'Administration des forêts sont persuadés qu'ils opèrent sur le terrain de l'État.

Des préposés sont institués pour veiller à la conservation des semis. Le garde champêtre de Soulac est chargé de la surveillance des dunes à la suite d'une lettre du 22 thermidor an xi (10 août 1803) du président de la Commission au préfet de la Gironde, puis des gardes spéciaux sont nommés. « Le citoyen Saunier est

[1] Procès-verbal de reconnaissance de M. Lagorsse, garde général des forêts à la Teste (21 floréal an vi-10 mai 1798).

[2] Procès-verbal de délit de Jean Dejean, garde forestier à la Teste (22 janvier 1806).

[3] Ibid.

[4] Certificat du 15 février 1808 du maire de Soulac attestant que le garde champêtre de cette commune « a particulièrement porté ses soins sur les propriétés du Gouvernement».

[5] Lettre du 25 mars 1809 du conservateur des forêts au président de la Commission.

nommé garde des semis du Verdon et du Soulac en rem-
placement du citoyen Chapellan, démissionnaire, aux gages de
400 francs » [1].

Des gardes surveillaient aussi les ateliers de Capbreton et de
Boucau-neuf, dans le département des Landes [2].

Un état, du 15 mars 1810, des préposés de la sous-inspection
des forêts de Bordeaux comprend deux gardes, en résidence à la
Teste et au Moulleau, chargés de la surveillance des semis.

Les dunes situées sur le territoire de la commune de la Teste
ont été cadastrées en 1808 à l'article de l'État.

Le 17 juin 1808, on vend publiquement à la Teste des résines
provenant des semis; d'autres adjudications ont lieu chaque année
dans la même localité à partir de 1813 inclusivement.

Les habitants du pays s'associaient au projet du Gouvernement et
renonçaient même aux droits qu'ils pouvaient avoir sur les terrains
récemment envahis; ainsi l'emplacement de l'atelier du Pachou,
fixé par l'arrêté préfectoral du 23 nivôse an x, était à cette époque
une propriété particulière en vigne et pré, ensablée depuis trois
ans seulement [3]. Ils réclamaient instamment l'exécution des travaux
de fixation :

Les habitants de Verdon voient avec satisfaction ces travaux; ils n'y occasionnent aucun dommage; quelques chevaux s'y échappent, mais il n'y a pas
intention de nuire. (*Rapport de tournée du 25 vendémiaire an XIV — 17 octobre 1805*).

M. le maire de Soulac nous a offert toutes les couvertures qui sont sur ses
propriétés et, pour engager ses voisins à faire comme lui, il nous a invité à
commencer chez lui, bien qu'il ne soit pas encore prêt de perdre. (*Rapport de
tournée du 19 octobre 1809.*)

---

[1] Délibération de la Commission des
dunes du 18 brumaire an XII (10 novembre 1803).

[2] Procès-verbaux de visite des 15 septembre 1806 et 27 janvier 1808, de

M. Dejean, inspecteur des travaux des
dunes.

[3] 19 germinal an x. Procès-verbal de
visite des dunes de la Teste par M. Guyet-
Laprade.

J'ai reçu la lettre flatteuse dont il vous a plu m'honorer au nom de la Commission des dunes. J'étais déjà amplement récompensé des soins que je me suis donné pour la réussite des travaux du Vieux Soulac : c'est, en effet, une vive satisfaction pour moi de voir une grande partie des propriétés à l'abri de l'envahissement des sables..... Si, dans cette circonstance, il m'était permis d'émettre mon opinion, je vous demanderais de faire continuer les travaux au nord pour achever de couvrir la chaîne des dunes qui nous menacent. (*Lettre du 5 juillet 1810 du maire de Soulac au président de la Commission.*)

M. le Maire (de Soulac) nous a observé qu'il serait bien nécessaire de fixer une dune située près de l'ancien couvent de Saint-Nicolas, laquelle envahit journellement des terrains d'excellente qualité : prairies et terres labourables..... Nous avons ensuite passé aux marais salants de M. de Saint-Légier pour examiner, d'après les offres, s'il y aurait les ressources nécessaires en roseaux, joncs et autres herbes pour couvrir la dune appelée la Combe Ronde, contenant à peu près douze hectares, qui se jette dans son marais. (*Rapport de tournée du 17 décembre 1810.*)

Il y a une partie de six mille journaux de ces dunes qui appartiennent à des particuliers de la Teste, provenant de la vente des biens de MM. de Verthamon frères, émigrés [1]; l'autre partie est au Gouvernement. Mes administrés ont l'honneur de s'adresser à vous pour vous supplier d'avoir la bonté de ne pas oublier leur commune auprès du Gouvernement pour en faire l'ensemencement et empêcher les progrès rapides que ces dunes font tous les ans. (*Lettre du 30 janvier 1811 du maire de Porge au préfet de la Gironde.*)

Il y a environ dix-huit mois que j'eus l'honneur de me rendre chez vous à seule fin de vous solliciter de faire la recherche d'un verbal que feu M. Brémontier fit en l'an ix, concernant les dunes appelées Pas de Cazeaux, aboutissant ma commune, qui déclare dans son verbal qu'il est urgent de s'occuper de l'ensemencement de ces dunes pour arrêter le cours rapide des sables duquel lui parut que la moitié de la commune était déjà en dépérissement, et que l'embouchure de l'étang qui coule dans le bassin d'Arcachon est entièrement fermée, ce qui occasionne un refoulement des eaux dans ma commune et celles circonvoisines.

Lorsque j'eus l'honneur de vous faire part de cet exposé, vous me pro-

---

[1] Ce renseignement est inexact; les biens mis en vente comprenaient six mille journaux de landes, mais les acquéreurs ont été colloqués dans les dunes.

mîtes que, sitôt que vous auriez des fonds en mains et que le Gouvernement y aurait pourvu, vous vous occuperiez de suite de cette partie essentielle.

Quant à moi, vous pouvez compter sur mon zèle à vous faire procurer tous les matériaux nécessaires pour faire cet ensemencement, soit jaugues, brandes, branches de pin, le tout à portée. (*Lettre du 3o janvier 1811 du maire de Porge à M. Didiet, ingénieur en chef de la Gironde.*)

Je vous supplie, au nom de tous les propriétaires de cette commune, de faire obtenir des fonds plus importants à la Commission, afin qu'elle puisse venir à notre secours et que les dunes les plus élevées soient couvertes avant l'hiver. (*Lettre du 2o mai 1811 du maire de Soulac au préfet de la Gironde.*)

M. le Préfet ayant demandé, le 18 septembre dernier, l'ensemencement de la dune de Tous-Vents, il sera répondu que la Commission est pénétrée de la nécessité d'aller le plus tôt possible au secours des propriétés particulières que la dune dont il s'agit menace d'envahir, mais que ses ressources insuffisantes ne lui permettent pas, pour le moment, de donner satisfaction à M. le maire et aux habitants de Soulac dont elle a particulièrement à se louer. (*Délibération du 16 octobre 1811 de la Commission des dunes.*)

Il y a lieu de remarquer que, dans ces citations, de même que dans celles qui suivent, il n'est question que de propriétés privées à protéger; il n'est pas fait mention de propriétés communales menacées par les sables :

Le déplacement des sables au nord de Soulac jusqu'à la dune de Saint-Nicolas est très marquant et tous les ans il y a quelques parties de propriétés particulières envahies..... Nous avons observé que la propriété considérable de M. Saint-Légier est menacée d'être envahie par les sables et que déjà une dune boit dans ses marais salants. (*Rapport de tournée du 28 janvier 1809.*)

Il est certain que les dunes, dans leurs progrès, ont envahi une vaste superficie de propriétés particulières. Des preuves s'en font remarquer avec évidence et la tradition en a conservé la mémoire à la Teste, à Mimizan, au Vieux Soulac, etc. (*Délibération du 9 avril 1810 de la Commission des dunes.*)

Nous avons éprouvé une vive satisfaction en voyant le quartier des Huttes existant en son entier, et pour toujours à l'abri par suite de la fixation des dunes de l'ancienne église de Soulac, qui a eu lieu d'après votre décision,

il y a trois ans; les habitants, qui se voyaient sur le point d'être enseveli sous
les sables, pensaient à faire comme plusieurs de leurs voisins, à abandonner
leurs propriétés. (*Rapport de tournée du 1er novembre 1812.*)

On s'occupait, d'ailleurs, de protéger les semis et de conserver in-
tact le domaine de l'État. Des bandes de bestiaux errants détruisaient
les travaux de Lacanau et Hourtin. D'un autre côté, à Soulac et
au Verdon, l'emploi des couvertures en branchages et en roseaux
avait permis au gourbet de se développer, et les riverains l'utilisaient
parfois pour la nourriture de leurs troupeaux :

La Commission est informée que les habitants du Verdon se permettent de
faire paître les bestiaux dans les semis et de prendre les branchages destinés
à protéger les jeunes plants. En attendant que nous ayons un garde, il
pourrait être utile de recourir à la surveillance des gardes champêtres des communes voisines [1].

Il a été mis fin à ces abus par les arrêtés préfectoraux des 22 brumaire an XII, 3 messidor an XII et 16 janvier 1806, et par une
surveillance active.

Le cinquième jour complémentaire an VI (21 septembre 1798),
le garde Dejean, en résidence à la Teste, dresse un procès-verbal
pour délit de pâturage au canton de Moulleau.

Le même, à la date du 22 janvier 1806, constate un délit d'enlèvement de bois dans le même canton.

On s'occupait aussi de faire respecter les limites du domaine de
l'État et d'en interdire le libre accès. Un procès-verbal du 20 mars
1809 ayant constaté un délit d'arrachis, par le fait du labour d'un
terrain, de trois plants de trois ans sur la lisière des semis, le maire
de Soulac a transmis au président de la Commission un certificat,
signé par douze habitants du Verdon, attestant que le délinquant
était propriétaire du terrain labouré, que les trois jeunes plants dé-

---

[1] Lettre du 22 thermidor an XI (10 août 1803), du président de la Commission
au préfet de la Gironde.

racinés provenaient de graines jetées en dehors des limites du sol domanial et « qu'il n'avait jamais eu l'intention de porter le moindre dommage aux propriétés impériales qu'il considérait comme sacrées ».

Un rapport de tournée de la même année (28 juin 1809) renferme le passage suivant :

Nous avons observé que, malgré que l'on ait laissé un très large chemin de communication, les habitants, et particulièrement les sauniers, traversent à pied et à cheval les semis et dérangent les couvertures. Nous avons donné l'ordre au garde de s'opposer à cet abus et de dresser procès-verbal contre tous ceux qui se permettraient de traverser ainsi les semis en formant de nouveaux sentiers, et nous avons invité l'inspecteur des dunes à se rendre chez M. le maire de Soulac pour le prier d'en prévenir ses administrés.

Les décrets et les arrêtés successifs confirment, d'ailleurs, cette opinion que les travaux de fixation sont effectués sur le terrain de l'État.

Un arrêté du 21 juillet 1791 du Directoire du département de la Gironde indique, il est vrai, quelque incertitude sur le caractère de la possession, mais cet arrêté concernait une partie des terrains très récemment envahis à la Teste, et, de plus, une préoccupation particulière, celle de la dépense à effectuer, paraît avoir exercé une certaine influence sur l'opinion des administrateurs de cette époque. Des travaux d'ensemencement ont, toutefois, été prescrits par un arrêté du 20 septembre 1792 du Conseil général du département : commencés le 15 octobre 1792, ils ont été arrêtés le 5 mars 1793, le directeur de l'atelier n'ayant pu obtenir le remboursement des avances faites par lui depuis le début des opérations et s'élevant à 144 liv. 13 s. 6 d.

Les scrupules manifestés dans l'arrêté du 21 juillet 1791 au sujet de la propriété des dunes avaient donc disparu en 1792, mais les difficultés financières, dont la crainte paraît avoir inspiré cet arrêté, se sont produites à bref délai.

Le rapport présenté par le Ministre de l'intérieur à l'appui du projet d'arrêté du 13 messidor an ix, cet arrêté, lui-même inséré au *Bulletin des lois*, l'arrêté de principe du préfet de la Gironde du 23 nivôse an x, fournissent la preuve que l'État avait l'intention d'agir à titre de propriétaire. Il en est de même du décret du 12 juillet 1808, qui rend applicables au département des Landes les dispositions de l'arrêté du 13 messidor an ix et le complète en prévoyant les concessions de dunes à des communes ou à des particuliers; les concessions de cette nature avaient été, d'ailleurs, déjà mentionnées dans le rapport de Chaptal du 9 frimaire an ix.

La question de la domanialité des dunes a été posée pour la première fois devant la Commission de la Gironde et des Landes réunies :

Un membre a fixé l'attention de l'assemblée sur les règles à observer envers les particuliers qui, ayant des propriétés actuellement envahies par les sables ou qui le seraient à l'avenir, viendraient ensuite les réclamer avant ou après que les ensemencements seraient achevés [1].

La séance du 9 avril 1810 de la Commission de la Gironde fut consacrée tout entière à cet important sujet :

Il paraît que les dunes en général n'appartiennent au Gouvernement que comme lais et relais de la mer ou par l'abandon que sont censés en avoir fait les anciens propriétaires qui ont cessé d'en payer l'impôt, toute espèce de produit territorial ayant cessé par l'envahissement des sables. Il est nécessaire cependant que la législation décide quelque chose à cet égard. Il y a à la Teste un particulier qui se prétend propriétaire de portions très étendues qu'il ne fait pas ensemencer et qu'il ne veut pas laisser ensemencer. D'autres parties qui étaient il y a huit ou neuf ans en nature de prés, de vignes, etc., ont été subitement recouvertes par les sables. Elles ont été abandonnées par les propriétaires; on les a fait ensemencer aux frais du Gouvernement et elles font partie de la grande propriété nationale; mais si les propriétaires avaient mis obstacle à l'ensemencement, la ville de la Teste serait couverte par les sables.

---

[1] Procès-verbal de la séance du 26 mai 1809.

On conçoit que si, après que le Gouvernement a fait les frais de l'ensemencement, ils venaient à revendiquer la propriété du sol, le Gouvernement perdrait le fruit de ses avances. Il est certain que les dunes ont envahi une superficie immense de propriétés particulières..... C'est à ces difficultés que la législation doit pourvoir; elle saura allier au droit sacré de la propriété des principes qui protègent la conservation des travaux et en assurent les revenus[1].

Le 11 du même mois, les commissions de la Gironde et des Landes réunies ont adopté et soumis au Ministre un projet de loi qui reconnaît la domanialité des dunes non imposées et met les particuliers, qui feront constater leur propriété à bref délai, en demeure d'ensemencer leurs dunes, à défaut de quoi ils seraient expropriés.

Le décret du 14 décembre 1810 n'a pas abrogé les arrêtés précédents.

Ses principales dispositions ont été puisées dans une circulaire adressée le 18 octobre 1808 par le directeur général des Ponts et Chaussées aux préfets des départements maritimes. Cette circulaire ne concernait pas « les essais que l'on fait en grand dans les départements de la Gironde et des Landes ».

De même que la circulaire de 1808, le décret de 1810, dans son article 8, déclare qu'il n'est « rien innové à ce qui se pratique pour les plantations qui s'exécutent sur les dunes du département des Landes et du département de la Gironde ». Une ampliation de ce décret a été adressée aux préfets des départements maritimes par le directeur général des Ponts et Chaussées à la suite d'une circulaire du 11 février 1811, dans laquelle il prescrit l'exécution des articles 2, 3, 4 et 6 et appelle l'attention des administrations départementales sur le dernier paragraphe de l'article 4 et sur l'article 5 « qui prévoient le cas ou des portions de dunes à planter étant des propriétés privées, les communes ou particuliers auxquels

[1] Procès-verbal de la séance du 9 avril 1810.

elles appartiendraient se trouveraient hors d'état d'exécuter les travaux commandés ou s'y refuseraient ».

Après avoir reçu cette circulaire, suivie du texte du décret, le préfet de la Gironde avait pensé devoir charger l'ingénieur en chef d'établir un plan général des dunes, conformément aux prescriptions de l'article 2, et avait en outre pris, à la date du 9 mars 1811, en exécution de l'article 6, un arrêté portant qu'à l'avenir « aucune coupe de plants d'oyats, roseaux de sable, épines maritimes, pins, sapins, mélèzes et autres plantes résineuses conservatrices des dunes, ne pourra être faite que d'après une autorisation spéciale du directeur général des Ponts et Chaussées ».

A la suite d'une délibération du 25 mars 1811 de la Commission des dunes et d'une lettre de l'ingénieur en chef des Ponts et Chaussées, président de la Commission, un nouvel arrêté, en date du 3 avril, a modifié celui du 9 mars précédent, en se basant sur l'article 8 du décret de 1810. De plus, l'envoi, par le préfet de la Gironde au directeur général des Ponts et Chaussées, de la lettre du président de la Commission, a donné lieu à la réponse suivante, en date du 17 avril 1811 :

Je dois vous faire observer que, l'article 8 du décret du 14 décembre dernier, portant expressément qu'il n'est rien innové à ce qui se pratique pour les plantations qui s'exécutent sur les dunes du département des Landes et de la Gironde, les demandes que renferme ma circulaire du 11 février ne concernent point votre département et que je ne vous ai adressé ladite circulaire que « pour ordre » et pour que vous soyez instruit de la réserve particulière dans laquelle votre département est maintenu par l'article 8 précité.

Ainsi, la circulaire du 18 octobre 1808 n'était pas applicable aux dunes de Gascogne. Le décret du 14 décembre 1810, qui a reproduit les dispositions de cette circulaire, a été notifié par le directeur général des Ponts et Chaussées à la suite de sa circulaire du 11 février 1811, qui n'a été envoyée que *pour ordre* au préfet du département de la Gironde. Son caractère et sa portée se trouvent donc définis. C'est un *règlement administratif* qui est relatif aux départements où les sables ont pénétré peu profondément dans l'intérieur du pays, mais qui ne concerne pas les travaux d'ensemencement des dunes de Gascogne. Ceux-ci sont demeurés régis successivement par l'arrêté des consuls du 13 messidor an ix, l'arrêté du 3e jour complémentaire an ix, le décret du 12 juillet 1808, et l'ordonnance du 5 février 1817.

En résumé, les dunes étaient considérées comme des lais de la mer, anciens ou récents, ou comme des biens vacants et abandonnés par leurs détenteurs; elles étaient donc comprises dans le domaine de l'État. Il n'y avait pas lieu, d'ailleurs, d'en distraire les lettes, qui ne sont que des modalités de la dune.

Si, au début des travaux de fixation, quelques difficultés se sont produites à la Teste, c'est parce que l'on croyait utile d'ensemencer les terrains récemment couverts d'une faible couche de sable. On a bien vite reconnu que ces terrains, ou lettes extérieures, pouvaient être laissés de côté sans inconvénient et on a limité l'ensemencement au massif des dunes; les mêmes limites ont été adoptées pour l'établissement des plans du cadastre. C'est ainsi que 8 hectares environ de dunes basses, appartenant à M. de Saint-Léger et situées au sud des marais salants du Verdon, ont été semées en pins par ce propriétaire vers le commencement du siècle, de 1796 à 1810.

Dès lors ce n'était qu'exceptionnellement qu'une revendication pouvait se produire de la part d'un particulier, car toute démarcation et tout souvenir de l'emplacement des terrains anciennement envahis avaient complètement disparu.

Il y a lieu, d'ailleurs, de remarquer que les propriétés privées, vers les limites du massif des dunes, se trouvaient protégées par les règles générales de la prescription; ainsi un terrain ensemencé aurait pu être revendiqué dans un délai de trente ans après la prise de possession par l'État.

En ce qui concerne les communes, la situation était la même.

Les terrains communaux parsemés de monticules de sable, qui n'étaient que des lettes extérieures, ont été compris dans les levés du cadastre.

Dans le massif des dunes, aucun acte de possession ne peut être invoqué. Les bandes de bestiaux errants et à demi sauvages des dunes d'Hourtin, de Carcans, de Lacanau, du Porge et de Lège ne peuvent être considérées comme des troupeaux. Ils ont été peu à peu détruits en exécution des arrêtés préfectoraux successifs, et d'ailleurs les faits de pacage qui auraient pu être invoqués ne présentent pas en eux-mêmes, surtout lorsqu'ils s'exercent sur des espaces aussi étendus, des caractères de fixité et de permanence suffisants pour qu'on puisse les distinguer d'actes de simple tolérance. Les communes n'auraient pu se mettre réellement en possession que par des travaux d'ensemencement des dunes, ce qu'elles n'ont fait en aucun cas; elles auraient pu ainsi devenir propriétaires à l'expiration du délai de quarante ans fixé pour la prescription des domaines nationaux par l'article 36 du décret des 22 novembre—1er décembre 1790.

CHAPITRE V.

ADMINISTRATIONS DES PONTS ET CHAUSSÉES (1817-1862) ET DES EAUX ET FORÊTS (À PARTIR DE 1862).

Organisation du service. — La Commission des dunes avait fixé les méthodes d'ensemencement, réglé la police des semis, indiqué la solution de la question de propriété et disposé l'opinion publique en faveur des travaux qu'elle dirigeait. Mais le développement de ces travaux exigeait l'intervention d'une administration organisée de manière à pouvoir installer et surveiller un grand nombre d'ateliers, et il devenait indispensable d'introduire dans leur direction l'ordre et l'unité nécessaires pour assurer le succès complet de l'entreprise.

Le rôle de la Commission était donc terminé.

L'Administration des Eaux et Forêts, qui était chargée de la poursuite des délits, ainsi que de la surveillance et de la gestion des anciens semis; et qui, de plus, avait prélevé chaque année sur ses ressources budgétaires les fonds nécessaires pour la dépense des ensemencements, paraissait devoir être chargée de ce service qui rentrait tout naturellement dans ses attributions. Mais diverses considérations ont fait adopter une autre solution.

Cette administration, en 1817, venait d'être l'objet de plusieurs réorganisations successives qui n'avaient eu d'autre résultat que de la désorganiser et de l'amoindrir, et son budget restreint ne lui permettait pas de fournir des sommes suffisantes pour conduire activement les travaux de fixation. Ces travaux ont donc été confiés, par l'ordonnance du 5 février 1817, à l'Administration des Ponts et Chaussées.

Toutefois, en exécution de l'article 4 de cette ordonnance, les semis, à partir d'un certain âge, devaient être remis à l'Administration des Eaux et Forêts, et cette remise a eu lieu successivement, conformément aux dispositions arrêtées le 28 septembre 1818 par le directeur général des Ponts et Chaussées et des Mines. Il n'y a donc pas lieu de séparer la gestion des deux administrations des Ponts et Chaussées et des Eaux et Forêts; cette dernière a d'ailleurs été chargée, par le décret du 29 avril 1862, des «travaux de fixation, d'entretien, de conservation et d'exploitation des dunes sur le littoral maritime [1]».

L'ordonnance du 5 février 1817 a abrogé les arrêtés du 13 messidor et du 3e jour complémentaire an ix, mais elle a laissé subsister le décret du 12 juillet 1808 qui prévoit les demandes de concession de dunes par des communes ou des particuliers. Cette remarque sera utilisée plus loin dans l'examen de la question de propriété.

En exécution de l'article 8, un règlement ministériel du 7 octobre 1817 a déterminé la marche des travaux, leur portée et leur surveillance.

Dune littorale. — Le principe de la dune littorale se trouve dans les instructions de Brémontier du 21 avril 1787 [2] et dans son mémoire du 10 février 1803. Mais ces utiles travaux de défense n'ont été entrepris que beaucoup plus tard. Dans le département de la Gironde, la dune littorale a été élevée et entretenue par le service forestier à l'aide des fonds des repeuplements; dans le département des Landes, où le Service des ponts et chaussées a conservé longtemps les semis, elle a été construite par ce service [3].

L'Océan vomit journellement un volume énorme de sables qui, sous l'action des vents, forment les dunes : celles-ci, envahissant le littoral et marchant avec une vitesse moyenne de 18 mètres par an, ont englouti successivement

---

[1] Le Service des dunes a été remis par l'ingénieur en chef du Service hydraulique à Bordeaux au conservateur des eaux et forêts à la même résidence, le 16 août 1862.

[2] Voir le chap. II.

[3] Consulter pour les travaux de la dune littorale un article de M. Grandjean, inspecteur des eaux et forêts, *Revue des eaux et forêts*, année 1888.

une large zone de forêts et de terrains cultivés. Pour arrêter le fléau, l'opération devait donc consister : 1° à fixer les sables mobiles et à les convertir en sol forestier; 2° à élever le long de la mer une digue infranchissable aux sables qu'elle rejette chaque jour et dont le volume est évalué actuellement à 25,000 mètres cubes par kilomètre et par an.

La plage, entre la laisse des hautes et basses mers, forme un plan légèrement incliné sur lequel les sables amenés par les flots peuvent s'étaler. Desséchés dans la zone que le flot n'atteint que quelques jours chaque mois et poussés par le vent, ils s'accumulent en rides et monticules peu saillants. Ce n'est qu'à 400 ou 500 mètres de la laisse des hautes mers que l'on commence à apercevoir une dune dont la hauteur au-dessus de la basse mer est généralement peu différente de 15 mètres. Ce bourrelet s'élève ensuite peu à peu et atteint une hauteur de 25 mètres à une distance de la laisse des hautes mers variant de 500 à 1,000 mètres; c'est la première chaîne de dunes. Cette première dune, qui se reforme sans cesse sur ce point par l'apport des sables nouveaux, roule ensuite comme une vague sur elle-même et va rejoindre les masses de sable qui, parties du même point, se sont déjà avancées dans les terres.

Le sable est essentiellement mobile dans cette zone et il se meut tantôt en roulant sur le sol, tantôt sous forme de poussière en suspension dans la masse d'air mise en mouvement par le vent. Si, à la limite de cette zone vers l'est, il existait une forêt ancienne, ou si l'on avait fixé les sables par les semis, les arbres seraient en peu de temps inévitablement tués par les particules siliceuses poussées par le vent qui viennent déchirer leur écorce et leur feuillage et les criblent d'imperceptibles mais mortelles blessures.

Il fallait donc empêcher ces effets désastreux. Dans ce but, les ingénieurs songèrent à opposer au sable mobile une digue qu'il pût difficilement franchir et ils y arrivèrent en imaginant la dune littorale.

A cet effet, selon les conditions que l'expérience indique, on établit, parallèlement à la laisse des hautes mers et à une distance de 30 à 50 mètres de cette ligne, un clayonnage ou une palissade. A mesure que le sable nouveau arrive et s'accumule devant cet obstacle, une partie passe par les interstices des planches ou des clayons et vient chausser la palissade par derrière. Peu à peu, le sable s'élève en bourrelet et recouvre la palissade; on la relève alors en la plantant sur le sommet du talus, et le même travail se continue jusqu'à ce que la digue soit à 10 ou 15 mètres au-dessus du niveau de la mer. A une époque variable, selon les lieux et les saisons, lorsque la digue littorale est arrivée à une certaine hauteur, on plante les deux talus en gourbet. Cette plante fixe le sable et s'oppose en partie à sa marche ascensionnelle. La digue est constituée et il n'y a plus qu'à la défendre et à l'entretenir.

Toutefois, le travail n'a pas été aussi simple qu'on vient de le décrire. Les tempêtes attaquent chaque année et déchirent le flanc de la digue littorale en cours de formation, bouleversent les palissades, renversent les cordons, et, par la brèche, les sables, comme un torrent, se précipitent derrière la dune, et, franchissant les 700 à 800 mètres qui les séparent des premiers semis, viennent y causer de graves avaries. Il faut alors, en toute hâte, fermer les brèches au moyen de cordons échelonnés, car tout retard peut amener des désastres incalculables. Ainsi, en 1858, il y eut dix-sept jours consécutifs de tempête; la digue littorale fut rompue en divers points et il fut impossible de la réparer assez rapidement. Il y eut dans les semis voisins plus de 50,000 francs d'avaries dans le seul département des Landes.

Une fois arrivée à sa hauteur normale et complantée de gourbet, la digue littorale est à l'état d'entretien, mais alors elle ne doit pas être négligée; elle subit encore les assauts des tempêtes; des plaques de gourbet sont arrachées, le sommet de la digue est décapé, des crevasses se manifestent. Si, immédiatement, les avaries ne sont pas réparées, la brèche s'ouvre et le torrent de sable pénètre de nouveau derrière l'obstacle vers les semis.

La dune littorale formée, on fixe avec du gourbet la zone qui s'appuie sur elle et dont la largeur variable ne dépasse pas généralement 1,000 mètres, se réduisant en quelques points, rares il est vrai, à 500 ou 600 mètres. Le pin et le genet n'y réussissent pas, car, quoique défendue par la digue littorale, elle n'est pas à l'abri de l'ensablement. Soulevés par les vents violents de nord-ouest à sud-ouest, les sables franchissent la dune littorale et viennent retomber sur cette zone en pluie souvent torrentielle. Mais, comme elle est plantée en gourbet, une fois sur le sol, les sables ne roulent plus et ne peuvent plus, en marchant vers l'est, former par leur accumulation le premier bourrelet qui est le point de départ des dunes mobiles. Ce sable n'est cependant pas immobile, il a un mouvement extrêmement lent vers l'est, mais jusqu'à ce jour sa marche n'a pas été jugée dangereuse. Si cette zone n'était pas surveillée, si on laissait le gourbet disparaître sur certains points, les sables reprenant leur mobilité marcheraient de nouveau sur les semis [1].

_____

[1] 27 septembre 1862. Mémoire sur la dune littorale, par M. Ritter, ingénieur des ponts et chaussées à Mont-de-Marsan.

C'est pour préserver l'œuvre de Brémontier, menacée par de nouveaux sables sans cesse renaissants que l'on fut amené à créer la dune littorale, c'est-à-dire une dune artificielle parallèle à l'Océan et placée près de la côte.

On se borna d'abord à établir des clayonnages ou des palissades autour de chaque atelier pour protéger les ensemencements. Les semis avaient été commencés à l'est, parce que les conditions d'exécution et de succès étaient meilleures à proximité des marais bordés de bois qui devaient donner la broussaille à employer en couverture, et loin de l'Océan d'où venaient les vents les plus violents.

Lorsqu'on arriva à ensemencer les parties les plus rapprochées de l'Océan, on se contenta d'établir une palissade aussi près que possible de la laisse des hautes eaux, mais les vents, soufflant avec violence, déracinaient ou desséchaient les jeunes plants et le sable resta blanc, c'est-à-dire sans végétation. La palissade était tour à tour renversée par le vent ou ensevelie sous les sables. On comprit alors que les palissades partielles, établies sans vue d'ensemble, devaient faire place à une dune protectrice uniforme à établir tout le long du littoral, dans le double but d'arrêter provisoirement le sable et d'abriter la zone de protection. La dune littorale proprement dite a été commencée en 1862.

Dans la Gironde, la palissade a été établie d'abord à la laisse des hautes mers, puis reportée en arrière. Dans les Landes, au contraire, c'est à 150 mètres de la laisse des hautes marées que la palissade a été établie. Cette palissade ayant été exhaussée successivement jusqu'à ce que la dune ait atteint une élévation de 6 à 8 mètres, et le talus devenant trop rapide, on établit à 1 m. 50 à l'ouest du pied du talus un cordon de bourrées. Ce dernier envahi, le travail fut continué par l'exhaussement successif de la palissade, reportée en avant, c'est-à-dire rapprochée de l'Océan successivement, et par la construction de nouveaux cordons, de façon à établir le nivellement de la plate-forme commencée. Celle-ci fut à son tour consolidée au moyen de touffes de bourrées de 0 m. 30 à 0 m. 35 de tour, plantées en quinconce, à 0 m. 30 ou 0 m. 40 les unes des autres. La plantation du gourbet, indispensable pour obtenir un exhaussement rapide et régulier de la dune, vint couronner l'œuvre, et permit, après douze ans de travaux, de supprimer palissades et cordons. L'entretien se réduit au comblement des excavations qui se produisent accidentellement par la plantation de bourrées en quinconces, et au renouvellement, sur les parties fraîchement nivelées, du gourbet par voie de plantation ou de semis sous couverture. Par ces procédés employés pen-

dant dix-huit ans, on a obtenu une dune de 12 à 16 mètres de hauteur, avec une base de 110 mètres, un plateau de 60 à 70 mètres et des talus de 35° à 40° fixés par du gourbet.

Dans la Gironde, on a commencé par l'ouest. La palissade a été placée à 23 mètres, 35 mètres ou 40 mètres de la laisse des hautes mers; elle était composée de planches de 1 m. 50 de longueur, 0 m. 20 de largeur en moyenne et 0 m. 03 d'épaisseur, espacées de 0 m. 02. Lorsque la pente devenait trop raide, on plaçait à l'ouest un ou deux cordons de broussailles pour retenir le sable nouveau et donner plus de base à la dune. Le plateau s'est formé de lui-même avec le temps.

Certains agents, ayant surtout en vue l'arrêt des sables, cherchaient à faire une dune littorale rapprochée de la mer, à pente raide vers l'Océan, douce du côté opposé. On pensait que les matériaux rejetés par l'Océan seraient emportés par les marées.

D'autres pensaient que le sable passerait toujours par les brèches nombreuses ouvertes par les vents dans une dune non fixée et bornaient leurs efforts à ralentir son ascension de telle sorte qu'il arrive sans causer de dommage dans la zone littorale, qu'il serve au contraire à niveler et à exhausser le sol progressivement et à buter le gourbet dont les longues racines fixent les sables les plus mobiles.

La deuxième solution est seule admise. Avec un talus occidental à pente douce commençant en deçà de la laisse des hautes mers et fixé par le gourbet, le sable passe lentement et sans dommage, grossit la dune littorale, bute le gourbet de la dune et celui de la zone littorale et vient niveler et élever le sol de cette zone. La mer elle-même, quand il lui arrive de dépasser exceptionnellement la ligne des hautes eaux, glisse sur le pied du talus sans le dégrader.

La dune littorale fait sentir son abri contre le vent à une distance de 250 à 300 mètres.

La dune littorale créée primitivement étant trop rapprochée de la mer, on l'a reculée à partir de 1873 en reportant successivement la palissade de plusieurs mètres en arrière. Pour régulariser la ligne de faîte, on a pioché le sommet des trucs pour arracher le gourbet, de telle sorte que le vent a emporté le sable et abaissé le niveau; des cordons dans les parties basses les ont exhaussées. Les pentes raides à l'ouest ont été adoucies à l'aide de cordons établis entre la palissade reculée et la laisse des hautes mers; elles ont été régularisées au moyen de fagots plantés en quinconce ou de cordons établis dans les excavations. Enfin, pour les fixer, on a effectué des plantations et des semis de gourbet, Psamma arenaria, qui croît dans le sable siliceux, supporte les vents les plus violents, les sécheresses les plus prolongées et les gelées les plus intenses. L'ensablement partiel lui est nécessaire, sa tige repousse avec vigueur pourvu qu'elle dépasse la surface du sol de 4 à 5 centimètres. Ses racines, très nombreuses et très longues, fixent le sable déjà déposé, et ses tiges arrêtent le sable nouveau, à la manière des bourrées en quinconce.

Le plateau s'est formé naturellement en plaçant quelques cordons vers l'Est.

Il est préférable de commencer par l'est; le travail est plus sûr et plus facile. On fixe le talus oriental avec du gourbet, puis on s'avance vers l'ouest; c'est le procédé des Landes.

Dans la Gironde, où on a commencé près de la mer, on a fixé le talus occidental le premier. Puis, on a reculé progressivement la palissade vers l'est, en ayant soin d'établir chaque fois à son ancienne place un cordon tressé, qui maintenait la hauteur acquise. M. de Vasselot, ancien conservateur, a préconisé les pentes occidentales de 7° à 12°. M. Lamarque, ancien inspecteur adjoint, a adopté 35° à 40°. On a adopté 18° à 20° dans la Gironde; dans ce dernier cas, la base est égale à trois fois la hauteur, de sorte que, la palissade étant placée à 45 mètres de la laisse des hautes mers, on peut obtenir une dune de 15 mètres de hauteur, mais il est préférable de se contenter d'une hauteur de 10 mètres. Quand le talus prend une forme concave, on la laisse subsister.

Le talus oriental prend l'inclinaison naturelle des sables, 40° à 45°.

La palissade revient à 2 fr. 50 par mètre courant et le clayonnage à 0 fr. 19 seulement, mais il est assez difficile d'exhausser les piquets des clayonnages.

La dune terminée, palissade et clayonnage ont été supprimés et le gourbet a suffi pour la maintenir [1].

Les renseignements qui précèdent, complétés par les indications du cahier des charges, permettent de se rendre compte de la nature des travaux de la dune littorale.

[1] 28 mars 1878. Rapport de M. Poucin, conservateur des eaux et forêts à Bordeaux.

La longueur de la dune littorale et la dépense d'entretien en 1899 sont désignées ci-après :

	MÈTRES.	FRANCS.
Département de la Gironde....	120,596	28,997
Département des Landes.......	104,963	39,723
TOTAUX	225,559	68,720

Les frais d'entretien se sont donc élevés pour cette année à 305 francs en moyenne par kilomètre.

Procédés d'ensemencement. — Prix de revient. — Essences. — Récolte des graines. — Les procédés de semis sont décrits de la manière suivante dans un rapport de 1834 :

On a opposé à la violence des vents et à l'invasion des sables une dune littorale, à l'abri de laquelle le sable commence à prendre du repos. On emploie pour les ensemencements des graines de pin, de genêt ou d'ajonc et de gourbet, ces dernières pour la zone littorale. On se sert, pour les couvertures, de branches de genêt, d'ajonc épineux ou de pin, suivant les localités; elles sont réunies en fagots de 20 kilogrammes.

Les branches sont plates et disposées comme celles des fougères; on abat à cet effet les ramilles au-dessus et au-dessous et on redresse, s'il y a lieu, la tige principale en y pratiquant des entailles à mi-bois. On les maintient sur le sol avec un peu de sable jeté à la pelle.

Quand on dispose de peu de branchages, on a recours aux aigrettes en genêt, ajonc, ou bruyère, exceptionnellement en pin. On réunit les branches en touffes rondes de 0 m. 50 de longueur et du poids moyen de 200 grammes. On les enfonce de 0 m. 30 dans le sol et on les dispose à 0 m. 50 de distance.

Les semis à découvert s'effectuent dans les lettes.

Le gourbet s'emploie pour fixer le sable de la dune littorale; on le plante comme les aigrettes. On peut étendre cette plantation sur une zone de 250 mètres environ à partir de la dune littorale, mais le semis doit être préféré dans cette zone comme étant plus économique.

On fait usage de cordons comme défense secondaire pour protéger les extrémités Nord et Sud des semis qui ne sont pas exposés à l'action violente des vents régnants. On emploie pour la formation de ces cordons des branches

d'ajonc, de genêt ou de pin, dont on fixe le pied dans le sable à une profondeur de o m. 3o à o m. 4o. On les incline les uns sur les autres, dans
la direction de l'ouest vers l'est, à 45°; on les place sur deux rangs, à la
distance de o m. 25, entre lesquels on couche quelques branches pour empêcher que le vent ne les déchausse et que les courants de sable ne pénètrent
cette ligne de défense. La hauteur de ce cordon est de o m. 5o.

On fait aussi des cordons de défense avec des piquets de pin de 1 mètre
de longueur qu'on enfonce de moitié dans le sable et qu'on entrelace de
branchages sur o m. 5o. On emploie surtout ce système à l'ouest des semis
contigus à des lettes saupoudrées de sable [1].

Les procédés sont restés les mêmes. On emploie par hectare de
dune ou de zone littorale 1 o kilogrammes de graines de pin et
9 kilogrammes de graines de genêt ou 1 o kilogrammes de graines
de gourbet, et 1,000 fagots de 2o kilogrammes pour couverture.
Les fagots sont formés de tiges de genêt et d'ajonc et de branches
de pin; ils sont employés suivant les prescriptions des articles 1 5
et 1 6 du cahier des charges du 1 6 mai 1 888.

La graine de gourbet est semée seule; celles de pin maritime et
de genêt sont mélangées.

Les prix de revient peuvent s'établir ainsi qu'il suit :

Graine de gourbet (achat, transport et emploi)....	o^f 45^c le kilog.
Graine de pin maritime (achat, transport et emploi)	o 55
Graine de genêt (transport, achat et emploi).....	1 7o

	Coupe, liage et mise en tas........	3^f oo^c
Fagots....	Transport à 2 kilomètres..........	8 5o
	Approche et étendage sur le sable....	3 5o
	1/2o pour outils et faux-frais.......	o 15
	Total	15 15
	1/1 o^e pour bénéfice de l'entrepreneur.......	1 52
	Total général...........	16 67

[1] 31 décembre 1834. Rapport de l'ingénieur en chef des ponts et chaussées à
Mont-de-Marsan.

I. *Semis de gourbet.*

(Dépense par hectare.)

10 kilogrammes de graines de gourbet à 0 fr. 45 l'un..	4ᶠ 50ᶜ
1,000 fagots de broussailles de 20 kilogrammes à 16 fr. 65 le cent......................	166 50
TOTAL...............	171 00

II. *Semis de pin maritime.*

(Dépense par hectare.)

10 kilogrammes de graines de pin maritime à 0 fr. 55 l'un.......................	5ᶠ 50ᶜ
9 kilogrammes de graines de genêt à 1 fr. 70 l'un.	15 30
1,000 fagots de broussailles de 20 kilogrammes chacun à 16 fr. 65 le cent...............	166 50
TOTAL...............	187 30

Les lettes sont ensemencées selon le mode dit : semis à la pelle.

On emploie 4 kilogrammes de graines de pin maritime par hectare et on effectue, sur la même superficie, 20,000 trous à la pelle, dans chacun desquels on place 3 graines.

La dépense par hectare est la suivante, en supposant le travail effectué en régie :

4 kilogrammes de graines de pin maritime à 0 fr. 55.	2ᶠ 20ᶜ
3 journées de femmes à 2 francs l'une...........	6 00
TOTAL..................	8 20

S'il y a lieu de mélanger de la graine de genêt, il faut en employer 2 kilogrammes, et la dépense par hectare est augmentée de 3 fr. 40.

Le mélange de genêt ou de l'ajonc au pin maritime est nécessaire dans les dunes qui n'ont pas encore été recouvertes d'une végétation forestière.

On rencontre, surtout dans le département des Landes, d'assez vastes étendues occupées par des peuplements rabougris. Les aiguilles des pins présentent une teinte jaunâtre et l'accroissement terminal se réduit à un ou deux centimètres.

Soit que le sol ait été bouleversé par des tempêtes peu de temps après l'exécution des travaux, soit que la graine de genêt ou d'ajonc ne se soit pas trouvée de bonne qualité, soit que les semis n'aient pas été faits en temps opportun, la graine de pin seule a germé, et les jeunes plants, dépourvus de l'abri des essences secondaires, ont crû avec une extrême lenteur sur un sol se desséchant très facilement et présentent actuellement, à l'âge de vingt ans et plus, l'aspect de véritables buissons.

Toutefois, depuis quelques années, on peut observer le fait suivant : au fur et à mesure que les pins étendent leurs branches inférieures et que le massif complet se forme, le sol, jusqu'alors à l'état de sable blanc, se couvre d'une végétation herbacée et de quelques genêts, puis les sujets de l'essence principale commencent à s'élancer. Des peuplements qui paraissaient absolument sans avenir semblent maintenant pouvoir être conservés avantageusement. Les aiguilles ont pris une teinte verte et l'allongement de la tige est de 0 m. 20 à 0 m. 25.

Il y a là une indication à suivre, et il convient d'éviter, dans les peuplements de cette nature, de pratiquer des élagages et même des éclaircies.

L'introduction artificielle du genêt ne peut que donner de bons résultats; elle a été parfois effectuée.

Les semis et plantations d'essences feuillues n'ont pas été poursuivis activement; par suite de la difficulté des transports, le pin maritime, produisant de la résine, devait être préféré. Toutefois, pendant l'automne de 1841, le service forestier a effectué dans la forêt du Flamand, département de la Gironde, les semis ci-après désignés :

Dune Jean-Petit : semis de chêne-liège sur 15 hectares	537^f 57^c
Dune Jonca : semis de pédonculé sur 10 hectares	418 20
Dune Dormans : semis de châtaignier sur 5 hectares	1,410 00

La forêt du Flamand a été aliénée en 1860.

Quelques plantations récentes de chênes-liège ont été faites dans le département des Landes.

Les graines forestières des dunes sont récoltées par des concessionnaires qui sont tenus :

1° De déposer, sans frais, dans les maisons forestières, le vingtième de leur récolte, pour redevance de la concession ;

2° De conserver, jusqu'au 1er septembre, le surplus à la disposition de l'Administration des eaux et forêts, aux prix actuels suivants, sacs et transport en gare compris :

Graine désailée de pin maritime		0^f 45^c le kilog.
Graine de gourbet	Gironde	0 45
	Landes	0 30
Graine de genêt	Gironde	1 50
	Landes	0 90

Les cônes de pin maritime sont récoltés du mois d'octobre au mois de mars, et mis en tas sous des broussailles. En juin, juillet et août ils sont placés debout sur le sable et s'ouvrent sous l'action du soleil. Il suffit alors de les remuer fortement pour en détacher les graines, puis de vanner ces graines pour les dépouiller de leurs ailes.

Il faut de 24 à 30 hectolitres de cônes pour fournir un hectolitre de graines désailées, correspondant à deux hectolitres de graines ailées.

Un ouvrier peut récolter 4 hectolitres de cônes par jour.

Le prix de revient d'un hectolitre de graines désailées peut s'établir ainsi qu'il suit :

Récolte et mise en tas des cônes, 7 journées à 2 francs...............................	14^f 00^c
Manipulation, 3 journées à 1 fr. 50.............	4 50
Sacs et transport en gare....................	2 25
Total.................	20 75

Le poids de l'hectolitre de graines désailées est de 58 kil. 500.

Le poids moyen de 1,000 graines est de 57 gr. 463.

Le taux habituel de germination est de 90 p. 100.

Les graines préparées par dessiccation des cônes au four donnent un taux de germination bien moindre.

Carte des dunes. — La carte des dunes de Gascogne a été établie en exécution des dispositions de l'article 14 du règlement ministériel du 7 octobre 1817.

Les travaux de levé du département de la Gironde ont été effectués dans les conditions indiquées par la correspondance ci-après :

Depuis longtemps on a reconnu la nécessité d'un plan général des dunes avec les détails des parties ensemencées et l'indication des points sur lesquels les travaux doivent être continués... J'ai l'honneur de vous proposer d'affecter à ce service un géographe dont le traitement serait de 100 francs par mois, les frais d'opération sur le terrain payés sur des états réguliers. Je propose pour ce service le sieur Pagneau employé précédemment au cadastre. (*Lettre du 18 juin 1817 de l'ingénieur en chef au préfet.*)

Je pense comme vous que rien n'est plus utile que d'avoir un plan correct, à l'aide duquel on puisse juger d'un coup d'œil des progrès des travaux, mais j'estime qu'il serait plus avantageux de traiter à tant l'hectare. (*Lettre du 28 août 1817 du Directeur général des travaux publics, comte Molé, au préfet.*)

. . . Cette carte ne devant servir, suivant l'article 14 du règlement, qu'à faire connaître la marche des travaux d'ensemencement, il devient inutile d'y faire figurer les étangs et les forêts; il faut se borner à tracer les semis déjà faits et les dunes sur lesquelles ils devront être continués. (*Lettre du 17 septembre 1818 du préfet à l'ingénieur en chef.*)

Il est nécessaire de connaître la position des dunes par rapport au pays environnant et par suite de comprendre dans le plan les forêts et les étangs. Il est nécessaire également de connaître les cours d'eau par lesquels communiquent les étangs situés au pied des dunes. Pour obtenir ces données et juger de l'influence des travaux de semis des dunes sur le pays environnant, on pourrait établir que le plan comprendra le pays adjacent aux dunes sur une largeur de mille mètres. (*Lettre du 18 octobre 1818 de l'ingénieur en chef au préfet.*)

J'ai l'honneur de vous renvoyer, revêtue de mon approbation, la soumission par laquelle le sieur Pagneau s'engage à lever le plan des dunes au prix de cinquante centimes par hectare, suivant les conditions que j'ai approuvées le 17 du mois dernier. Ce plan devra comprendre, comme vous le proposez par votre lettre du 5 courant, le terrain adjacent aux dunes sur une largeur de mille mètres. Le travail que ce géomètre a déjà fait pour lever la forêt de la Teste et une partie du bassin d'Arcachon lui sera payé au prix de sa soumission. (*Lettre du 16 octobre 1818 du préfet à l'ingénieur en chef.*)

Les conditions imposées au géomètre sont indiquées ainsi qu'il suit :

Le plan des dunes sera levé à une échelle de 1 à 10,000 mètres; on commencera par la triangulation des parties désignées.

La ligne des hautes et basses mers sera marquée.

Chaque dune sera indiquée par son nom actuel, ou par celui qui lui sera donné.

Elle sera figurée par des lignes hachées, plus ou moins allongées suivant sa hauteur.

Les parties semées actuellement seront distinguées de celles qui sont encore en sable.

Celles ci ne porteront que les lignes hachées, à l'encre de Chine, dont il a été parlé ci-dessus. Celles semées seront distinguées, savoir : celles où les pins ont quatre ans et au-dessous par une légère teinte verte; les semis au-dessus de cet âge jusqu'à dix ans, par une teinte plus foncée et quelques petits pins en projection; enfin, ceux de dix ans et au-dessus, par des arbres plus nombreux et d'une plus grande dimension.

Les bornes seront marquées par un petit carré à l'encre rouge et les fossés par deux lignes parallèles de la même couleur.

Il sera levé, en dehors des dunes, une lisière de cent mètres avec l'indication de la nature des terrains adjacents et le nom des propriétaires.

Il est accordé une tolérance de un pour cent.

Le géographe sera payé sur le vu de la minute, mais seulement des trois quarts de la somme due.

Il accompagnera l'ingénieur chargé de la vérification et procurera les instruments et aides nécessaires.

Tous les frais de voyage, d'instruments et de porte-chaîne sont à la charge du géomètre.

Après la vérification de la minute il fournira quatre copies sur le papier qui lui sera délivré et remettra ensuite la minute signée.

Chaque feuille portera sur un cartouche son échelle et sa boussole.

Proposé par l'ingénieur ordinaire, à Bordeaux, le 22 avril 1818.

Signé : TANNAY.

L'ingénieur en chef observe que la triangulation qui servira de base au levé de la carte devra être liée avec celle qui a été établie pour la carte de Beleyme, c'est-à-dire qu'on y comprendra la position des principaux points qui se trouvent à portée des dunes et qu'on aura soin d'indiquer sur les cartes.

La carte devra comprendre les anciennes forêts qui se trouvent adjacentes aux dunes, telles que la grande forêt de la Teste, celle d'Arcachon et les étangs, spécialement ceux d'Arcachon et d'Hourtin.

Les grandes masses, telles que les forêts et les étangs, ne devant pas être détaillées seront payées à un prix particulier.

Bordeaux, le 8 mai 1818.

L'ingénieur en chef de la Gironde,

Signé : WIOTTE.

Les travaux dans le département des Landes ont été entrepris à la même époque.

Ayant reconnu l'utilité d'avoir un plan correct et régulier à l'aide duquel on puisse juger d'un coup d'œil des progrès des travaux des dunes, j'ai décidé que cette opération serait confiée, soit à un géomètre, soit à un employé avec lequel on traitera à tant de l'hectare. (*Lettre du 28 août 1817 du directeur général des travaux publics au préfet.*)

30 octobre 1818. — Soumission du sieur Lucien Dumora, acceptant des conditions analogues à celle de la Gironde.

J'ai approuvé, par mes lettres du 13 avril et du 30 juillet 1819, les mesures relatives au levé des plans des dunes dans l'étendue du département des Landes. Je désire que cette opération soit terminée le plus promptement possible, afin d'être à même de suivre, avec connaissance de cause, les progrès de cette grande entreprise. Je vous invite à me faire connaître si je dois espérer recevoir bientôt l'expédition de ce plan qui, aux termes de l'article 1 du règlement du 7 octobre 1817, doit m'être envoyé avec le compte raisonné mentionné à l'article 3. (*Lettre du 14 août 1820 du directeur général des ponts et chaussées à l'ingénieur en chef des Landes.*)

Les travaux de levé sur le terrain ont été effectués de 1819 à 1822, mais les plans définitifs n'ont été terminés que plus tard. Le règlement définitif de l'entreprise de la Gironde n'a eu lieu que le 25 août 1837.

D'après ces levés, les contenances des dunes ont été établies ainsi qu'il suit :

Département de la Gironde..............	53,233$^\text{h}$ 31$^\text{a}$
Département des Landes................	49,588 76
TOTAL..............	102,822 07

Enfin, conformément aux instructions adressées le 25 août 1851 par le Ministre des travaux publics à l'ingénieur en chef de la Gironde, on a réuni sur une carte spéciale, à l'échelle de 1/80000$^\text{e}$

les renseignements statistiques relatifs aux dunes et semis; le tirage de cette carte a eu lieu en 1855.

Statistique. — D'après des renseignements fournis en 1835, la situation des travaux de fixation des dunes, à la fin de l'année 1834, pouvait s'établir ainsi qu'il suit.

DÉPARTEMENTS.	TRAVAUX EFFECTUÉS						RESTE à FIXER.		CONTE-NANCE TOTALE fixée ou à fixer.	DÉPENSE TOTALE.
	par BRÉMONTIER.		par LA COMMISSION des dunes.		par L'ADMINISTRATION des ponts et chaussées.					
	Conte-nance.	Dé-pense.	Conte-nance.	Dé-pense.	Conte-nance.	Dépense.	Conte-nance.	Dépense prévue.		
	hect.	francs.	hect.	francs.	hect.	francs.	hect.	francs.	hect.	francs.
Gironde	94	47,905	2,507	506,751	5,630	898,606	35,333	3,533,300	43,564	4,986,562
Landes	"	"	1,867	344,408	2,613	581,749	30,831	3,861,752	35,311	4,787,909
Totaux.....	94	47,905	4,374	851,159	8,243	1,480,355	66,164	7,395,052	78,875	9,774,471

Les prévisions de l'année 1835 se sont sensiblement réalisées. Les travaux de fixation des dunes, considérés comme une entreprise de protection, peuvent être en effet regardés comme ayant été terminés à la fin de l'année 1864. La dépense totale effectuée à cette époque s'élevait à 9,607,974 francs, répartis ainsi qu'il suit :

Dépense effectuée	par Brémontier	47,905 francs.
	par la Commission des dunes......	851,159
	par l'Administration des ponts et chaussées................	7,697,711
	par l'Administration des eaux et forêts.	1,011,199
	Total égal........	9,607,974

La mise en valeur complète des dunes a coûté 13 millions.

On retrouve aussi à peu près les contenances résultant des levés effectués en exécution de l'article 16 du règlement ministériel du 7 octobre 1817.

Département de la Gironde.

Dunes régies par l'Administration des eaux et forêts............................	24,997ʰ 29ᵃ
Affectation à divers services publics.........	168 29
Dunes aliénées en exécution des lois du 28 juillet 1860 et du 13 mai 1863............	9,845 68
Aliénations diverses...................	121 85
Lettes intérieures dont la propriété a été attribuée à des communes ou à des particuliers.	6,913 02
Terrains divers remis à des particuliers ou à des communes.....................	863 13
Érosions marines.....................	243 84
Ancien escourre du Boq................	16 00
Lettes extérieures.....................	10,064 00
TOTAL.........	53,233 10

Département des Landes.

Dunes domaniales....................	26,221ʰ 26ᵃ
Affectation aux services publics...........	56 10
Dunes aliénées en exécution des lois du 28 juillet 1860 et du 13 août 1863...........	6,741 27
Aliénations diverses..................	9 59
Lettes abandonnées aux communes........	2,207 65
Terrains divers remis à des particuliers......	746 10
Lettes extérieures....................	12,788 00
TOTAL.........	48,769 97

RÉCAPITULATION.

	DUNES.	LETTES EXTÉRIEURES.	CONTENANCE TOTALE.
	hectares.	hectares.	hectares.
Département de la Gironde.	43,169	10,064	53,233
Département des Landes..	35,982	12,788	48,770
TOTAUX.....	79,151	22,852	102,003

Police des dunes. — A partir de la promulgation de l'Ordonnance du 5 février 1817, les délits commis dans les dunes
n'ont plus été considérés comme des délits forestiers que dans les
semis remis à l'Administration des eaux et forêts dans les conditions
fixées par la décision du 28 septembre 1818 du directeur général des Ponts et Chaussées et des Mines. Partout ailleurs les procès-
verbaux de délit étaient dressés par les maires et les agents des
Ponts et Chaussées chargés de la direction des travaux, puis envoyés au préfet, ainsi que l'indiquent les arrêtés préfectoraux du
17 juin 1819 et du 21 août 1821.

Cette situation présentait d'ailleurs peu d'inconvénients, les
jeunes peuplements situés à l'ouest se trouvant protégés par la
surveillance exercée par le service forestier dans les semis plus
âgés des chaînes orientales.

Depuis le décret du 29 avril 1862, les forêts des dunes sont
assimilées aux autres forêts domaniales, en ce qui concerne la
constatation et la poursuite des délits.

Incendies. — **Dispositions légales et réglementaires
relatives aux incendies. — Garde-feu. — Statistique.** —
La région des dunes et des landes de Gascogne, que l'on pourrait
désigner sous le nom de région du pin maritime, s'étend sur les trois
départements de la Gironde, des Landes et de Lot-et-Garonne et se
trouve comprise dans l'intérieur du périmètre formé par l'Océan,
la Garonne, la Baïse, la Gélize, l'Auzoue, le Midou, la Midouze
et l'Adour.

La contenance totale limitée par ce périmètre est de 1,310,000
hectares, savoir :

Département de la Gironde	653,000 hectares.
Département des Landes	664,000
Département de Lot-et-Garonne	93,000
TOTAL ÉGAL	1,410,000

mais l'étendue de la région forestière peut être fixée à 1,100,000 hectares seulement; elle renferme environ 600,000 hectares de forêts de pin maritime non soumises au régime forestier.

Les forêts de toute nature comprises dans cette région présentaient en 1892 une contenance de 670,417 hectares, savoir :

Bois des particuliers et bois communaux non
    soumis.......................... 611,300 hectares.
Bois communaux soumis au régime forestier..   7,046
Bois domaniaux......................   52,071
              TOTAL..............   670,417

Déduction faite des forêts soumises de toute nature et des bois feuillus, on peut admettre le chiffre de 600,000 hectares indiqué ci-dessus. Cette contenance se répartit ainsi qu'il suit :

Département de la Gironde.............. 264,368 hectares.
Département des Landes................ 301,866
Département de Lot-et-Garonne   33,766
              TOTAL.............. 600,000

Les incendies, dans les forêts de pin maritime des landes, tendent à devenir plus fréquents que par le passé. La malveillance paraît avoir disparu, mais, par suite du développement des voies de communication, l'utilisation des produits des exploitations s'effectue d'une manière plus complète, les ouvriers sont plus nombreux et séjournent plus longtemps sur le parterre des coupes, et par conséquent les accidents se produisent plus souvent. De plus, un certain nombre de sinistres sont causés par les incinérations de landes effectuées pour renouveler les pâturages, ou occasionnés par la circulation des locomotives. Les arbustes, les herbes, les lichens, les débris végétaux de toute nature qui couvrent le sol permettent au feu de se développer et de se propager avec une grande rapidité; il se communique des landes non boisées aux forêts et réciproquement.   -

La région des dunes étant attenante à la région des landes, il était nécessaire de protéger les semis contre les incendies provenant de l'extérieur. Il a donc été utile de compléter par des dispositions réglementaires les dispositions légales relatives aux incendies et d'adopter des mesures de défense spéciales.

L'incendie volontaire est un crime prévu par l'article 434, § 3, du Code pénal. L'article 458 du même Code punit d'une amende de 5o à 5oo francs les incendies causés par des feux allumés à moins de 100 mètres des forêts, bruyères ou bois. L'article 10 de la loi des 28 septembre-6 octobre 1791 interdit d'allumer du feu plus près que 5o toises (97 m. 45) des bois ou bruyères; la peine prévue est une amende égale à la valeur de 12 journées de travail. Cet article a été remplacé, en 1827, pour les bois et forêts, par l'article 148 du Code forestier. Dans ces diverses circonstances, l'article 1382 du Code civil permet de réclamer des dommages-intérêts lorsque le feu a occasionné des dégâts; cette disposition est parfois inscrite dans la loi spéciale : article 148 du Code forestier et loi de 1791.

Ces dispositions ne sont pas applicables aux propriétaires de forêts ou de bruyères, qui peuvent allumer des feux dans leurs bois et dans leurs landes, et en laisser allumer à distance prohibée. Ils peuvent même les incendier, sauf à encourir les peines prévues par l'article 434 du Code pénal, lorsque le feu se communique aux propriétés voisines. Ils sont tenus d'observer les obligations des articles 458 du Code pénal, 10 de la loi de 1791, et 148 du Code forestier. Les préfets peuvent prendre des arrêtés pour régle-menter l'emploi du feu dans la région du pin maritime. Ils tiennent leurs pouvoirs de la loi des 22 décembre 1789-8 janvier 1790 et de l'article 99 de la loi du 5 avril 1884 sur l'organisation muni-cipale. Les infractions à leurs arrêtés sont prévues par l'article 471 du Code pénal (1 à 5 francs d'amende).

Dans le département de la Gironde, l'autorité préfectorale s'est préoccupée depuis longtemps de faire disparaître les causes d'incendie résultant des incinérations de landes. Ces opérations ont été réglées successivement par les arrêtés du 24 juin 1809 (approuvé par décret du 29 octobre 1809), du 4 janvier 1810, du 3 novembre 1824 et du 11 juillet 1859. Tous ces arrêtés renferment cette disposition que « les incinérations ne pourront en aucun cas s'étendre au delà du sixième des landes de la commune » et prévoient l'intervention du service forestier. D'après l'arrêté du 11 juillet 1859, rappelé le 7 avril 1875, les incinérations sont autorisées par les sous-préfets, après avoir consulté le service forestier; la partie à incinérer doit être entourée d'un garde-feu de 25 mètres de largeur au moins.

Dans le département des Landes, les incinérations de bruyères sont réglementées par un arrêté du 17 mai 1843, dont l'article 13 a été modifié, d'abord par un arrêté du 10 avril 1856, et ensuite par un arrêté du 8 octobre 1862: « Il est défendu à tout propriétaire, berger, pâtre ou gardien de bestiaux de les mener, de les envoyer ou de les laisser, sous quelque prétexte que ce soit, pâturer dans les landes ou bruyères où le feu aura été mis, sans autorisation, pendant trois ans à partir de l'incinération non autorisée, sous peine de la confiscation des bestiaux, de 15 francs d'amende et de 5 jours d'emprisonnement contre les délinquants ». Ces peines ne pourraient être prononcées par les tribunaux ; l'article 471 du Code pénal est seul applicable.

De plus, deux arrêtés des 16 juillet et 1er septembre 1860 renferment des mesures relatives à l'établissement des charbonnières. Aucune charbonnière ne peut être établie dans l'intérieur des forêts de pin, excepté sur les clairières et places vides, à la distance de 10 mètres au moins de tout arbre sur pied. Dans l'étendue déterminée par ce rayon de 10 mètres, le sol doit être soigneusement débarrassé des ajoncs et bruyères, et parfaitement nettoyé de toute matière combustible. Les charbonnières ne peuvent être allumées

avant le 1ᵉʳ octobre et doivent être éteintes le 1ᵉʳ avril de chaque
année. Le charbon ne doit être enlevé que huit jours après l'extinction des charbonnières. Enfin, on ne peut établir de dépôts de
charbon que sur des emplacements éloignés de 10 mètres au
moins des arbres sur pied ; les bruyères et autres matières combustibles doivent être préalablement coupées et enlevées.

Les préfets ont aussi prévu le danger résultant de l'emploi des
bourres combustibles et de l'usage du tabac dans les massifs de pin
maritime.

L'article 14 de l'arrêté permanent du 17 juillet 1888 sur la
police de la chasse dans le département des Landes interdit « l'em
ploi des bourres combustibles dans l'intérieur des forêts ».

D'après l'article 11 de l'arrêté du 9 juillet 1892, réglementant
l'exercice de la chasse dans le département de la Gironde, « il est
interdit de chasser dans les forêts de pin avec des bourres combustibles ».

Enfin, en 1889, le préfet de la Gironde a pris un arrêté portant interdiction de fumer dans les forêts de pin.

D'après l'article 3, titre XI, de la loi des 16-24 août 1790, « les
objets de police confiés à la vigilance des corps municipaux
sont.... 5° le soin de prévenir par les mesures nécessaires et de
faire cesser par des distributions de secours convenables.... les
incendies ». Cet article 3 ayant été abrogé par l'article 168 de la
loi du 5 avril 1884 sur l'organisation municipale, les maires
tiennent actuellement leurs pouvoirs de l'article 97 de cette dernière loi. Les arrêtés qu'ils peuvent prendre pour arrêter les incendies sont valables s'ils sont justifiés par la nécessité des choses, et
les infractions à ces arrêtés rendent les contrevenants passibles
d'une amende de 1 à 5 francs, par application de l'article 471 du
Code pénal.

Lorsqu'un incendie éclate, les maires ont un pouvoir presque
discrétionnaire. Ils peuvent réquisitionner des travailleurs et des
outils et faire allumer des contre-feux. Les particuliers qui refusent

leur concours sont passibles des peines portées par l'article 475 du Code pénal : amende de 6 à 10 francs inclusivement.

Dans les bois soumis au régime forestier, les charbonnières, les loges ou baraques d'ouvriers et les ateliers ne peuvent être installés que sur les emplacements désignés, par écrit, par les agents forestiers, et il n'en peut être établi ailleurs sous peine de 50 francs d'amende pour chaque infraction constatée (article 38 du Code forestier). De plus, il est défendu aux adjudicataires et à leurs ouvriers ou employés d'allumer du feu ailleurs que dans les loges ou ateliers, à peine d'une amende de 10 à 100 francs (article 42 du Code forestier).

Ces dispositions sont complétées par les articles 3 et 9 du cahier des clauses spéciales pour l'adjudication des exploitations dans les forêts des dunes[1]. Les installations de locomobiles pour scieries sont autorisées, dans chaque cas particulier, par des arrêtés préfectoraux ; la cheminée des machines doit être munie d'un grillage en toile métallique et, dans un rayon de 10 mètres, le sol doit être débarrassé de toute végétation et nettoyé de tous les débris végétaux. En cas d'inobservation de ces diverses clauses, les adjudicataires encourent, selon les circonstances, une amende de 50 francs (article 38 du Code forestier) ou une amende de 10 à 100 francs (article 42), plus des dommages-intérêts dans le cas où l'infraction a causé un préjudice à la forêt.

Des fosses pour la cuisson de la chaux peuvent être établies dans l'intérieur et à moins de 100 mètres des forêts, avec l'autorisation du préfet délivrée conformément à la proposition du conservateur

[1] ART. 3. Les charbonnières seront entourées, à 4 mètres de leur base, par un fossé ayant 1 m.50 d'ouverture, 0 m.80 de profondeur et 0 m.15 de largeur au fond. Les fourneaux ne pourront être allumés avant le 1er octobre et seront éteints avant le 1er mars.

ART. 9. Chaque adjudicataire aura la faculté de construire dans son lot, et sur l'emplacement qui lui sera désigné par les agents forestiers, des baraques pour servir au logement des résiniers. Ces baraques auront les parois de la cheminée en pierres ou en briques et seront couvertes en tuiles.

et aux conditions qui auront été arrêtées entre eux, sur l'avis des agents locaux ; en cas de dissentiment, le Ministre statue (arrêté ministériel du 13 juillet 1841). Ces dispositions ne trouvent, d'ailleurs, pas d'application dans les forêts des dunes.

Les écobuages de terrains situés à proximité des bois soumis au régime forestier sont autorisés par le préfet, sur la proposition conforme du conservateur, aux conditions arrêtées entre eux et d'après l'avis des agents locaux ; le Ministre statue en cas de désaccord (arrêté ministériel du 13 juillet 1841).

Les usagers qui refusent leur concours en cas d'incendie sont passibles des peines portées par l'article 149 du Code forestier, mais cet article est sans application dans les forêts des dunes, lesquelles ne sont pas grevées de droits d'usage.

Les articles 3 de la loi du 28 septembre 1791 et 148 du Code forestier sont insuffisants ; il serait nécessaire d'interdire, par une loi spéciale, au propriétaire lui-même d'allumer ou de laisser allumer du feu dans les landes et les forêts de pin maritime, ou à distance prohibée, en dehors des époques et des conditions déterminées par les préfets.

Les diverses prescriptions qui viennent d'être rappelées et qui sont relatives à l'établissement des charbonnières, aux installations de machines à vapeur et de fours à goudron, à l'usage du feu dans les baraques d'ouvriers, à l'interdiction de l'emploi des bourres combustibles, à l'interdiction de fumer en forêt en dehors des voies publiques, sont susceptibles d'être adoptées utilement, mais il est indispensable que leur inobservation entraîne une répression plus sévère que celle qui résulte de l'application de l'article 471 du Code pénal.

Les garde-feu, ou pare-feu, sont indispensables pour que l'on puisse combattre efficacement les incendies. Dans les forêts domaniales des dunes, le système de préservation et de défense contre le feu se compose d'une tranchée établie suivant le périmètre et d'autres tranchées intérieures, sensiblement parallèles et perpendiculaires à la direction du littoral et éloignées d'environ 1,000 mètres les uns des autres. La largeur des tranchées est habituellement de 10 mètres[1].

Chaque forêt se trouve ainsi divisée en parcelles de 100 hectares séparées par des garde-feu de 10 mètres de largeur, entretenus à *sable blanc*; les morts-bois, les herbes et tous les débris végétaux en sont enlevés. Dans certains cas, ces garde-feu ont arrêté l'incendie; plus souvent ils ont servi de bases d'appui pour les contre-feux; en toutes circonstances, ils ont permis de procéder rapidement, et surtout sans danger pour les travailleurs, à l'organisation de la défense et à la répartition des secours.

Les prix de revient, par hectare de tranchée, des travaux relatifs aux garde-feu peuvent s'établir ainsi qu'il suit :

Piochage du sol à 0 m. 20 de profondeur et mise à sable blanc.

20 journées de manœuvre à 2 fr. 50	50^f 00^c
14 journées de femme à 1 fr. 75	24 50
Total.	74 50

Piochage du sol à 0 m. 10 de profondeur et mise à sable blanc.

7.5 journées de manœuvre à 2 fr. 50	18^f 75^c
5.5 journées de femme à 1 fr. 75	9 63
Total.	28 38

Ratissage des débris végétaux et extraction des herbes et arbustes.

2.5 journées de manœuvre à 2 fr. 50	6^f 25^c
2.5 journées de femme à 1 fr. 75	4 38
Total.	10 63

Les frais d'entretien annuel des garde-feu s'élèvent à 0 fr. 15 par hectare de forêt protégée.

---

[1] Un projet de loi sera très prochainement soumis au Parlement: il prévoit l'établissement d'un système de garde-feu dans la région des landes et de tranchées le long des voies ferrées et fixe des pénalités spéciales.

Les longueurs des garde-feu des forêts domaniales des dunes sont les suivantes :

Département de la Gironde.................... 367 kilom.
Département des Landes...................... 403
                                 TOTAL [1].......... 770

Les mesures de protection comprennent en outre : 1° l'installation de dépôts d'outils dans les maisons forestières et dans les coupes; 2° l'établissement de lignes téléphoniques, reliant certaines maisons forestières aux bureaux des postes et télégraphes les plus rapprochés; 3° la construction d'observatoires d'incendie dans l'inspection de Mont-de-Marsan.

Les contenances parcourues par le feu pendant la période décennale 1883-1892 ont été de 103 hect. 03, soit 0,0002 par an de la contenance, pour les forêts domaniales, et 140 hect. 21, soit 0,002 par an, pour les forêts communales soumises au régime forestier.

En ce qui concerne les forêts non soumises au régime forestier situées dans la région des dunes et des landes, les renseignements relatifs aux incendies, pendant la même période 1883-1892, sont résumés ci-après :

DÉPARTEMENTS.	CONTENANCE DES FORÊTS non soumises au régime forestier.	CONTENANCES INCENDIÉES annuellement.	RAPPORT DE LA CONTENANCE incendiée À LA CONTENANCE totale.
	hectares.	hectares.	
Gironde........................	264,370	2,919	1.10
Landes.........................	301,865	1,713	0.57
Lot-et-Garonne.................	33,765	71	0.21
TOTAUX............	600,000	4,703	0.78

[1] La dépense effectuée en 1899 pour l'entretien des garde-feu s'élève à 5,277 francs dans le département de la Gironde et à 3,207 francs dans le département des Landes.

Si l'on adoptait pour ces forêts les mêmes mesures de préservation que pour les forêts domaniales, la perte annuelle serait réduite dans une forte proportion.

État des peuplements. — Aménagements. — Bien que les forêts des dunes ne présentent pas, en général, une aussi belle végétation que les massifs situés dans la lande, on a obtenu, cependant, conformément aux prévisions de Brémontier et de ses contemporains, des peuplements très suffisamment productifs.

Ainsi qu'on peut s'en assurer par l'examen des semis qui se sont développés à la suite d'incendies ou de coupes d'ensemencement, la nouvelle génération sera supérieure à celle qui existe aujourd'hui. Les jeunes pins maritimes végètent dans de meilleures conditions que ceux qui les ont précédés, et ils seront activés dans leur croissance par des éclaircies, fortes et fréquentes, faites en temps utile; ces dernières opérations auront aussi pour effet d'empêcher le contact des racines des arbres voisins et de mettre ainsi obstacle au développement de la « maladie du rond ».

De plus, le sol s'améliore constamment par les aiguilles de pin et les débris d'exploitation qui se transforment en terreau.

Dans la lande, le pin maritime, dont la longévité est de cent cinquante ans, atteint 20 à 24 mètres de hauteur, et le grossissement moyen annuel, mesuré à soixante ans, est de o m. o25. Dans les dunes, la hauteur s'abaisse à 10 ou 12 mètres, et l'âge des arbres est indiqué par le double de la circonférence mesurée en centimètres à 1 m. 3o du sol; la longévité paraît décroître à quatre-vingts ans environ. Mais la fructification est extrêmement abondante à partir de l'âge de quinze ans; la production résineuse augmente en avançant vers l'ouest, et la richesse en essence de cette résine est supérieure de 25 p. 100 à celle de la lande.

Les forêts des dunes ont été divisées en séries dirigées suivant la direction nord-sud, c'est-à-dire à peu près parallèlement au littoral.

Les révolutions adoptées sont celles de soixante-dix ans avec
14 périodes de cinq ans, soixante-douze ans avec 12 périodes de
six ans, soixante-quinze ans avec 15 périodes de cinq ans, et
quatre-vingts ans avec 16 périodes de cinq ans.

Pendant la durée de chaque période, les affectations sont parcourues par des coupes d'amélioration par gemmage à mort, avec
gemmage à vie, et par des éclaircies sans gemmage. L'affectation
la plus âgée est régénérée par coupe à blanc étoc précédée d'un
gemmage à mort.

Lorsque la durée des périodes est de six ans, les exploitations
consécutives sont séparées par une année de repos.

Dans un certain nombre de forêts, la révolution définitive est
précédée par une révolution transitoire, qui est le plus souvent
différente pour chaque série.

Gemmage. — Des ventes de produits résineux ont eu lieu à
la Teste à partir de 1813, pendant plusieurs années consécutives.
L'adjudication du 3 juin 1818 a donné les résultats suivants :

300 kilogrammes de galipot, vendus 8 fr. 75 les 100 livres, soit 52 fr. 50;

5 barriques de térébenthine, vendues 48 francs la barrique, soit 240 francs;

3,046 kilogrammes de barras, vendus 4 fr. 20 les 100 livres, soit
289 fr. 37;

17 barriques de résine molle, vendues 13 fr. 75 la barrique, soit
233 fr. 75;

Plus le décime et 26 francs pour frais d'adjudication.

Dans les autres massifs, les exploitations n'ont produit longtemps
que les bois nécessaires aux travaux de fixation, mais en 1839,
par ordonnance du 31 janvier, l'Administration des eaux et forêts
a été « autorisée à mettre en adjudication la résine à extraire des
7,540 hectares de dunes boisées, déjà soumises au régime forestier
et des autres portions des mêmes dunes qui lui seront ultérieurement remises par l'Administration des ponts et chaussées ».

La gemme provenant surtout des canaux longitudinaux des couches récentes, on est conduit à pratiquer, pour son extraction, des entailles aussi larges et aussi profondes que le permettent la vie de l'arbre et la possibilité d'un prompt recouvrement de la plaie. La hauteur est sans importance au point de vue du rendement; elle est limitée par l'habileté du résinier.

Dans les forêts soumises au régime forestier, le gemmage à vie est pratiqué sur les pins ayant au moins 1 m. 10 de circonférence à 1 m. 30 du sol. De plus, l'expérience a permis de reconnaître que les quatre années de gemmage à mort, correspondant à la durée d'une exploitation, sont insuffisantes pour permettre d'extraire la totalité de la résine produite par les arbres de dimensions moyennes. Pour ce motif, il est utile de gemmer à une quarre, pendant une période de cinq ans, les pins ayant au moins 0 m. 90 de tour, et destinés à disparaître, après gemmage à mort, à la fin de la période suivante.

Les arbres à vie sont gemmés à une seule quarre commencée au-dessus du collet de la racine et élevée de 0 m. 55 pendant la première année, de 0 m. 75 pendant chacune des trois années suivantes, et 1 mètre pendant la dernière année.

La largeur ne peut excéder 0 m. 09 dans la partie inférieure de l'arbre et 0 m. 08 au-dessus de la quarre de la troisième année.

La profondeur ne peut excéder 0 m. 01, mesure prise sous corde tendue d'un bord à l'autre de l'entaille, à la naissance inférieure de la partie rouge de l'écorce.

Les quarres successives sont disposées, autant que possible, aux extrémités de deux diamètres rectangulaires.

La production de la résine dépend des dimensions en largeur et en profondeur de la quarre, c'est-à-dire du nombre des vaisseaux résinifères tranchées, et aussi des conditions de la végétation des arbres. Il est donc possible que des entailles de 0 m. 08 à 0 m. 07 de largeur et de 0 m. 008 de profondeur donnent le même rendement que les incisions actuelles de 0 m. 09 à 0 m. 08 de largeur sur 0 m. 01 de profondeur. La hauteur des quarres pourrait être aussi réduite de 3 m. 80 à 3 mètres.

Emplois de la résine. — L'unité de vente de la gemme est la barrique de 235 litres dans la Gironde et la barrique de 340 litres dans les Landes.

Une barrique de 235 litres produit 50 kilogrammes d'essence de térébenthine et 160 kilogrammes de matières sèches.

D'une façon générale, on peut dire que les produits fabriqués immédiatement tendent à se réduire, d'une part à l'essence de térébenthine, d'autre part aux colophanes et aux brais divers : brai sec, brai clair, brai demi-clair, brai noir, etc.; un certain nombre d'usines y joignent le brai gras. Déjà les pâtes de térébenthine, les pâtes de Venise ont disparu; la pâte de térébenthine à la chaudière n'est fabriquée que dans quelques usines. La résine jaune se prépare encore, mais la production diminue d'importance d'année en année. Beaucoup d'usines ne fabriquent plus les goudrons, noirs de fumée, etc., mais vendent leurs déchets à des fabricants spéciaux. On produit encore sur certains points des huiles pyrogénées.

Les produits obtenus dans d'autres usines avec ces produits directs sont très nombreux :

Couleurs à l'huile, vernis à l'alcool, vernis à l'essence, vernis gras, enduits, cirages de toutes sortes, mastics, industrie des cuirs vernis;

Savons, stéarines, bougies, paraffine, etc.;

Torches de résine, cires à cacheter, collage du papier;

Brai de marine, goudron, poix, calfatage des navires, noir de fumée, injection des bois;

Huiles pyrogénées, graisse végétale ou graisse de résine pour machines, encres d'imprimerie, encres lithographiques, crayons ;

Industrie du dégraissage, huiles vestimentales ;

Industrie du caoutchouc, vêtements caoutchoutés ;

Soudure de certains métaux, emploi du plomb;

Médecine, pharmacie, art vétérinaire[1].

[1] 1893. Note de M. du Chatenet, inspecteur des eaux et forêts à Châteauroux.

Débit du pin maritime. — Le gemmage cause dans la croissance du pin un ralentissement assez sensible, mais cependant on
observe parfois que des arbres arrêtés dans leur croissance se déve-
loppent après quatre ou cinq ans de résinage, ce qui paraît être la
conséquence de la diminution de pression de l'écorce. Cette opération donne au bois une dureté et une durée supérieures à celles du
pin non gemmé.

Cette modification se manifeste non seulement dans la partie
gemmée directement, mais aussi dans la partie de la tige supérieure à celle où sont pratiquées les quarres; elle s'étend à
l'aubier.

L'avis général est que le pin gemmé est préférable pour les parquets, la charpente, les traverses, les madriers, etc.; le pin non
gemmé s'emploie pour les poteaux télégraphiques, les étais de
mines et les planches pour caisses d'emballage.

Pour avoir toute sa qualité, le bois de pin ne doit pas avoir été
gemmé trop longtemps; des bois gemmés à mort pendant trois ou
quatre ans seulement sont préférés à ceux qui ont été gemmés à
vie pendant vingt-cinq ou trente ans, parce que ces derniers se
piquent parfois.

En 1874, on a établi dans divers cantonnements, à titre d'expérience, 100 mètres de palissade comprenant, par tiers, des planches provenant de la partie de l'arbre gemmée directement (n° 1),
de la partie de la tige supérieure à celle où sont pratiquées les
quarres (n° 2), et, enfin, d'arbres n'ayant jamais été gemmés
(n° 3).

Les planches avaient 1 m. 60 de longueur, 0 m. 03 d'épaisseur, 0 m. 18 à 0 m. 22 de largeur, et elles étaient séparées par
des intervalles de 0 m. 02.

Elles étaient disposées dans l'ordre suivant : n°s 1, 2, 3,
1, 2, 3, etc.

Il a été rendu compte chaque année de l'état de la palissade, de
1875 à 1881 inclusivement.

Dans chaque cantonnement les planches sont mentionnées ci-dessous par ordre de durée:

Cantonnement de Parentis, n° 2, n° 1, n° 3.
Cantonnement de la Teste, n° 1, n° 2, n° 3.
Cantonnement d'Arès, n° 1, n° 3, n° 2.
Cantonnement de Lacanau, n° 1, n°ˢ 2 et 3 (durée égale).
Cantonnement de Lesparre, n° 1, n° 2, n° 3.

Ces observations sont peu concluantes, mais il faut remarquer que les bois expérimentés étaient soumis seulement aux influences atmosphériques et non à l'ensemble des causes ordinaires de détérioration.

Les billes de o m. 20 de diamètre et au-dessous peuvent être débitées en barres pour soutenir les fonds des barriques, en douelles pour barriques à brai, en étais de mines bruts sous écorce pour l'Angleterre, en étais écorcés pour les mines françaises, en bois sciés pour les mines françaises et portugaises.

Les longueurs des étais sont extrêmement variables. Lorsqu'ils sont écorcés, ils se vendent au mètre courant. Pour les bois non écorcés, l'unité de vente est la tonne anglaise de 1,016 kilogrammes, soit 20 quintaux de 112 livres, valant chacune 453 gr. 593; petit diamètre : o m. 08 à o m. 35; longueur : 2 mètres à 4 mètres.

De o m. 20 à o m. 25 de diamètre, et au delà s'il y a lieu, les billes peuvent être débitées en madriers pour pavés; la longueur de ces madriers est un multiple de o m. 152 ou de o m. 180; l'épaisseur est de o m. 08 et la largeur de o m. 15 à o m. 25.

De o m. 25 et au-dessus de diamètre, les tiges des arbres se transforment habituellement en traverses de 2 m. 50 à 2 m. 80 de longueur, de o m. 20 à o m. 30 de largeur, et de o m. 18 à o m. 16 d'épaisseur. Ces arbres peuvent aussi fournir, ainsi que ceux de la classe précédente, des planches de toutes longueurs et de toutes largeurs, sur o m. 03 d'épaisseur. La longueur la plus usitée est celle de 2 m. 33, et la largeur celle de o m. 24.

On fabrique aussi les produits ci-après :

Poteaux télégraphiques. — Longueur : 7 à 12 mètres; diamètre à 1 mètre de la base sous écorce : o m. 15 à o m. 25 suivant la longueur; diamètre au sommet sous écorce : o m. 10.

Bois pour pilotis. — Toutes longueurs; circonférence au petit bout : 1 mètre.

Planches pour caisses d'emballage. — Longueur : 2 mètres à 2 m. 33; largeur : o m. 20 à o m. 30; épaisseur : o m. 01 à o m. 02.

Bois pour parquets. — Longueur variable; largeur : o m. 08 à o m. 15; épaisseur : o m. 027.

Solives. — Longueur : à partir de 3 mètres; équarrissage : o m. 18 à o m. 20 × o m. 10 à o m. 12.

Grosse charpente. — Longueur : à partir de 4 mètres; équarrissage : o m. 25 à o m. 32 × o m. 18 à o m. 20.

Le charbon se vend à la charge comprenant dix barriques de 300 litres. On pense généralement que la chaleur et la fumée des fourneaux sont favorables au développement de divers champignons; c'est pour ce motif que l'on prescrit d'entourer les charbonnières de fossés de 1 m. 50 d'ouverture, sur o m. 80 de profondeur et o m. 15 de largeur au fond.

Falourdes. — Bois fendus en deux ou en quatre, écorcés. Longueur : 1 m. 14; autres dimensions : o m. 14 et o m. 07.

Escorils. — Bûches de 1 mètre de longueur, fendues en prisme triangulaire de o m. 12 de côté. Deux piles juxtaposées de 65 bûches chacune forment l'unité de vente, le « quas ».

Bois de chauffage ordinaire. — Longueur : 1 mètre; toutes grosseurs. Deux piles juxtaposées de 1 mètre de base sur 1 m. 33 de hauteur forment l'unité de vente.

Échalas. — Longueur : o m. 70, 2 mètres à 2 m. 60; circonférence au milieu sur écorce : o m. 15 (lattons); circonférence au milieu sous écorce : o m. 15 (œuvres); circonférences plus fortes, bois fendus (carassonnes); bois de o m. 12 de circonférence au petit bout sous écorce (manches à balai).

On peut ajouter à ces produits la fabrication de la pâte chimique à papier.

Les frais de façonnage sont indiqués ci-après pour les principaux produits, ainsi que la valeur en gare :

Bois de service. — Frais de façonnage : 8 francs par mètre cube; valeur en gare : 20 francs.

Traverses. — Frais de façonnage : 0 fr. 35 la pièce; valeur en gare : 117 francs le cent.

Étais de mines bruts. — Frais de façonnage : 0 fr. 50 la tonne; valeur en gare : 9 fr. 50.

Résine. — Frais de façonnage : 14 fr. 50 la barrique de 235 litres; valeur aux usines : 29 francs.

Planches. — Frais de façonnage : 14 francs le cent; valeur en gare : 30 francs le cent.

Production des forêts des dunes. — L'étude statistique, effectuée en 1893, a donné les résultats indiqués dans le tableau de la page suivante pour la production, en matière et en argent, des forêts des dunes pendant l'année 1892.

La production en matière, déduction faite des surfaces improductives, a été, en 1892, de 0 m. c. 705 par hectare, et la production en argent de 3 fr. 06; cette dernière s'élève à 3 fr. 45, en tenant compte des produits accessoires : chasse, pêche, concessions de terrains, etc.

Lorsque toutes les séries seront parcourues par des coupes de régénération et qu'un système de voies de desserte aura été établi, la valeur en argent de la production augmentera dans de très fortes proportions, ainsi que l'indique le résumé ci-après (pages 129 et 130) [1].

---

[1] En 1899, la production en argent s'est élevée à 7 fr. 84 par hectare.

NOMS DES FORÊTS.	SURFACES IMPRODUCTIVES (zone littorale).	FUTAIE RÉSINEUSE.	PRODUCTION TOTALE en mètres cubes.	RÉSINE.	BOIS D'ŒUVRE de 0m50 de diamètre et au-dessus.	BOIS D'ŒUVRE au-dessous de 0m50 de diamètre.	PERCHES et ÉTANÇONS.	BOIS de FEU.	ÉVALUATION en ARGENT de la production.
	hectares.	hectares.	m. c.	quintaux.	m. c.	m. c.	m. c.	m. c.	fr. c.
Soulac-Flamand-Hourtin..........	1,359	3,895	6,181	2,280	»	846	3,606	1,731	13,954 38
Carcans........................	634	2,416	»	»	»	»	»	»	»
Lacanau........................	910	4,100	228	»	»	228	»	»	1,341 99
Le Porge.......................	899	4,699	6,539	2,258	394	2,951	546	2,648	14,032 74
Lège...........................	696	2,352	2,114	1,080	153	898	257	806	10,148 65
La Garonne.....................	831	287	510	504	6	66	10	428	1,828 81
La Teste.......................	644	1,802	2,850	1,635	175	1,086	280	1,309	12,201 80
Biscarrosse....................	335	6,520	4,979	4,638	»	596	1,500	2,813	30,752 04
Gastes-Sainte-Eulalie-Minizan (Nord)......	523	6,857	3,230	3,766	»	291	710	2,229	29,100 27
Mimizan (Sud) et Bias..........	380	3,090	1,569	928	»	154	550	865	6,649 88
Lit-et-Mixe....................	418	2,838	883	717	»	150	400	333	3,736 00
Saint-Julien-en-Born...........	120	1,711	510	734	»	91	150	269	4,793 96
Vielle-Saint-Girons............	431	2,186	436	316	»	4	268	168	2,812 00
Messanges......................	108	»	»	»	»	»	»	»	»
Moliets........................	186	»	»	»	»	»	»	»	»
Seignosse-Soorts-Soustons......	381	»	»	»	»	»	»	»	»
Vieux-Boucau...................	29	»	»	»	»	»	»	»	»
Dunes du Sud...................	272	48	43	62	»	4	12	27	508 00
TOTAUX........................	9,156	42,801	30,072	18,918	728	7,361	8,283	13,626	130,860 52

RÉSULTATS DE L'EXPLOITATION D'UNE SÉRIE DE PIN MARITIME,
POUR UNE RÉVOLUTION DE 75 ANS[1].

I. De 20 à 25 ans.

Gemmage à mort de 150 arbres (on suppose 500 arbres par hectare à 20 ans): 1 litre de résine à 0 fr. 06 par arbre et par an pendant 4 ans; valeur du bois : 0 fr. 05 par arbre . . . . 46^f 50^c

II. De 25 à 30 ans.

1° Gemmage à mort de 100 arbres; 1 lit. 25 de résine par arbre et par an pendant 4 ans; valeur du bois : 0 fr. 10 par arbre . . . . 40^f 00^c

2° Gemmage à vie de 50 arbres; 1 lit. 50 de résine par arbre et par an pendant 5 ans 22 50

62 50

III. De 30 à 35 ans.

1° Gemmage à mort de 50 arbres; 1 lit. 50 de résine par arbre et par an pendant 4 ans; valeur du bois : 0 fr. 20 par arbre 28 00

2° Gemmage à vie de 200 arbres, donnant chacun par an 1 lit. 60 de résine pendant 5 ans 96 00

124 00

IV. De 35 à 40 ans.

1° Gemmage à mort de 50 arbres : 1 lit. 75 de résine par arbre et par an pendant 4 ans; valeur du bois : 1 franc par arbre 71 00

2° Gemmage à vie de 200 arbres : 1 lit. 75 de résine par arbre et par an pendant 5 ans 105 00

176 00

V. De 40 à 70 ans.

Gemmage à vie de 200 arbres : 1 lit. 75 de résine par arbre et par an pendant 30 ans 620 00

A reporter 1,029 00

---

[1] Note de M. de Cardaillac de Saint-Paul, ancien inspecteur des eaux et forêts.

Report............... 1,029ᶠ00ᶜ

VI. De 70 à 75 ans.

1° Gemmage à mort de 200 arbres : 2 lit. 50 de résine par arbre et par an pendant 5 ans.....   150ᶠ00ᶜ ⎫
2° Valeur du bois; coupe de régénération : 200 ar-   ⎬ 1,150 00
bres à 5 francs l'un...................   1,000 00 ⎭

TOTAL................ 2,179 00

La production en argent par hectare et par an sera donc de
29 fr. 05, soit 29 fr. 50 en ajoutant les produits accessoires. La
production en matière, par hectare et par an, correspondante
est de :

4/10	1 m. c. 800 : bois de service et bois à scier divers (traverses, madriers, planches, etc.).......	0ᵗ 900
5/10	2 m. c. 250 : étais de mine, poteaux télégraphiques et petits bois à scier..............	1 462
1/10	0 m. c. 450 : bois de feu (laissé sur place presque en totalité).........................	0 270
	247 litres de résine.....................	0 289
	TOTAL...............	2 921

2 mètres cubes de bois en grume fournissent 1 tonne de bois
de construction et de travail : solives, traverses, madriers, planches, etc., ce qui correspond à un déchet moyen de 28 1/2 p. 100
et à un poids de 0 t. 700 par mètre cube de bois fabriqué.

Les bois de la 2ᵉ catégorie peuvent se partager par moitié entre
les bois sciés et les étais ou poteaux de mine.

La première moitié (1 m. c. 125) correspond à un poids de
0 t. 562, calculé comme ci-dessus. Quant aux étais et poteaux, on
peut admettre un poids de 0 t. 800 par mètre cube de bois vert
sous écorce.

Le volume moyen d'un étai est de 0 m. c. 065, de sorte que
20 étais donnent 1 tonne.

Un mètre cube de bois de feu, du poids de o t. 700, correspond à 1 st. 5o; le poids du stère est de o t. 467.

Une barrique de résine de 235 litres pèse o t. 2415 pour la résine, densité 1,05, et o t. 0335 pour le fût, soit o t. 275 pour le tout.

Une barrique de résine de 34o litres pèse o t. 357 pour la résine et o t. 043 pour le fût, au total o t. 400.

Chasse et pêche. — Les forêts des dunes renferment peu de gibier. Dans le département de la Gironde, toutefois, les sangliers, renards, lièvres et lapins sont assez nombreux; on les trouve moins fréquemment dans les dunes du département des Landes. Les passages de bécasses sont très abondants; on rencontre aussi la tourterelle, le ramier et un grand nombre d'oiseaux de passage.

La chasse est affermée dans les dunes domaniales; en 1899, elle a produit 6,773 fr. 5o pour le département de la Gironde et 3,368 francs pour le département des Landes.

Les parties des fleuves et des autres cours d'eau qui bordent ou traversent la région des dunes sont comprises dans les limites de l'inscription maritime. Un épanouissement du courant d'Huchet, dans le département des Landes, fait exception; la pêche y est louée par l'État, propriétaire riverain de ce cours d'eau non navigable ni flottable.

La partie de l'étang de Cazau située dans le département de la Gironde est rattachée au domaine public et la pêche y est affermée au profit de l'État.

Le brochet, l'anguille, la carpe et la tanche sont les principales espèces de poisson des eaux douces de la région.

Le saumon, l'alose, le mulet et la plie remontent le cours de la Gironde, de l'Adour et de leurs affluents.

Le bar, le maigre, la sole, le turbot, la sardine, connue à Bordeaux sous le nom de « royan », se pêchent sur les côtes.

L'huître provient surtout du bassin d'Arcachon.

**Travaux d'amélioration et d'entretien. — Chemins. —
Maisons. — Fossés de séquées. — Repeuplements. —**
Les transports sur les chemins de sable des dunes sont très dispendieux, et la construction de chemins empierrés serait extrêmement
coûteuse. La solution complète de la desserte des forêts consiste-
rait à établir des chemins de fer à voie étroite (o m. 6o), reliés
aux gares voisines; mais ces travaux exigeraient une mise de fonds
assez considérable.

En 1843, une décision ministérielle du 10 janvier a autorisé
l'établissement, à titre d'essai, dans la forêt du Flamand (Gironde),
sur la tranchée connue sous le nom de garde-feu n° 13, et au point
appelé la petite dune de Baïnon, d'une chaussée pavée en bois sur
5o mètres de longueur et 3 mètres de largeur.

Cette chaussée a été formée au moyen de pavés en bois de
o m. 33 de longueur sur o m. 10, au moins, d'équarrissage,
placés verticalement dans un encaissement et rapprochés le plus
possible les uns des autres.

Les joints étaient remplis avec du sable bien foulé, et les extrémités du chemin étaient maintenues par deux traverses de o m. 15
d'équarrissage, chevillées chacune à trois piquets de o m. 2o de
circonférence, enfoncés de o m. 5o dans le sable.

Les travaux ont été reçus le 1er juillet; la dépense s'est élevée
à 365 fr. o8, non compris la valeur des bois sur pied qui ont
été délivrés à l'entrepreneur.

DÉPENSE PAR MÈTRE COURANT DE CHAUSSÉE.

Abatage et équarrissage des arbres..............	1ᶠ 3o°
Sciage des pavés.........................	1 8o
Transport des pavés à pied d'œuvre..............	1 5o
Déblai du sable à o m. 38 de profondeur.........	o 4o
Pavage et remblai des intervalles..............	1 3o
TOTAL.................	6 5o

DÉPENSE TOTALE.

5o mètres de chaussée à 6 fr. 5o l'un..........	325^f oo^c
Traverses	2 oo
TOTAL..............	327 oo
Bénéfice de l'entrepreneur (1o p. o/o).........	32 7o
TOTAL..............	359 7o
Frais d'adjudication (1 1/2 p. o/o)............	5 38
TOTAL..............	365 o8

L'essai n'a pas été concluant; les pavés, n'étant pas maintenus par des longrines latérales, se sont disjoints rapidement.

Dans ces dernières années on a obtenu une solution partielle de la question par le *paillage* des chemins. Ces chemins paillés permettent de circuler facilement en voiture dans les dunes et de transporter la résine, mais ils seraient mis assez rapidement hors d'usage par des charrois portant sur la totalité des produits, surtout en ce qui concerne les coupes de régénération. Les paillages se font sur une largeur de 2 m. 7o ou de 2 mètres. Dans ce dernier cas, une bande de 1 mètre de largeur est laissée en terrain naturel suivant l'axe de la voie. Des deux côtés de cette bande, le sable est creusé à une profondeur de o m. 12 et rejeté par côté de façon à former un rebord s'élevant à o m. 13 environ au-dessus du niveau du terrain naturel. On dispose au fond des rigoles ainsi formées des branchages d'ajonc, de pin et de genêt parallèlement à l'axe des chemins, puis on recouvre ces branchages de tiges et branches disposées perpendiculairement à l'axe. On remplit ensuite l'encaissement sur 2 mètres de largeur et o m. 3o d'épaisseur, avec une couche d'aiguilles de pin et de mousses mélangées. Les pentes sont régularisées préalablement et le tracé rectifié. Le prix de revient, terrassements compris, est de o fr. 18 par mètre courant et les frais d'entretien s'élèvent à o fr. o5 par an et par mètre courant pendant les premières années. Au bout de quelques années ils se réduiront probablement à o fr. o25 ou à o fr. o2.

Pour faciliter le transport des produits, l'Administration des eaux et forêts a accordé, dans diverses circonstances, des subventions pour la construction et l'entretien des voies publiques, et aussi pour l'établissement des chemins de fer départementaux de la Gironde.

Les coupes de régénération commençant à être effectuées, il devient nécessaire d'employer le seul mode de transport réellement avantageux dans les sables : le transport par voie ferrée.

Un chemin de fer à voie étroite de 12 kilomètres environ de longueur est en construction depuis 1899 dans les dunes domaniales d'Hourtin; il sera terminé à la fin de l'année 1901.

Les frais de transport, par tonne et par kilomètre, sur les différentes voies de communication, sont indiqués ci-dessous, d représentant la distance parcourue en kilomètres.

Chemins de sable.... .... $p_1 = 0^f \ 60^c + 0^f \ 83^c \ d.$

Chemins paillés...... .... $p_2 = 0 \ 60 + 0 \ 55 \ d.$

Chemins empierrés............. $p_3 = 0 \ 60 + 0 \ 25 \ d.$

Chemin de fer à voie étroite, avec traction par chevaux ou mules, le matériel étant mis à la disposition des adjudicataires............ $p_4 = 0 \ 60 + 0 \ 075 \ d.$

Chemin de fer à voie normale, en petite vitesse et par wagon complet........................ $p_5 = 1 \ 20 + 0 \ 06 \ d^{[1]}.$

Chemin de fer à voie normale avec frais de transmission d'une ligne à une autre.................. $p_6 = 1 \ 60 + 0 \ 06 \ d^{[1]}.$

[1] .Des tarifs spéciaux permettent en outre d'effectuer ces transports à des prix plus réduits.

D'un autre côté, les renseignements donnés dans le paragraphe précédent permettent d'établir le prix moyen par tonne, en gare ou aux usines, frais de façon déduits, des principaux produits.

Bois de service............................... 14 francs.

Traverses.................................... 14

Planches.................................... 14

Étais de mines pour l'Angleterre,................ 9

Résine, poids des fûts compris.................. 53

Le diagramme ci-après résume les renseignements qui précèdent :

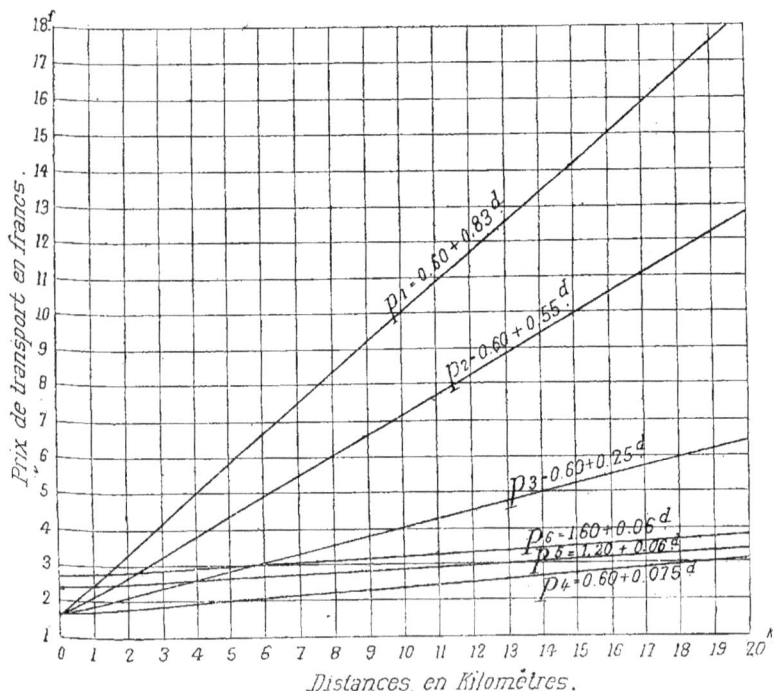

On voit que l'extraction de la résine est avantageuse, quelle que soit la nature des voies de transport, mais que la valeur de la production résineuse est augmentée dans de notables proportions par le paillage des chemins.

En ce qui concerne les autres produits, les transports à faible distance sont seuls possibles; il serait nécessaire, pour en tirer parti complètement, d'établir des chemins de fer à voie étroite.

Par suite de l'éloignement des villages, on a dû construire un certain nombre de maisons forestières.

41 maisons sont ainsi affectées au logement de 69 préposés, savoir : 8 brigadiers, 29 gardes à triage et 32 gardes cantonniers pour la dune littorale.

Il y a en outre 4 pavillons d'agents, plus des annexes ou des chambres d'agents dans 12 maisons de préposés.

Celles de ces maisons qui sont situées sur les bords des étangs sont très éloignées des villages; afin de faciliter les communications, l'Administration a mis un certain nombre d'embarcations à la disposition du personnel. Deux embarcations sont aussi affectées à la traversée des courants de Contis et de Mimizan dans le département des Landes.

Depuis quelques années on remplace les puits ordinaires par des puits forés; cette substitution permet d'obtenir une eau salubre pour l'alimentation des maisons forestières.

Pour arrêter le développement des dommages causés par les cryptogames dans les peuplements de pin maritime, on pratique l'isolement, à l'aide de fossés, des parties atteintes. Ces fossés portent le nom de « fossés de séquées ».

Il est enfin nécessaire d'effectuer chaque année quelques travaux de repeuplement.

Les sommes affectées en 1899 aux divers travaux qui viennent d'être énumérés sont indiquées ci-après :

	GIRONDE.	LANDES.	ENSEMBLE.
	francs.	francs.	francs.
Construction de voie ferrée..	13,743	"	13,743
Entretien de chemins paillés.	1,071	14,480	15,551
Subventions pour chemins vici- naux.................	200	"	200
Améliorations. Maisons fores- tières et puits..........	417	1,308	1,725
Entretien. Maisons et embarca- cations.	3,541	1,980	5,521
Repeuplements et pépinières.	66	1,303	1,369
Fossés de séquées........	50	1,522	1,572
Totaux........	19,088	20,593	39,681

Courants de Mimizan et d'Huchet. — On a vu précédemment que les *courants* qui mettent en communication les étangs avec l'Océan, sont déviés vers le Sud. Pour remédier à cet inconvénient on a rectifié leur cours par la construction d'une digue terminée par une jetée avec son musoir. Des travaux de cette nature ont été effectués pour les courants de Capbreton, de Vieux-Boucau, de Contis et de Mimizan. L'entretien de ce dernier est à la charge de l'Administration des eaux et forêts depuis 1889; la dépense autorisée pour l'année 1899 est de 10,928 francs.

Le courant d'Huchet, qui déverse dans la mer les eaux en excédent de l'étang de Léon, n'a pas encore été endigué. La déviation vers le sud est de 4 kilomètres environ; son débouché dans l'Océan oscille dans un intervalle d'environ 1,700 mètres.

En 1891, à la suite d'une demande de la commune de Moliets, le service forestier local a présenté un devis sommaire des travaux de redressement :

1° *Terrassements.* — Les terrassements comprendront la fouille de la digue à construire, sur toute la longueur de cette digue, plus un déblai d'un mètre de largeur à la base, au nord de la digue, pour permettre le passage du courant.

La pente à donner au chenal sera de 0,01166 par mètre.

Les talus seront établis à 1 de base pour 1 de hauteur.

Cubes des terrassements : 19,721 mètres cubes à
0 fr. 50 ....   9,860ʳ 50ᶜ

2° *Pieux et moises*. — La jetée, d'une longueur de
97 mètres, formant l'extrémité ouest de la digue, sera
encadrée dans un pilotis formé de pieux de 8 mètres de
longueur au nord et de 7 mètres au sud. Ils auront
0 m. 30 de diamètre au gros bout, seront espacés de
0 m. 60 de centre à centre, et reliés par des moises de
0 m. 20 sur 0 m. 30 d'équarrissage. Le musoir sera
construit en pieux de 8 mètres avec 0 m. 30 de diamètre, moisés comme les précédents.

La jetée et le musoir nécessiteront l'emploi de :

176 pieux de 8 mètres à 52 francs l'un, mis en place............ 9,152ʳ 00ᶜ	⎫	
162 pieux de 7 mètres à 45 francs l'un, mis en place............ 7,290 00	⎬	17,424 10
427 mètres courants de moises à 2 fr. 30 l'un, mis en place..... 982 10	⎭	

La digue, d'une longueur de 331 m. 50, sera protégée du côté du courant par une rangée de pieux de
3 m. 50 à 8 mètres, sur 0 m. 25 de diamètre au gros
bout, espacés de 0 m. 60 de centre à centre et reliés
par des moises de 0 m. 20 sur 0 m. 25. Ils auront
3 mètres de fiche, de même que les précédents :

553 pieux à 30 francs l'un, mis en place..................... 16,590ʳ 00ᶜ	⎫	
665 mètres courants de moises mises en place............. 1,330 00	⎬	17,920 00

3° *Fers*. — Tous les pieux de la jetée et du musoir
seront boulonnés avec les moises; ceux de la digue seront
boulonnés par numéros impairs à partir de la jetée et
il en sera de même du dernier numéro pair :

Poids des boulons façonnés (4,000 kilogrammes à
1 franc)................................   4,000 00

A reporter.............   49,204 60

Report................   49,204ᶠ 60ᶜ

4° *Maçonnerie.* — La maçonnerie sera faite en blocs confectionnés avec du gravier provenant de la plage et de la chaux hydraulique. Ils mesureront 1 mètre de longueur sur o m. 5o de largeur et d'épaisseur. Après leur mise en place ils seront rejointoyés avec du mortier hydraulique.

L'épaisseur de la maçonnerie variera entre 2 et 4 mètres.

Cube total (3,923 m. c. 240 à 22 fr. 5o).......   88,272 90

TOTAL....................   137,477 5o

Conformément à l'avis du service local, ce travail n'a pas été autorisé pour les motifs suivants :

Les communes voisines ne sont nullement disposées à contribuer à la dépense, soit parce qu'elles se considèrent comme peu intéressées dans l'exécution des travaux, soit parce qu'elles préfèrent le maintien de l'état de choses actuel, soit enfin parce qu'elles disposent de ressources trop restreintes.

En outre, le redressement du courant pourrait avoir pour conséquence la destruction des constructions élevées sur la portion de dune littorale située sur la rive droite.

D'un autre côté, les avantages à espérer sont de minime importance : il deviendrait possible de fixer définitivement la dune littorale dans la région où se produisent les déplacements de l'embouchure du courant, et les terrains marécageux qui bordent le lit actuel pourraient être boisés sur une superficie de 10 hectares environ.

Ces avantages n'ont pas paru suffisants pour que l'État ait intérêt à exécuter les travaux projetés.

Travaux de défense contre l'Océan. — Le vent soufflant de la haute mer enlève sur la plage une quantité de sable évaluée à 25,000 mètres cubes par kilomètre et par an. Si ce volume n'est pas compensé par des apports équivalents, il doit en résulter pour les lignes de rivage un recul analogue à celui qui serait causé par un affaissement du littoral.

C'est ce qui paraît s'être produit sur certains points de la côte de Gascogne. Les lames viennent battre le pied de la dune littorale et il devient nécessaire de la protéger au moyen de travaux de défense.

On a entrepris en 1899 des travaux de cette nature en face des stations balnéaires de Mimizan, de Contis et de Capbreton, dans le département des Landes; la dépense totale s'est élevée à 54,619 francs.

Les travaux de défense au Sud de l'embouchure de la Gironde, depuis la pointe de Grave jusqu'au territoire de la commune de Soulac, sont confiés au Service maritime des ponts et chaussées.

Délimitations et bornages. — Afin de fixer invariablement sur le terrain les limites du domaine de l'État, des opérations de délimitation et de bornage ont été entreprises dans la plupart des massifs. L'extrait suivant d'un procès-verbal de délimitation partielle des dunes d'Hourtin, clos le 21 avril 1865, rédigé par M. de Pons, inspecteur des eaux et forêts à Bordeaux, indique les principes suivis dans ces opérations :

Les riverains nous ont déclaré que les sables poussés par les vents d'Ouest, qui dominent dans cette contrée, avaient envahi, depuis un temps immémorial, les propriétés détenues par eux ou leurs auteurs; que, parmi ces propriétés, plusieurs n'étaient elles-mêmes que des dunes arrêtées dans leur marche, sans doute à une époque fort reculée, par des travaux de fixation analogues à ceux qui s'opèrent de nos jours; que la nouvelle invasion ne pouvait avoir pour effet de transporter à l'État les droits des riverains sur les terrains ou dunes anciennes envahis et sur les sables qui les ont recouverts.

L'expert de l'État a reconnu que le Gouvernement, en commençant en 1787 et en poursuivant jusqu'à ce jour les travaux de fixation des dunes, suivant des vues d'utilité publique et de haute administration, tant dans le but de protéger la contrée menacée que pour mettre les dunes en valeur et effectuer ainsi une opération avantageuse pour le Trésor, n'a entendu s'écarter en rien du respect dû aux droits des propriétaires primitifs des terrains envahis;

Qu'il est incontestable que les dunes appartiennent à l'État en majeure partie, soit comme lais de la mer, soit comme biens vacants et sans maîtres par l'abandon qu'en ont fait les anciens propriétaires qui ont cessé de payer l'impôt, mais qu'aussi il est admissible qu'elles peuvent recouvrir, dans leur région orientale, une zone de propriétés particulières dont l'identité peut être encore constatée, qui n'ont point été transportées au domaine par l'arrêté du 13 messidor an IX, mais qui ont été au contraire protégées par « les règles générales de la prescription » [1].

Qu'en conséquence il y avait lieu d'examiner, soit les anciens signes de démarcation, soit les actes et plans qui pourraient être produits par les parties et qui nécessiteraient la reconnaissance des propriétés envahies.

Les riverains ont déclaré qu'aucun signe de démarcation n'existait et qu'ils n'avaient en leur possession aucuns titres ou plans spéciaux pouvant établir les limites des terrains qui leur appartenaient, à eux-mêmes ou à leurs auteurs, avant l'envahissement des sables.

En conséquence, ils ont été d'accord avec l'expert de l'État pour limiter l'étendue de leurs prétentions suivant l'indication du plan cadastral levé en 1840 et faisant connaître quelles étaient à cette date la configuration du périmètre des dunes et l'étendue des terrains non envahis, pour lesquels ils n'ont pas cessé depuis lors de payer l'impôt.

Les opérations de délimitation et de bornage effectuées jusqu'à ce jour sont énumérées ci-après :

DÉPARTEMENT DE LA GIRONDE.

1. *Forêt de Soulac-Flamand-Hourtin* : 5,173 hect. 81 ares. Cette forêt a toujours été considérée comme étant la propriété de l'État.

Actes relatifs aux limites : Procès-verbal de délimitation générale de la forêt de Soulac (actuellement canton de Soulac), 15 mars 1848; procès-verbal de délimitation partielle avec la commune de Soulac : 18 juin 1857 et 7 juillet 1858; procès-verbal de bornage partiel avec la commune de Soulac : 29 août 1867.

[1] Le texte porte : le décret du 14 décembre 1810.

Procès-verbal de délimitation partielle du canton de Flamand (dunes de Vendays) : 28 mai 1865.

Procès-verbal de bornage partiel : 29 août 1867.

Procès-verbal de délimitation et de bornage partiels entre l'État et le sieur Belle (canton de Soulac) : 23 avril 1875.

II. *Forêt de Carcans* : 3,050 hect. 30 ares. Même observation que pour le massif précédent en ce qui concerne la propriété. La forêt étant limitée naturellement par l'étang de Carcans, aucune opération de délimitation n'a été effectuée.

III. *Forêt de Lacanau* : 4,970 hect. 07 ares. Même observation que précédemment en ce qui concerne la propriété des dunes proprement dites. La commune de Lacanau, d'une part, et M. Tessier et consorts, d'autre part, ont acquis, par suite des effets de la prescription, la propriété des lettes.

Actes relatifs aux limites : Procès-verbal de délimitation partielle entre l'État et le sieur Marians, de Lacanau : 13 août 1835.

Procès-verbal de délimitation et de bornages partiels entre l'État et MM. Tessier, Damas et Maizonnobe : 9 septembre 1856.

Procès-verbal de délimitation partielle entre l'État et M. Simard de Pitray : 24 février 1866.

Procès-verbal de bornage partiel entre l'État et M. Simard de Pitray : 18 décembre 1868.

Procès-verbal de délimitation et de bornage partiels entre l'État et M. Tessier : 28 janvier 1892.

IV. *Forêt du Porge* : 5,173 hect. 37 ares. Cette forêt appartient à la commune du Porge pour 2,156 hect. 99 ares (arrêts des 25 juillet 1870 et 6 mars 1872 de la Cour de Bordeaux) et à M. Simard de Pitray pour 3,016 hect. 38 ares (décision du Ministre des finances du 20 juin 1864). D'après ces décisions judiciaires et administrative, elle est détenue par l'État en exécution de l'article 5 du décret du 14 décembre 1810.

Acte relatif aux limites : Procès-verbal de délimitation et de bornage partiels entre les forêts de Lacanau et de Lège et la propriété de M. Simard de Pitray.

V. *Forêt de Lège* : 3,048 hect. 12 ares. La propriété des dunes de Lège a été attribuée à l'État par un jugement du 3 août 1864 du Tribunal civil de

Bordeaux, confirmé par un arrêt du 31 janvier 1866 de la Cour de Bordeaux (affaire Poisson-Douillard, héritiers de Marbotin).

Les lettes ont été attribuées en partie à la Compagnie des Landes par le bornage judiciaire mentionné ci-après; le reste a été laissé en la possession de la commune et de divers particuliers.

Acte relatif aux limites : Procès-verbal de délimitation judiciaire entre l'État et la Compagnie.

VI. *Forêt de la Garonne :* 1,136 hect. 39 ares. Cette forêt a toujours été considérée comme étant la propriété de l'État.

Pas d'actes relatifs aux limites, qui résultent des procès-verbaux descriptifs joints aux procès-verbaux d'adjudication des dunes aliénées à partir de 1860. Il en est de même pour une partie du périmètre des forêts de Soulac-Flamand-Hourtin et de Lège.

VII. *Forêt de la Teste :* 2,445 hect. 23 ares. La propriété de cette forêt a été attribuée à l'État par un jugement du 9 février 1846 du Tribunal civil de Bordeaux, confirmé par un arrêt du 31 août 1848 de la Cour de Bordeaux. Elle avait été contestée par les héritiers de M. Amanieu de Ruat, ancien conseiller au Parlement de Bordeaux, ancien captal de Buch.

Actes relatifs aux limites : Procès-verbal de délimitation générale, clos le 31 juillet 1844, homologué le 23 novembre 1844.

Procès-verbal de délimitation et de bornage partiels entre l'État et les acquéreurs des dunes domaniales aliénées : 26 avril 1883.

Procès-verbal de délimitation partielle entre l'État et M. de Grangeneuve : 30 septembre 1865.

Procès-verbal de bornage partiel entre les mêmes : 6 août 1866.

Procès-verbal de bornage général : 22 novembre 1879.

Procès-verbal de bornage partiel entre l'État et la ville d'Arcachon : 23 mars 1886.

Procès-verbal de délimitation et de bornage partiels entre l'État et divers riverains (revision de l'opération de 1883) : 20 mai 1886.

Observations générales : 1° Les dates indiquées pour les actes relatifs aux limites sont les dates de clôture; 2° Dans tous ces actes l'État est désigné comme étant propriétaire des massifs boisés.

DÉPARTEMENT DES LANDES.

A la suite de contestations entre l'État et diverses communes du département des Landes au sujet de la propriété d'une partie des lettes, des transactions sont intervenues aux dates suivantes, par actes administratifs :

21 mai 1863 : Communes de Lit-et-Mixe, de Saint-Julien-en-Born, de Bias, de Sainte-Eulalie.

18 août 1863 : Communes de Mimizan, de Gastes, de Biscarrosse.

La commune de Vielle-Saint-Girons, sur le territoire de laquelle il existe des lettes, avait été mise en demeure de produire les titres en vertu desquels elle en possédait quelques-unes. Mais, par délibération du 10 mars 1844, le Conseil municipal avait renoncé à toute prétention sur les lettes pour que l'on ensemençât les dunes; il n'y avait pas lieu de recourir à une transaction. Les autres communes : Léon, Moliets, Messanges, Vieux-Boucau, Soustons, Seignosse, Soorts, Capbreton, Ondres et Tarnos contiennent peu ou point de lettes et il n'y a pas eu de difficultés à régler puisque ces lettes ont été ensemencées comme les dunes et que l'État en était possesseur sans réclamation de la part de ces communes.

Une seule revendication, celle du marais de Douvre par la commune de Moliets s'est produite; elle a été décidée en faveur de l'État par jugement du Tribunal de Dax du 9 décembre 1887.

En ce qui concerne la forêt de Biscarrosse, les familles de Marcellus, Fabre et Gazaillan en avaient réclamé la propriété. Par transaction du 23 août 1876 (date de l'acte administratif) il leur a été attribué une contenance boisée de 679 hect. 47 ares, savoir :

74 hect. 77 ares à M. de Marcellus seul;

604 hect. 70 ares aux autres réclamants et à M. de Marcellus indivisément.

Cette série, dont un lever récent a fixé la contenance à 684 hect. 80 ares, est régie par l'Administration des eaux et forêts.

D'après un projet de transaction en cours, les propriétaires tréfonciers abandonneraient à l'État une contenance de 324 hect. 70 ares pour le désintéresser de sa créance, s'élevant au 31 décembre 1892 à 253,559 fr. 63; ils conserveraient en toute propriété 360 hect. 10 ares [1].

I. *Forêt de Biscarrosse* : 6,529 hect. 88 ares.

Actes relatifs aux limites. Procès-verbal de délimitation générale de la forêt de Biscarrosse et du canton de Gastes ci-après désigné : 25 avril 1864, homologué le 14 janvier 1865.

Procès-verbal de délimitation partielle entre l'État et les familles de Marcellus, Fabre et Gazailhan : 16 mars 1876.

Procès-verbal de bornage général de la forêt de Biscarrosse et du canton de Gastes : 15 novembre 1867.

Procès-verbal de délimitation partielle des lettes communales, annexé à la transaction avec la commune de Biscarrosse en date des 12 février et 8 avril 1863, approuvée le 7 juillet, suivant acte administratif passé à la préfecture des Landes le 18 août de la même année.

Procès-verbal de bornage partiel des lettes communales : 10 juillet 1864.

II. *Forêt de Gastes, Sainte-Eulalie, Mimizan (Nord)* : 7,368 hect. 17 ares.

Actes relatifs aux limites. Procès-verbaux de délimitation générale du 25 avril 1864 et de bornage général du 15 novembre 1867 mentionnés ci-dessus.

Procès-verbal de délimitation partielle, pour le canton de Sainte-Eulalie, entre l'État et la commune de Sainte-Eulalie et 5 particuliers : 9 décembre 1864.

Procès-verbal de bornage partiel à la suite de la délimitation précédente : 16 mars 1867.

Procès-verbaux de délimitation partielle annexés : 1° à la transaction avec la commune de Gastes en date des 12 février et 8 avril 1863, approuvée par décision ministérielle du 7 juillet 1863, acte administratif du 18 août 1863, 2° à la transaction avec la commune de Sainte-Eulalie en date du 19 novem-

---

[1] Cette affaire est actuellement terminée.

bre 1862, approuvée par décision ministérielle du 25 mars 1863, acte administratif du 21 mai 1863 ; 3° aux transactions avec la commune de Mimizan en date des 11 février et 18 juillet 1863, approuvées par décision ministérielle du 6 juillet 1863, acte administratif du 18 août 1863.

Procès-verbaux de bornage des lettes abandonnées aux communes par les transactions ci-dessus : Gastes : 11 juillet 1864 ; Sainte-Eulalie : 7 juillet 1864 ; Mimizan : 3 juillet 1864.

III. *Forêt de Mimizan (Sud) et Bias* : 3,481 hect. 71 ares.

Actes relatifs aux limites : En commun avec la forêt précédente, procès-verbal de délimitation partielle : 9 décembre 1864, et procès-verbal de bornage partiel : 30 octobre 1865.

IV. *Forêt de Saint-Julien* : 1,830 hect. 76 ares.

Actes relatifs aux limites : Procès-verbal de délimitation partielle avec la commune de Saint-Julien et la forêt de Contis appartenant à M. de Lur-Saluces : 20 juin 1864. Cet acte renferme le procès-verbal de remise à M. de Lur-Saluces de 52 hect. 32 ares de sables ensemencés par l'État et qui ont été reconnus appartenir à ce particulier, qui a versé la somme de 13,938 fr. 03 pour remboursement des frais de semis et de garde, intérêts compris (arrêté préfectoral du 12 janvier 1850).

Procès-verbal de bornage partiel avec la commune de Saint-Julien et la forêt de Contis : 6 août 1866.

Procès-verbal de délimitation partielle annexé à la transaction avec la commune de Saint-Julien du 6 septembre 1862, approuvée par décision ministérielle du 20 mars 1863, acte administratif du 21 mai 1863.

Procès-verbal de bornage des lettes abandonnées à la commune par la transaction ci-dessus : 19 juin 1864.

V. *Forêt de Lit-et-Mixe* : 3,255 hect. 76 ares.

Actes relatifs aux limites : Procès-verbal de délimitation générale dn 24 novembre 1864, homologué le 6 mai 1865.

Procès-verbal de bornage général : 3 août 1867.

Procès-verbal de délimitation partielle de l'atelier de Mixe : 3 juillet 1863.

Procès-verbal de bornage avec la commune, lettes extérieures : 7 octobre 1844.

Procès-verbal de délimitation partielle annexé à la transaction avec la commune de Lit-et-Mixe, en date du 5 septembre 1862, approuvée par décision ministérielle du 16 mars 1863, acte administratif du 21 mai 1863.

Procès-verbal de bornage des lettes abandonnées à la commune par la transaction ci-dessus : 13 juin 1864.

VI. *Forêt de Vielle-Saint-Girons* : 2,617 hectares.

Actes relatifs aux limites : Procès-verbal de délimitation partielle de l'atelier de Mixe, en commun avec la forêt précédente : 3 juillet 1863.

Procès-verbal de délimitation générale du 5 août 1864, homologué le 8 avril 1865.

Procès-verbal de bornage général : 28 juin 1867.

VII. *Forêt des dunes du Sud* : 320 hect. 22 ares.

Actes relatifs aux limites : Procès-verbal de délimitation et de bornage partiels avec la commune de Capbreton et quatre particuliers : date de la clôture, 20 octobre 1887; approuvé le 7 décembre 1897.

Procès-verbal de délimitation générale du 30 décembre 1847; homologué le 31 décembre 1849.

Procès-verbal de bornage général : 6 août 1853.

VIII. *Forêts de Moliets* : 186 hect. 14 ares; *Messanges* : 108 hect. 37 ares; *Vieux-Boucau* : 28 hect. 60 ares; *Seignosse-Soorts-Soustons* : 381 hect. 05 ares.

Les limites résultent des procès-verbaux descriptifs joints aux procès-verbaux d'adjudication des dunes aliénées à partir de 1860. Il en est de même pour une partie du périmètre des forêts de Gastes, Sainte-Eulalie, Mimizan (Nord), Mimizan (Sud) et Bias, Saint-Julien, Lit-et-Mixe et Vielle-Saint-Girons.

Cadastre. — Lorsque les opérations du cadastre commencèrent dans le département de la Gironde, ordre fut donné de n'y comprendre ni les dunes ni les lettes.

On ignore comment on a pu déroger à ces ordres en ce qui concerne la commune de Lège, où les lettes ont été cadastrées comme appartenant à la commune et à divers particuliers.

A Lacanau, un géomètre prit sur lui de comprendre les dunes dans une feuille supplémentaire et d'y indiquer les lettes comme communales.

Cet incident fit l'objet d'une correspondance entre le Ministre des finances, le préfet, l'ingénieur en chef et le géomètre en chef du cadastre. Cette correspondance existe aux archives départementales. Un double, composé de sept lettres, a été envoyé à l'Administration des domaines par le directeur à Bordeaux avec son rapport du 3 janvier 1857 sur l'instance entre l'État et la commune de Lacanau, n° 7023.

Cette correspondance, et notamment deux lettres des 25 septembre 1827 et 15 octobre 1828, établit que le cadastre des dunes et lettes ne doit pas être fait parce qu'elles appartiennent au même propriétaire : le domaine royal.

Voilà donc ce qui eut lieu à Lacanau : une cadastration irrégulière, aboutissant à l'établissement d'une matrice supplémentaire restée à l'état de lettre morte et non transférée à la matrice générale du rôle, de sorte que la commune de Lacanau ni aucun particulier n'ont payé d'impôts ni pour les lettes ni pour les dunes.

Les dunes situées sur le territoire de la commune de la Teste ont été cadastrées en 1808 à l'article de l'État. Dans les autres communes, le cadastre, opéré de 1827 à 1841, n'a porté ni sur les dunes ni sur les lettes. Il en a été de même pour les grands massifs de dunes du département des Landes [1].

Aliénations. — Affectations. — Échanges. — Estimation des forêts des dunes.

Loi du 28 juillet 1860 relative à l'exécution des routes forestières.

Article premier. — Une somme de 5 millions de francs est affectée à l'exécution des routes forestières, dans un délai de cinq ans à raison d'un million par an.

Art. 2. Le Ministre des finances est autorisé à aliéner, jusqu'à concurrence de 2,500,000 francs, des bois de l'État parmi ceux pris au tableau A annexé.

Les 2,500,000 francs complémentaires seront fournis par des coupes extraordinaires et par les ressources ordinaires du budget.

[1] 1870. Note de M. de Pons, inspecteur des eaux et forêts, à Bordeaux.

Loi du 28 juillet 1860 relative au reboisement des montagnes.

Art. 14. Une somme de 10,000,000 de francs est affectée aux dépenses prévues par la présente loi jusqu'à concurrence de 1 million par an. Le Ministre des finances est autorisé à aliéner, jusqu'à concurrence de 5 millions de francs, des bois de l'État compris dans l'état B annexé. Les 5 millions complémentaires seront fournis par des coupes extraordinaires et par les ressources ordinaires du budget.

(Les états A et B étaient identiques pour les conservations n°ˢ 11 à 31. La contenance des bois qu'il était possible d'aliéner dans la 29ᵉ Conservation était de 3,223 hect. 93 ares).

Loi du 13 mai 1863,

Art. 3. Le Ministre des finances est autorisé à aliéner au profit de l'exercice 1864 les forêts des dunes appartenant à l'État qui sont désignées au tableau C annexé à la présente loi.

(Le tableau C comprenait les contenances ci-après : Gironde, 11,769 hectares; Landes, 7,170 hectares; total : 18,939 hectares).

Art. 4. Le délai fixé pour l'exécution de la loi du 28 juillet 1860 relative aux routes forestières est prolongé de 5 ans. Une nouvelle somme de 5,000,000 de francs est affectée aux dépenses prévues à raison de 1 million par an à partir du 1ᵉʳ janvier 1864. Le Ministre des finances est autorisé à aliéner, jusqu'à concurrence de 2,500,000 francs, des bois de l'État compris dans l'état D annexé. Il sera pourvu au surplus de la dépense au moyen de coupes extraordinaires et des ressources ordinaires du budget.

(L'état D comprenait pour la 29ᵉ Conservation 245 hect. 21 ares situés dans le département des Landes, mais déjà mentionnés dans le tableau C.)

DÉSIGNATION.	CONTENANCE.	PRIX PRINCIPAL.	FRAIS D'ADJUDICATION.	TOTAL.
	h. a.	fr. c.	fr. c.	fr. c.

EXÉCUTION DES LOIS DU 28 JUILLET 1860.

DÉSIGNATION.	CONTENANCE.	PRIX PRINCIPAL.	FRAIS D'ADJUDICATION.	TOTAL.
Exercice 1861. { Gironde........	22 68	45,900 00	1,377 00	47,277 00
Landes..........	199 47	194,348 00	5,830 44	200,178 44
Totaux..........	222 15	240,248 00	7,207 44	247,455 44
Exercice 1862. { Gironde........	155 23	139,911 00	4,600 96	144,511 96
Landes..........	1,575 22	1,474,713 41	47,190 80	1,521,904 21
Totaux..........	1,730 45	1,614,624 41	51,791 76	1,666,416 17
Exercice 1863. { Gironde........	250 78	485,955 00	15,550 56	501,505 56
Landes..........	39 72	44,447 78	1,422 33	45,870 11
Totaux..........	290 50	530,402 78	16,972 89	547,375 67
Exercice 1865. Landes..........	34 28	33,109 00	761 76	33,870 76

EXÉCUTION DE LA LOI DU 13 MAI 1863.

DÉSIGNATION.	CONTENANCE.	PRIX PRINCIPAL.	FRAIS D'ADJUDICATION.	TOTAL.
Exercice 1863. { Gironde........	5,438 46	3,542,389 50	117,534 96	3,659,924 46
Landes..........	710 69	450,670 00	16,243 44	466,913 44
Totaux..........	6,149 15	3,993,059 50	133,778 40	4,126,837 90
Exercice 1864. { Gironde........	3,973 69	3,295,113 00	102,267 76	3,397,380 76
Landes..........	2,892 76	2,792,357 00	87,411 95	2,879,768 95
Totaux..........	6,866 45	6,087,470 00	189,679 71	6,277,149 71
Exercice 1865. { Gironde,........	4 84	44,150 00	1,421 31	45,571 31
Landes..........	1,829 13	766,941 00	14,697 10	781,638 10
Totaux..........	1,833 97	811,091 00	16,118 41	827,209 41

RÉCAPITULATION PAR DÉPARTEMENT.

DÉSIGNATION.	CONTENANCE.	PRIX PRINCIPAL.	FRAIS D'ADJUDICATION.	TOTAL.
Gironde..... { Lois du 28 juillet 1860	428 69	671,766 00	21,528 52	693,294 52
Loi du 13 mai 1863.	9,416 99	6,881,652 50	221,224 03	7,102,876 53
Totaux..........	9,845 68	7,553,418 50	242,752 55	7,796,171 05
Landes..... { Lois du 28 juillet 1860	1,848 69	1,746,618 19	55,205 33	1,801,823 52
Loi du 13 mai 1863.	5,432 58	4,009,968 00	118,352 49	4,128,320 49
Totaux..........	7,281 27	5,756,586 19	173,557 82	5,930,144 01

RÉCAPITULATION GÉNÉRALE.

DÉSIGNATION.	CONTENANCE.	PRIX PRINCIPAL.	FRAIS D'ADJUDICATION.	TOTAL.
Gironde....................	9,845 68	7,553,418 50	242,752 55	7,796,171 05
Landes....................	7,281 27	5,756,586 19	173,557 82	5,930,144 01
Totaux..........	17,126 95	13,310,004 69	416,310 37	13,726,315 06

Le prix de vente total, 13,726,315 francs, dépasse le montant des sommes dépensées pour la mise en valeur des dunes.

D'autres aliénations, peu importantes, ont eu lieu à différentes époques, savoir :

Canton de Soulac.

Ordonnance du 7 mai 1849.............	$2^h\,00^a\,00^c$
Décision ministérielle du 30 septembre 1854	16 59 00
Décision ministérielle du 8 janvier 1872....	1 03 24
Décision ministérielle du 16 mars 1878....	18 15 00
Emprise du chemin de fer du Médoc.......	2 24 00
Décision ministérielle du 27 juillet 1897....	79 84 00

Canton de Peymaud.

Acte administratif du 20 novembre 1863...	2 00 00

Canton de Mimizan.

Terrains situés sur la côte de Mimizan......	9 58 52
Total.........	131 43 76

Des contenances assez considérables sont affectées aux services publics :

Service du génie.....................	$64^h\,31^a\,21^c$
Service de la marine..................	5 00 58
Service maritime des ponts et chaussées....	150 45 31
Service des douanes..................	4 61 71
Total.........	224 38 81

Divers projets d'échange, assez importants, sont à l'étude actuellement,

Une loi du 2 juillet 1892 a autorisé l'opération suivante : 11 h. 24 a. 85 c. de sable, sur la côte de Mimizan, ont été cédés à la commune par l'État, qui a reçu en échange : le jardin des gardes (39 a. 89 c.), l'enclos de Bel-Air (2 h. 25 a. 25 c.) et partie de la lette des Lurgues (8 h. 66 a. 83 c.), en tout : 11 h. 31 a. 97 c.

Les experts estiment la superficie des forêts de pin maritime en attribuant à la feuille une valeur uniforme de 10, 12 ou 14 francs selon l'emplacement de la forêt et la vigueur de la végétation. Le sol est évalué à une somme fixe par hectare qui, le plus souvent, ne dépasse pas 40 francs dans les dunes.

Transactions avec les communes du département des Landes. — A la suite de contestations entre l'État et diverses communes du département des Landes au sujet de la propriété de quelques lettes, une décision du Ministre des finances, du 16 juin 1862, a institué, sous la présidence du préfet, une commission composée : d'un inspecteur des Eaux et Forêts : M. de Pons; d'un ingénieur des Ponts et Chaussées : M. Descombes, et d'un vérificateur de l'Enregistrement et des Domaines : M. Champletier, pour rechercher les limites du domaine de l'État. La Commission devait examiner d'une manière spéciale ce qu'il pouvait y avoir de fondé dans les prétentions des communes et éclairer l'Administration sur ces prétentions.

Après examen de la question, la Commission a décidé : 1° de visiter les lettes avec les maires et d'examiner les titres de propriété relatifs aux lettes revendiquées; 2° de déterminer une sorte de cantonnement renfermant les lettes les plus à la convenance des communes; 3° d'examiner les titres qui pourraient être produits par les particuliers.

Si l'on tient compte du mode de formation des dunes, on ne peut admettre que les propriétaires primitifs puissent reconnaître leurs propriétés dans les lettes. La fixation des dunes et des lettes est une seule et même opération. La couverture des dunes seules suffit pour maintenir le relief général; aussi l'ensemencement des lettes après la fixation des dunes n'a coûté que 10 à 11 francs par hectare.

Si l'on admet que les lettes puissent appartenir, selon les circonstances, à l'Etat, aux communes ou aux particuliers, il faut que les droits de ces derniers résultent de titres, d'une acquisition, ou d'une possession réunissant les conditions exigées par la loi pour fonder la prescription. Les communes ont souvent perçu des droits de pacage et de pêche dans les lettes, mais sur de simples rôles arrêtés par le préfet et ne portant pas désignation du nom de chaque lieu. A partir de 1835, ces rôles ont été, en général, remplacés par des baux à ferme authentiques, mais dans lesquels les lettes extérieures seules sont désignées par des noms de lieux. D'un autre côté, les lettes intérieures ont été souvent occupées par l'État, et d'ailleurs cette occupation résulte de celle des dunes. En général, le parcours était toléré et des passages étaient accordés pour l'exercice de cette tolérance, mais avec cette réserve qu'on ne créait aucun droit pour l'avenir. De son côté, l'État repiquait souvent les lettes. Se basant sur ces faits, la Commission pensa qu'elle remplirait les intentions du Ministre, si elle parvenait à liquider le domaine de l'État en le débarrassant des enclaves et des servitudes qui le grevaient, tout en attribuant aux communes les pâturages les plus à leur convenance. Elle a établi et discuté les prétentions, les titres et les droits de chaque commune et de l'État et ses travaux ont abouti à des transactions.

Les transactions avec les communes des Landes ont laissé à ces communes les espaces dits lettes communales et marais communaux qui ne présentaient pas le caractère de dunes, ou plutôt qui ne pouvaient être considérés comme terrains de dunes. On reconnaît dans ces terrains ceux dont il est fait mention dans le rapport du 16 octobre 1854, du Ministre des finances. A cette époque, l'extension des travaux de fixation des dunes de Gascogne avait été proposée au Gouvernement; dans la description des travaux déjà exécutés, le Ministre établit que la superficie totale des côtes comprend dans les deux départements de la Gironde et aux Landes « 22,852 hectares de terres qui se recouvrent naturellement de végétation lorsque les dunes voisines ne leur envoient plus de sable et dont l'ensemencement devient dès lors inutile ». Ces terrains présentent le caractère de landes plus ou moins ensablées, couvertes presque partout de graminées, et quelquefois de bruyères et de pins, et parsemées de quelques dunes peu étendues; ils étaient menacés mais non envahis. Ces terrains sont des lettes extérieures. Ils ont été laissés aux communes; on leur a abandonné, en outre, une certaine superficie de lettes intérieures, qui sont les vallées que les dunes forment entre elles.

L'État s'est réservé les lettes intérieures déjà ensemencées et les lettes enclavées; il s'est aussi assuré des passages pour la desserte des dunes et des lettes qu'il conservait.

Moyennant ces concessions, les communes se sont désistées, par actes administratifs, de toute prétention à la propriété ou à l'usage des lettes situées sur leurs territoires, et ont déclaré renoncer de la manière la plus absolue à revendiquer, à quelque titre que ce soit, aucune lette intérieure ni aucune dune plantée ou comprise dans les ateliers en projet. Les actes administratifs portent la date du 21 mai 1863 pour Lit-et-Mixe, Saint-Julien, Bias et Sainte-Eulalie, et celle du 18 août 1863 pour Mimizan, Gastes et Biscarrosse.

Ainsi qu'on l'a mentionné dans le paragraphe relatif aux délimitations, il n'y a pas eu lieu de transiger avec les autres communes (voir page 144).

Les contenances des lettes abandonnées aux communes sont indiquées ci-dessous :

	de Lit-et-Mixe................	538ʰ 90ᵃ
	de Saint-Julien...............	133 29
	de Bias......................	146 98
Commune	de Sainte-Eulalie [1].........	133 18
	de Mimizan..................	599 00
	de Gastes	83 63
	de Biscarrosse...............	514 37
	Total..............	2,149 35

[1] 58h. 30 a. avaient été délimités précédemment comme appartenant à la commune de Mimizan (procès-verbal du 22 octobre 1836). 181 h. 20 a. de lettes aboutissant à des forêts non envahies ont été laissés aux propriétaires de ces forêts qui les détenaient.

La contenance des lettes conservées par l'État est de 3,207 hectares 88 ares.

Décret du 14 décembre 1810. — Jurisprudence. — Cession de dunes boisées en payement des frais de fixation.

— Ainsi qu'on l'a vu précédemment, chapitre IV, § 9, le décret du 14 décembre 1810 n'est qu'un règlement administratif, qui est relatif aux départements où les sables ont pénétré peu profondément dans les terres, mais qui ne concerne pas les travaux d'ensemencement des dunes de Gascogne.

L'ordonnance du 5 février 1817 n'a pas modifié cette situation, car l'article 7 porte qu'il sera statué ultérieurement sur les mesures à prendre pour prévenir et réprimer les délits, mesures prévues par l'article 7 du décret de 1810 qui était considéré par conséquent comme non applicable aux dunes de Gascogne. Cette ordonnance a, d'ailleurs, laissé subsister le décret de Bayonne, du 12 juillet 1808, qui préjuge la question de propriété des dunes de Gascogne en faveur de l'État. Il y a lieu aussi de remarquer que les plans de ces dunes n'ont pas été levés en exécution de l'article 2 du décret de 1810, mais seulement « pour suivre la marche des travaux [1] », par application des dispositions des articles 14 et 15 du règlement du 7 octobre 1817, dont la préparation avait été prescrite par l'article 8 de l'ordonnance de 1817.

Si, en 1833, un arrêté du 28 septembre, du préfet de la Gironde, s'est référé pour la première fois au décret de 1810, c'était pour inviter les propriétaires riverains à produire les titres dont ils pouvaient être détenteurs; on avait perdu de vue, à cette époque, la correspondance échangée en 1811 avec le directeur général des Ponts et Chaussées [2].

En 1847, le décret est inséré au *Bulletin des lois;* il est précédé

---

[1] 28 août 1817. Lettre du directeur général des Travaux publics au préfet de la Gironde. — [2] Voir chapitre IV, § 10.

d'une ordonnance relative à la fixation d'une partie des dunes du
Porge et de Lacanau.

Il y a lieu, toutefois, de remarquer que, si les formalités de
publication et d'affichage, indiquées dans la première partie de l'article 5, ont été accomplies à cette époque, c'était dans l'intérêt des
riverains. Les dunes étaient considérées comme faisant partie du
domaine de l'État, mais, la marche des sables ayant continué sur
certains points, quelques propriétés particulières avaient été
envahies récemment et on voulait permettre aux anciens possesseurs de les revendiquer. Ceux-ci ne demandaient en réalité que
la prompte fixation des dunes, afin de pouvoir conserver les terres
qui n'avaient pas encore été atteintes. Il n'entrait nullement dans
leur pensée de réclamer plus tard des biens que leurs auteurs
avaient abandonnés et dont ils ne connaissaient plus ni les limites
ni la situation. En fait, aucun titre n'a été fourni à la suite de
l'exécution des formalités énoncées dans la première partie de
l'article 5 du décret de 1810 : des réserves, sans preuves à l'appui, ont été seulement formulées dans certains cas par quelques
communes ou particuliers.

On pensait, d'ailleurs, que « l'accomplissement de ces formalités ne pouvait donner des droits qui n'existeraient pas, et qu'il
aurait l'avantage de mettre l'Administration en garde contre les
revendications qui pourraient se produire plus tard[1] ».

L'examen des conditions dans lesquelles a été effectué l'ensemencement des dunes de Lacanau montre dans quelle mesure
restreinte on a appliqué quelques-unes des dispositions du décret
de 1810.

1° *Entreprise Dumora* (1835). — Les travaux comprenant l'ensemencement des dunes de Courdey, de Hournieux, de la Jauguette, des Rundes, de Batéjin, de Lesquirot et de la Tressade,

_____

[1] 28 juin 1853. Rapport de l'ingénieur en chef au préfet de la Gironde.

d'une contenance totale de 150 hectares environ, ont été adjugés
le 23 janvier 1835 sans qu'aucune formalité relative à l'occupation ait été remplie. Les droits de l'État étaient alors reconnus
exclusifs de tous autres sur ces dunes, situées cependant à la limite
orientale du massif, et, par conséquent, les plus rapprochées des
terres de Lacanau.

2° *Entreprise Pineau, Ducamin, Gorry* (1843). — Les travaux
d'ensemencement, s'étendant sur une contenance de 1,653 hectares, ont été adjugés le 23 septembre 1843; ils étaient déjà très
avancés lorsque, le 13 octobre 1847, une ordonnance d'occupation a été rendue et insérée au *Bulletin des lois* avec le décret de
1810. Cette ordonnance, qui concerne également des travaux
entrepris sur le territoire de la commune du Porge, renferme les
dispositions suivantes :

ARTICLE PREMIER. Conformément aux plans approuvés par la décision ministérielle du 13 mars 1843, notre Ministre des travaux publics est autorisé à
occuper, pour en effectuer l'ensemencement et la fixation, les dunes situées
dans les communes de Lacanau et du Porge (Gironde), même dans les parties qui n'appartiennent pas à l'État.

ART. 2. Les droits consacrés par l'article 5 du décret ci-dessus visé du
14 décembre 1810 sont réservés en faveur de la commune de Lacanau et des
sieurs Hameau, Lalesque, comte de Blacas, Willocq, Cazaux et Cⁱᵉ, et
tous autres ayants droit qui peuvent se présenter, chacun suivant l'étendue de
la propriété qui pourrait lui appartenir.

3° *Entreprise Gorry* (1850). — Les travaux, qui portaient sur
une étendue de 150 hectares, ont été l'objet d'une soumission de
M. Gorry, en date du 31 décembre 1850, et ont été exécutés sans
décret d'occupation préalable :

Ce projet n'ayant soulevé aucune opposition et, d'ailleurs, les pièces de
l'enquête n'établissant pas que le périmètre des terrains à ensemencer comprend des propriétés communales ou particulières, je pense qu'il n'y a pas

lieu de faire rendre un décret pour l'occupation de ces terrains et que les travaux peuvent être poursuivis sans autres formalités, sauf, en cas de réclamation ultérieure, à prendre telles mesures que de droit, conformément au décret du 14 décembre 1810[1].

4° *Entreprise Gaulier* (1853). — L'entreprise, comprenant 386 h. 64 a. 55 c., a fait l'objet d'une adjudication le 30 juillet 1853. L'enquête ouverte sur le projet n'a donné lieu à aucune réclamation de la part de la commune de Lacanau. Le décret d'occupation du 18 mars 1854 renferme la disposition suivante :

Art. 2. Les droits des tiers à la propriété de tout ou partie des dunes dont il s'agit sont et demeurent réservés conformément à l'article 5 du décret du 14 décembre 1810.

5° *Entreprise Déhillote-Ramondin* (1857). — Le projet comprenait une étendue de 223 h. 24 a. 52 c. de dunes situées sur le territoire des communes de Lacanau et du Porge. L'adjudication a eu lieu le 31 juillet 1857. Par l'article 2 du décret d'occupation du 26 décembre 1857 « les droits des communes ou particuliers qui revendiqueraient la propriété de tout ou partie des dunes dont il s'agit sont et demeurent réservés, conformément à l'article 5 du décret du 14 décembre 1810 ».

6° *Entreprise Dulcau* (1855). — L'adjudication des travaux, qui s'étendaient sur une contenance de 799 h. 79 a. 98 c., a eu lieu le 3 novembre 1855. A la suite de l'enquête, dans laquelle aucune réclamation n'a été formulée, un décret du 26 décembre 1857 a autorisé l'occupation des terrains à ensemencer. Ce décret renferme la clause suivante :

Art. 2. Les droits des communes et des particuliers qui revendiqueraient la propriété de tout ou partie des dunes dont il s'agit sont et demeurent réservés, conformément à l'article 5 du décret du 14 décembre 1810.

[1] 12 mai 1851. Lettre du Ministre des travaux publics au préfet de la Gironde.

7° *Entreprise Déhillotte-Ramondin et Gorry* (1860). — Le projet comprenait une étendue de 1,184 h. 90 a. 45 c. de dunes situées en partie sur la commune de Lacanau et pour le reste sur la commune du Porge. L'adjudication a eu lieu le 24 novembre 1860. Le décret d'occupation du 10 avril 1861 renferme, dans son article 2, les mêmes réserves que le décret relatif à l'entreprise précédente.

8° *Entreprise Gorry* (1858). — Les travaux, qui s'étendaient sur une contenance de 1,434 hectares, ont été adjugés le 28 décembre 1858. Le décret autorisant l'occupation renferme la même clause que les deux précédents.

La commune de Lacanau a formulé des réserves dans le cours des enquêtes relatives aux entreprises nos 2, 5, 7 et 8. La valeur de ces réclamations a été appréciée ainsi qu'il suit, dans un rapport fourni les 17-28 septembre 1858, par les ingénieurs des Ponts et Chaussées sur les opérations de l'enquête concernant l'entreprise n° 8.

Le Conseil municipal de Lacanau, appelé à donner son avis, a déclaré approuver le projet, mais faire en même temps ses réserves au sujet de la propriété de ces dunes. Ainsi que le constate le certificat du directeur des contributions directes, que nous avons joint au dossier de l'enquête, les dunes dont il s'agit n'ont jamais été cadastrées. Nous ne comprenons pas, d'après cela, à quel titre la commune de Lacanau pourrait en revendiquer la propriété. Dans tous les cas, elle aura à produire ses titres et à les faire valoir plus tard, si elle veut prétendre à cette propriété. Pour le moment, nous devons prendre acte que ces dunes ne sont pas cadastrées.

Un autre rapport, en date des 29-30 septembre 1855 et relatif à l'entreprise n° 6, renferme le passage suivant :

. . . . . Nous avons demandé à M. le Directeur des contributions directes un extrait de la matrice cadastrale indiquant le nom des propriétaires des dunes comprises dans le projet. Il nous a été remis une déclaration qui est jointe au dossier et d'où il résulte que les dunes de Lacanau n'ont jamais été comprises dans le plan et la matrice du cadastre..... D'après cela, comme personne n'a réclamé, dans l'enquête, la propriété des dunes comprises au projet et que, d'un autre côté, on ne leur connaît pas de propriétaire, rien ne s'oppose à ce que l'Administration soit autorisée à les occuper et à les faire ensemencer à ses frais, sous les réserves stipulées par l'article 5 du décret du 14 décembre 1810.

Il résulte des renseignements qui précèdent qu'en procédant à l'ensemencement des dunes situées sur le territoire de Lacanau l'État n'a nullement reconnu la propriété communale ou particulière de ces dunes.

Les réserves formulées par la commune du Porge, en ce qui concerne l'entreprise n° 2, n'avaient pas, d'ailleurs, plus de valeur que celles de la commune de Lacanau.

Quant aux particuliers, MM. Hameau, Lalesque et consorts, ils étaient les héritiers des acquéreurs d'un lot de biens d'émigrés, comprenant environ 4,000 hectares de landes situées sur le territoire du Porge. Or, la commune avait été mise en possession de ces landes, et les acquéreurs se sont trouvés plus tard colloqués dans les dunes. Il y avait donc là une situation particulière provenant d'erreurs commises dans les pièces relatives à l'adjudication, et il a été tenu compte de cette situation par la décision ministérielle du 20 juin 1864, mentionnée ci-après.

La jurisprudence, en ce qui concerne le décret de 1810, a varié selon les époques:

A la suite d'un délit de coupe de bois dans une dune boisée située sur le territoire de la commune du Porge, dune du Martinet, l'Administration des eaux et forêts avait eu l'idée de se prévaloir des dispositions du décret de 1810 pour opérer les poursuites en réparation du délit constaté. Ses prétentions n'ayant pas été admises par les tribunaux locaux, la Cour de cassation a reconnu, par arrêt du 7 mai 1835, que le décret précité avait été rendu par mesure de haute administration et dans des vues d'intérêt public, et qu'on ne pouvait exciper de son défaut de promulgation dans les formes ordinaires, cet acte ayant été suffisamment connu et exécuté par tous les intéressés à la plantation des dunes :

..... Attendu que dans l'espèce il s'agissait d'une matière spéciale régie par les dispositions précitées de l'arrêté de l'an ix et du décret de 1810; que si le décret de 1810 paraît n'avoir pas été promulgué dans les formes ordinaires, comme l'a été l'arrêté de l'an ix, il résulte des faits de la cause que ce décret rendu par mesure de haute administration, et dans des vues d'intérêt public, a été généralement connu et exécuté par tous les intéressés à la plantation des dunes et particulièrement par les défendeurs en cassation [1]

L'affaire a été renvoyée devant la Cour de Pau, qui, dans un arrêt du 27 août 1835, a rejeté la solution de la Cour de cassation.

La cour de Toulouse s'est ensuite prononcée, en ce qui concerne la même affaire, dans le même sens que la cour de Pau, par arrêt du 11 février 1837 :

..... Attendu que vainement l'Administration forestière invoque dans la cause les dispositions du décret du 14 décembre 1810; qu'en effet ce décret n'a pas été inséré au *Bulletin des lois* et qu'il n'avait reçu aucune publicité légale en 1825, époque de la plantation des dunes du Grand Martinet; que, d'après un avis du Conseil d'État du 25 prairial an xiii, les décrets impériaux non insérés au *Bulletin des Lois* ne sont obligatoires que du jour où il en est donné connaissance aux personnes qu'ils concernent, par publication, affiche, notification ou envoi officiel; qu'il est de règle, enfin, que la loi, pour être obligatoire, doit être connue, lors surtout qu'elle consacre des dispositions pénales;

Attendu que si le décret de 1810 se trouve énoncé dans un arrêté de M. le préfet de la Gironde en date du 28 septembre 1833, relatif à l'ensemencement des dunes dans les communes de la Teste, du Porge et de Lège, et si, par la publicité qu'a reçu cet arrêté, ledit décret a été porté à la connaissance des intéressés et notamment des sieurs Lalesque et Bourdain, qui, dans une déclaration postérieure, en date du 12 octobre 1833, ont eux-mêmes excipé de ses dispositions, cette publication doit avoir son effet pour l'avenir, mais ne saurait attribuer, pour les temps antérieurs, force obligatoire au décret de 1810;

[1] Affaire Marcillon-Lalesque et Bourdain.

Attendu que l'Administration elle-même n'a pas rempli en 1825, pour les semis ou plantations effectuées sur la dune du Grand Martinet, les formalités prescrites par les articles 2, 3 et 4 de ce décret dont elle a jugé pourtant l'accomplissement indispensable en 1833, que dès lors elle ne peut se prévaloir du bénéfice des dispositions consacrées par l'article 5, subordonné à l'observation de ces mesures préalables.....

Plus tard, la jurisprudence locale s'est modifiée.

Dans son arrêt du 25 juillet 1870, relatif à la propriété des dunes du Porge, la Cour de Bordeaux se base sur le décret de 1810 pour déclarer que « la possession de l'État, depuis le commencement des travaux, a été marquée d'un caractère de précarité ».

Le tribunal civil de Bordeaux, dans un jugement concernant la propriété de sables désignés sous le nom de lette du Crohot de Lacanau, admet que « par cela seul que l'Administration a procédé à l'ensemencement sur plan et après affiches, elle a reconnu le droit de propriété de la commune, puisque ce mode de procéder n'a été prescrit par le décret de 1810 que pour les terrains appartenant à des communes ou à des particuliers ». Il suffit de se reporter aux renseignements qui viennent d'être fournis sur les travaux d'ensemencement de Lacanau pour apprécier la valeur de cette observation.

De son côté, le tribunal civil de Dax a admis aussi que le décret de 1810 est applicable, et il se base sur la non-exécution des formalités de l'article 5 pour maintenir l'État, par jugement du 9 décembre 1887, en possession d'un terrain dit Marais de Douvre, revendiqué par la commune de Moliets.

Plusieurs décisions administratives ont également invoqué cet acte du Gouvernement.

Une partie du massif des dunes de Saint-Julien comprenait l'ancienne forêt de Contis[1] et 52 h. 32 a. de semis appartenant à

[1] Voir chapitre I, § 3.

M. de Lur-Saluces, qui a toujours conservé la propriété de la forêt, pour laquelle il a produit des titres incontestables et qui a obtenu en 1850 la restitution des semis situés le long du courant. Cette rétrocession a eu lieu à la suite d'une demande en revendication formée par ce propriétaire en exécution des dispositions du décret de 1810. Elle a été régularisée par un arrêté préfectoral du 12 janvier 1850, rendu sur l'avis des Administrations des ponts et chaussées et des domaines et approuvé par les Ministres des finances et des travaux publics.

La série, d'une contenance de 679 h. 47 a., attribuée, dans les dunes de Biscarrosse, à M. de Marcellus et consorts par transaction du 23 août 1876, est gérée par le Service des forêts dans les conditions prévues par l'article 5 du décret de 1810. Il en est de même des 3,444 h. 10 a. de dunes abandonnées, sur le territoire du Porge, à M. Simard de Pitray par décision du 20 juin 1864 du Ministre des finances[1], sous la condition qu'elles seraient régies par l'Administration des eaux et forêts par application du décret du 14 décembre 1810.

Pour la Commission de 1838, « le décret du 14 décembre 1810 n'a pas pris l'initiative dans les travaux de plantation et d'ensemencement des dunes; il n'est en quelque sorte qu'un règlement administratif qui statue sur la nécessité de plantations déjà proclamées et détermine les moyens de culture à appliquer suivant les localités »[2].

On voit, d'après ce qui précède, que ce décret, qui avait été rendu pour permettre à l'Administration de fixer des dunes reconnues appartenir à des communes ou à des particuliers, a été utilisé le plus souvent contre l'État dont la possession a été déclarée précaire en plusieurs circonstances.

---

[1] En 1899, M. de Pitray est rentré en possession de 424 h. 72 a. de dunes, en payant les frais de plantation augmentés des intérêts.

[2] 17 août 1840. Rapport de la Commission créée par décision de 1838 des Ministres des finances et des travaux publics.

En résumé, les principales dispositions de cet acte ont été puisées dans une circulaire adressée le 18 octobre 1808 par le directeur général des Ponts et Chaussées[1] aux préfets des départements maritimes, circulaire qui ne concernait pas « les essais que l'on fait en grand dans les départements de la Gironde et des Landes », et il a été notifié par ce même directeur général à la suite de sa circulaire du 11 février 1811 qui n'a été envoyé que « pour ordre » au préfet du département de la Gironde. Son caractère et sa portée se trouvent donc définis. C'est un règlement administratif qui ne concerne pas les travaux d'ensemencement des dunes de Gascogne, mais seulement la fixation des sables compris entre la Gironde et la frontière belge. Ces dunes, qui ont fait l'objet du mémoire de Brémontier du 20 pluviôse an XII[2], forment des chaînes peu puissantes et à marche lente, de sorte que la propriété du sol ne pouvait donner lieu à aucune contestation, l'identité des terres envahies pouvant être constatée sans difficulté.

Quelques-unes des formalités qu'indique le décret de 1810 ont été, il est vrai, accomplies en 1833 pour la première fois, puis, le plus souvent, à partir de 1847, mais son insertion au *Bulletin des lois* à cette époque ne paraît pas suffisante pour le rendre obligatoirement applicable à une région située en dehors de son rayon d'action, c'est-à-dire au sud du cours de la Gironde. Tout au plus était-on en droit de s'y référer pour les sables mentionnés dans l'ordonnance qui s'y trouvait annexée.

En fait, d'ailleurs, il n'a jamais été réellement appliqué.

Il ne pourrait être invoqué utilement pour baser une revendication que si l'article 2 avait été exécuté à l'époque des arrêtés d'occupation, c'est-à-dire si à ce moment la propriété avait été établie en faveur d'une commune ou d'un particulier[3]. Or il n'en a pas été ainsi et, de plus, les plans partiels joints aux dossiers

---

[1] M. de Montalivet.
[2] Voir chapitre IV, § 9.

[3] Voir le jugement du 9 février 1846 du tribunal civil de Bordeaux.

d'entreprise ne présentent aucune mention de noms de propriétaires.

Les prescriptions de l'article 2 n'ayant pas été remplies, les formalités de publication et d'affichage effectuées en exécution de la première partie de l'article 5 n'ont d'autre valeur que celle qui résulte du texte des ordonnances et des décrets d'occupation, et ces ordonnances et décrets se contentent de réserver « les droits des communes et des particuliers qui revendiqueraient la propriété des dunes ». Ces actes permettraient de déterminer la valeur des droits respectifs de l'État et des propriétaires dans le cas où des semis auraient été effectués sur des dunes qui auraient été préalablement reconnues n'être pas domaniales, mais ils ne règlent en rien la question de propriété qu'ils laissent entière.

Il y a lieu, d'ailleurs, de remarquer que, pour certaines dunes, aucune des formalités que prévoit le décret de 1810 n'a été accomplie; il en a été ainsi notamment, dans le département de la Gironde, pour les dunes de Soulac, du Verdon, d'Hourtin, de Carcans et de la Teste et pour une partie des autres.

Enfin, il paraît douteux que le décret de 1810 puisse être appliqué actuellement même dans la région pour laquelle il a été établi, car il est de règle que l'État n'a pas le droit d'occuper, en vue de l'intérêt public, la propriété d'autrui sans les formalités de l'expropriation, dont la principale consiste dans le payement de l'indemnité représentative de son emprise.

En exécution des décisions judiciaires et administratives mentionnées précédemment, l'Administration des forêts est chargée de la gestion de certaines dunes dans les conditions prévues par la dernière partie de l'article 5 du décret de 1810 : « Elle conservera la jouissance des dunes et recueillera le fruit des coupes qui pourront y être faites jusqu'à l'entier recouvrement des dépenses qu'elle aura été dans le cas de faire et des intérêts; après quoi lesdites dunes retourneront aux propriétaires, à charge d'entretenir convenablement les plantations ».

On peut admettre, dans ce cas, que le propriétaire se libère vis-à-vis de l'État par la cession d'une partie de dunes boisées susceptibles de fournir, si elles étaient aliénées, le capital que ce propriétaire devrait verser pour entrer en possession, c'est-à-dire le montant des frais de toute nature augmentés des intérêts.

Les familles de Marcellus, Fabre et Gazailhan ont demandé à être remises en possession des dunes boisées détenues par l'État, à Biscarrosse, en vertu du décret du 14 décembre 1810 ou plutôt de la transaction du 23 août 1876, sous la condition d'abandonner au détenteur un certain nombre d'hectares en toute propriété.

Le principe de cette transaction a paru acceptable. L'État, en effet, a tout intérêt à échanger la possession essentiellement précaire des dunes boisées appartenant à M. de Marcellus et consorts contre la pleine propriété d'une partie de ces dunes.

La situation respective de l'État et des propriétaires a été établie en déterminant, d'une part, le capital des avances et ses intérêts simples, et, d'autre part, le capital des recettes augmenté également de ses intérêts simples. Il ne semble pas que le maintien des intérêts ajoutés aux recettes puisse être considéré comme une concession, ni qu'il y ait lieu, malgré une certaine analogie, d'invoquer les dispositions de l'article 2085 du Code civil, car l'antichrèse doit être consentie par un contrat écrit, tandis que la gestion de l'Administration des forêts résulte de l'article 5 précité aux termes duquel « elle doit recueillir le fruit des coupes jusqu'à l'entier recouvrement des dépenses faites et des intérêts ». La créance de l'État n'existait pas lorsqu'il a pris temporairement possession des dunes de la série de Marcellus; elle n'a pris naissance qu'à la suite de l'exécution des travaux de fixation entrepris dans un but d'intérêt général.

Dans l'établissement du compte des dépenses et recettes, l'État n'a donc pas été considéré comme un antichrésiste, mais comme un simple mandataire obligé à tenir compte des intérêts des sommes perçues. S'il y avait antichrèse, les fruits auraient été imputés annuellement sur les intérêts et ensuite sur le capital de la créance; les recettes n'auraient donc pas porté intérêt.

La proposition faite par M. de Marcellus et consorts présentait l'avantage de régler une question susceptible de donner naissance à des procès, car les propriétaires pouvaient prétendre que la gestion de l'État n'était pas toujours dirigée en faveur de leurs intérêts. Aussi, de même qu'en matière de cantonnement, il leur a été offert une concession comprenant 10 p. 100 du montant de leur dette. En tenant compte de cette concession, la dette des propriétaires est de 228,204 francs, dont l'équivalent serait représenté par l'abandon à l'État de 360 h. 10 a. de forêt, d'une valeur de 228,199 fr. 45, la contenance totale de la série étant de 684 h. 80 a. Cette transaction a été acceptée par les intéressés [1].

Jurisprudence relative à la distinction entre les dunes et les lettes. — Lettes de Lège et de Lacanau. — Pour la Commission de 1838, l'expression *dunes* comprend l'ensemble des terrains ensablés, c'est-à-dire les dunes et les lettes :

Par leur position au milieu des dunes, les lettes sont variables comme les sables qui les entourent. Les dunes les couvrent et les découvrent périodiquement, de sorte que ces terrains rentrent dans la classe des objets qui ne sont plus dans le commerce et qui sont assimilés aux possessions du domaine public [2].

En se reportant, en effet, aux renseignements donnés dans le chapitre 1er, § 4, et aux croquis annexés à la présente note, on voit qu'un massif de dunes comprend des dunes et des lettes, et que celles-ci ne représentent nullement, ainsi qu'on l'a parfois supposé, les restes de propriétés non envahies. Ces caractères appartiennent aux terrains que l'on a désignés sous le nom de lettes

---

[1] Cette opération est actuellement terminée. — [2] 17 août 1840. Rapport de la Commission créée par décisions ministérielles de 1838.

extérieures et qui n'ont été occupés qu'exceptionnellement et par erreur par l'Administration. Les lettes enclavées ou lettes intérieures ou lettes proprement dites, ne sont que des modalités de la dune.

Les caractères de ces différents terrains ont été confondus le plus souvent et cette confusion a donné lieu à des appréciations erronées :

Deux instances furent engagées sur la prise de possession par l'État. L'une par la compagnie dite des Landes de Gascogne, représentée par M. Balguerie, comme concessionnaire de 4,125 hectares de landes, prairies et lettes provenant de la famille de Marbotin, par contrat passé devant M⁰ Moullères, notaire à Bordeaux, le 30 septembre 1824, et l'autre par les sieurs Jaugla, Bellanger et consorts de la Teste, représentés aujourd'hui par les habitants de Lège, en vertu d'un acte passé devant M⁰ Soulier, notaire à la Teste, le 23 janvier 1832, comme concessionnaires de 1,060 mètres de terrain au mont de Lège par acte du 15 août 1584 [1].

Cette concession, faite par messire Ogier de Gourgues à 22 habitants de la Teste, comprenait le droit de chasser aux canards et autres oiseaux de mer, dans les bas-fonds du mont de Lège, au nord du bassin d'Arcachon. Le 29 novembre 1628, messire de la Valette, duc d'Épernon, concéda le droit de chasser aux canards à Lège aux habitants de cette commune, et le mont de Lège devint en conséquence un sujet de contestation. Il paraît cependant que les premiers concessionnaires continuèrent à en jouir. Vers 1770 la contestation se réveilla et fut portée devant les tribunaux. De nouveaux concessionnaires se présentèrent en 1787 et 1789 et de nouvelles poursuites eurent lieu devant les tribunaux. Cette affaire est restée pendante et a été continuée et remise en instance par jugement du 26 novembre 1806.

Le Gouvernement, qui ne s'occupait pas de ces démarches, a constamment agi comme propriétaire : par les arrêtés des 17 juin 1819 et 29 août 1821, le préfet de la Gironde a prohibé tout pacage et toute coupe d'herbages et de broussailles à l'ouest du cours d'eau des étangs, limite naturelle du territoire des dunes, afin de faciliter l'ensemencement et la fixation des sables bordant ledit cours d'eau et la rive occidentale du bassin d'Arcachon [2].

---

[1] 17 août 1840. Rapport de la Commission créée en 1838. — [2] 12 mai 1824. Rapport de l'ingénieur de l'arrondissement de Bordeaux.

Deux jugements rendus par le tribunal civil de Bordeaux le 9 août 1827 et confirmés par deux arrêts de la cour des 16 juin et 28 juillet 1828, ont souverainement jugé que « les lettes sont les espaces incultes ou cultivés que les dunes laissent entre elles en s'avançant dans les terres et qu'elles ne sont point le produit des eaux, ni des lais et relais de mer ». Il faut remarquer que ces décisions judiciaires sont basées sur l'existence de titres. « Attendu, dit l'arrêt du 28 juillet 1828, que le procès ne touche en aucun point la propriété des dunes, que, dans la vente faite à la Compagnie des Landes, le terrain qu'on lui vend est dit confronter aux dunes de l'État formellement exceptées de la vente; que la Compagnie ne réclame aucun droit sur ces dunes; qu'elle demande le délaissement des lettes et des landes qui existent entre les dunes et qu'elle prouve être sa propriété par une série d'actes qui remontent à 1584 » [1].

L'arrêt du 16 juin 1828 plaçait aussi les dunes en dehors de toute contestation :

Attendu que les lettes sont les espaces de terres soit cultivées soit incultes que les dunes laissent entre elles en s'avançant dans les terres, qu'il est contre la raison de prétendre que les dunes en s'avançant dans les terres dépouillent le propriétaire non seulement du terrain qu'elles occupent et qu'elles couvrent, mais même des terres qu'elles renferment dans leurs sinuosités; attendu que le préfet prétend vainement que par l'effet du jugement qu'il attaque l'État se trouve dépouillé des dunes, que le procès actuel ne touche en aucun point la propriété des dunes, etc.......

M. Dejean, ancien inspecteur des dunes, fait remarquer à ce sujet, dans son rapport du 6 juillet 1827, « que l'on aurait dû semer toutes les lettes, comme à Hourtin; on aurait eu des bois pour couverture et on aurait évité les discussions que divers soulèvent en ce moment pour s'emparer de ces plaines, parce qu'ils voient que les dunes voisines sont couvertes ou à la veille de l'être ».

Plus tard, M. Balguerie, représentant de la Compagnie, ayant voulu empiéter sur les dunes, un procès s'éleva entre lui et l'État. L'action fut commencée le 27 janvier 1845 par le dépôt d'un mé-

---

[1] 17 août 1840. Rapport de la Commission créée en 1838.

moire adressé au préfet comme représentant l'État, propriétaire
des dunes. Le 23 juin suivant, l'affaire ayant été portée devant le
tribunal civil de Bordeaux, celui-ci ordonna un transport de justice
à l'effet de déterminer la limite entre les landes vendues par les
héritiers de Marbotin et les dunes appartenant à l'État. La Compagnie fut reconnue propriétaire de 62 h. 85 a. de terrains situés au
pied des dunes et versa au Trésor la somme de 6,606 fr. 88 à titre
de remboursement des frais d'ensemencement; ces terrains étaient
formés par des lettes extérieures.

Le jugement de 1845 ordonnait le transport d'un juge chargé
d'appliquer sur le terrain les caractères admis par le tribunal, qui
distinguait les lettes des dunes par le relief des dernières et l'horizontalité des premières. L'opération a eu lieu à deux reprises par
les soins de deux juges différents qui, se renfermant dans leur
mandat, n'ont tenu compte que du relief du terrain; on trouve à
chaque page de leur travail la définition de la lette telle que l'a
adoptée le tribunal en homologuant leur travail.

Telles lettes sont, disent-ils, « des plaines dont les parties hautes
sont couvertes d'un sable qui paraît être le même que celui des
dunes, et dont les parties basses sont quelquefois, souvent ou toujours couvertes d'eau, plaines sur lesquelles on remarque quelques
monticules de sable ». Telles autres « sont, dans toute leur étendue,
couvertes de sable, sans végétation et soumises à des changements
causés par la marche des sables creusés en sillons qui attestent la
violence des vents; elles sont couvertes tantôt de sables arides et
tantôt de sables propres au pâturage. . . ; elles se perdent dans les
sables et les dunes non ensemencés, qui bordent l'Océan, au point
de rendre très difficile la séparation entre la dune et la lette [1] ».

La première de ces définitions concerne surtout les lettes extérieures; ce sont des landes incomplètement envahies, qui n'ont
pas cessé d'être susceptibles de propriété privée, mais qui perdent

---

[1] 1870. Note de M. de Pons, inspecteur des eaux et forêts à Bordeaux.

insensiblement la végétation de la lande à mesure qu'on se rapproche des dunes. C'est par erreur que l'Administration a occupé parfois une faible superficie de terrain de cette nature; les 52 h. 32 a. de semis restitués à M. de Lur-Saluces par arrêté préfectoral du 12 janvier 1850 formaient une partie d'une lette extérieure.

La deuxième définition s'applique aux lettes intérieures, ou lettes proprement dites, qui sont une modalité de la dune.

Deux arrêts du 18 décembre 1851, de la Cour de Bordeaux, ont confirmé les jugements du tribunal civil des 28 juin 1847 et 18 mars 1851, ayant posé en principe que, dans l'étendue du territoire de Lège, l'État est propriétaire incommutable des dunes et que les lettes appartiennent à la commune, à la Société des landes de Gascogne et à divers habitants de Lège. Ces diverses décisions judiciaires ont, en fait, accepté les données du cadastre qui avait été établi à Lège (voir page 147).

A Lacanau, la commune et divers particuliers se sont partagé les lettes vers l'année 1860. La commune est en possession de la moitié de ces lettes, soit 915 h. 38 a. 80 c.; l'autre moitié est détenue par MM. Tessier, Damas et Maizonnobe ou leurs héritiers.

Les auteurs de M. Tessier et consorts s'étaient rendus acquéreurs en 1806 de la terre de Lacanau qui renfermait une certaine étendue de landes, mais ne comprenait ni dunes ni lettes.

La baronnie de Lacanau avait été achetée par M. de Caupos par acte du 16 septembre 1659, puis, par arrêt du Conseil du 21 mars 1752, elle avait été déclarée non sujette à la revente et était devenue bien patrimoniale. Deux des représentants de la famille de Caupos, dont la dernière héritière avait épousé M. de Verthamon, ayant émigré après 1789, les biens de cette famille ont été, en 1796, l'objet d'un partage entre la nation et les anciens propriétaires.

La terre de Lacanau formait le 4e lot, resté en la possession de Marie-Jacquette de Verthamon, veuve Saige, épouse Coudol, et

vendu en 1806 aux auteurs de M. Teissier et consorts, les détenteurs actuels.

Mais précédemment, en 1793, les biens de la famille de Verthamon avaient été séquestrés et ceux de Lacanau avaient été
affermés suivant un procès-verbal d'adjudication du 14 messidor
an II, dans lequel ils sont énumérés ainsi qu'il suit : «Maisons et
dépendances, prairies : 17 journaux; terres labourables : 35 journaux; pignadars : 4,223 journaux; landes : 18,302 journaux».
Il n'est pas fait mention des dunes dans cet acte, non plus que
dans le procès-verbal de partage administratif du 24 messidor
an IV.

Le 5 juillet 1809, le Conseil municipal avait pris une délibération
tendant à faire reconnaître non seulement que la commune avait
un droit d'usage et de parcours sur toute la terre des ci-devant
seigneurs de Lacanau, mais encore que cette propriété appartenait
à la commune, à défaut de production de titres contraires par les
détenteurs. Par un arrêté du 6 octobre 1810, le Conseil de préfecture a déclaré l'action en revendication non recevable pour les fonds
cultivés, ni pour les terres vaines et vagues. Ces dernières se com-
posaient de landes, ainsi qu'il résulte de l'extrait suivant de l'arrêté
du 6 octobre : «Considérant... qu'il résulte des extraits de la
matrice du rôle foncier de cette commune que le sieur Verthamon,
le devancier des possesseurs actuels, était de même qu'eux cotisé
au rôle pour les landes dont il s'agit, que la propriété de ces landes
a encore été confirmée sur la tête de la dame Verthamon, épouse
Coudol, par le partage fait le 24 messidor an IV entre la nation et
les héritiers Verthamon sans que la commune de Lacanau ait élevé
aucune prétention, ni sur la propriété, ni sur le droit d'usage de
ces landes». L'autorisation de plaider pour le même objet a été
ensuite refusée à la commune par arrêté du Conseil de préfecture
du 2 mars 1812, approuvé par décret du 10 février 1813, et par
arrêté du Conseil d'État du 22 février 1838.

Enfin, les contestations concernant la propriété des landes

situées sur le territoire de Lacanau ont été terminées par une transaction rendue définitive par un acte notarié du 30 novembre
1859.

Pendant le cours de ces négociations relatives aux landes et par
délibération du 5 mai 1855, le Conseil municipal avait proposé à
M. Tessier et consorts de procéder au partage des lettes par moitié.
Cette délibération a été approuvée le 17 mai 1855, mais sa nullité
a été reconnue plus tard, ainsi que l'indique la lettre suivante,
en date du 19 avril 1860, du préfet de la Gironde au maire de
Lacanau :

> Un nouvel examen des pièces relatives à la transaction à intervenir entre
> la commune de Lacanau et MM. Tessier, Damas et Maizonnobe, au sujet des
> limites des propriétés respectives des parties, m'a donné lieu de reconnaître
> que la délibération du 5 avril 1855 n'est pas régulière.
>
> Les intéressés n'auraient pas dû y participer pas plus que les contribuables
> les plus imposés, dont le concours n'est requis que lorsqu'il s'agit de voter un
> emprunt ou une imposition extraordinaire. Je vous renvoie le dossier pour que
> le Conseil municipal soit de nouveau appelé à délibérer sur cette affaire. Vous
> y joindrez les titres visés dans l'avis du Comité consultatif.

Par lettre en date du 3 janvier 1857, le directeur des Domaines
avait signalé les inconvénients qui résulteraient de cet acte, s'il était
régulier, à l'égard des intérêts de l'État.

Antérieurement et sur la demande de M. Tessier et consorts,
la délimitation des lettes avait été prescrite par un arrêté préfectoral du 13 avril 1854; leur contenance était évaluée à
1,355 h. 38 a. 40 c. Puis, en exécution d'un arrêté spécial en
date du 7 mars de la même année, ordonnant la délimitation des
«semis de l'État déjà remis à l'Administration des forêts [1]», une
opération partielle avait été effectuée le 16 avril 1855 et les jours

---

[1] Semis de 1835, entreprise Dumora.
La délimitation a eu pour objet : la forêt
de la Montagne (partie), les lettes de
Bordes (partie), de Hournieux, de Crohot
de la Marque et du Petit-Moutchic, et les
dunes de la Jauguette, des Rundes, de
Batéjin, de Lesquirot et de la Tressade
(partie).

suivants. Le procès-verbal, clos le 9 septembre 1856, a été enregistré le 13 du même mois et déposé à la préfecture le 8 octobre suivant.

Dans cette opération l'État était considéré comme propriétaire des dunes, ainsi qu'il résulte des termes de l'arrêté du 7 mars 1854, du procès-verbal lui-même et d'une procuration de M. Damas, l'un des propriétaires de l'ancien domaine de Lacanau. Ce domaine comprenait le massif de dunes d'ancienne formation constituant la forêt de la montagne; la propriété des dunes et lettes de ce massif n'a jamais été contestée à MM. Tessier et consorts.

Précédemment, le maire de Lacanau avait demandé que l'opération prescrite par l'arrêté du 13 avril 1854 soit effectuée en sa présence, pour qu'il puisse faire consigner au procès-verbal ses observations en faveur de la commune — là se trouve l'origine de la délibération du 5 mai 1855, — mais il a été sursis à la délimitation pour les motifs suivants :

> Conformément à votre proposition, j'ai invité M. le maire de Lacanau à prendre l'engagement de rembourser à MM. Tessier et consorts la part de frais auquel donnera lieu la délimitation des lettes dont il voudrait revendiquer la propriété. A ce sujet, M. le directeur des Domaines a exprimé des doutes sur les droits de la commune, ainsi que sur ceux de MM. Tessier et consorts à la propriété des immeubles dont il s'agit.
>
> Ce fonctionnaire a fait remarquer que la commune n'a justifié d'aucun titre, et que celui que MM. Tessier et Cie ont produit ne fournit aucun détail de nature à ne pas laisser de doute sur le nombre, l'étendue et l'assiette exacte des lettes qui pouvaient dépendre de leur domaine. Il ajoute qu'on peut croire, en effet, que leur auteur, l'ancien baron de Lacanau, ne pouvait exercer sur les lettes qu'un droit féodal dont la suppression ne lui laissait plus aucune qualité pour les détenir à titre de propriétaire [1].

Il n'a donc pas été donné suite au projet de délimitation des lettes dans les semis non encore remis au service des forêts.

_____

[1] 1er juin 1855. Lettre du préfet de la Gironde à l'ingénieur en chef.

Il y a lieu, d'ailleurs, de remarquer que précédemment, en 1840, les lettes, pas plus que les dunes, n'étaient considérées comme ayant d'autres propriétaires que l'État, dans les massifs de dunes de nouvelle formation.

C'est l'avis formel de la Commission des dunes, dans son rapport du 17 août 1840.

Vers la même époque, le Conseil municipal de Lacanau ayant demandé l'autorisation, pour les habitants, de laisser pacager les troupeaux dans les lettes, cette demande a été rejetée, sur la proposition du Service des ponts et chaussées, qui a fait observer « que le fait de porter les lettes sur le plan cadastral n'a pu constituer des titres de propriété en faveur de la commune ».

A l'occasion de l'examen des prétentions de la commune sur les lettes, le directeur des Domaines avait fourni, par lettre du 11 avril 1856, les renseignements suivants, relatifs à l'exécution des opérations du cadastre, en 1831, dans les dunes de Lacanau :

Les lettes ont été cadastrées supplémentairement sur la demande du maire, mais non imposées, en 1831; elles n'ont point été cadastrées à l'article de MM. Tessier et consorts, mais à celui de la commune. Néanmoins, elles ne sont pas inscrites à la matrice générale qui sert de minute au rôle. En effet, des ordres avaient été donnés pour que les dunes et lettes ne fussent pas cadastrées, parce qu'il était constant pour le Ministre, les ingénieurs et les géomètres du cadastre que ces dunes et lettes étaient domaniales. Seulement, le maire de Lacanau obtint, on ne sait trop comment, que les lettes fussent comprises dans un état supplémentaire.

Cette cadastration irrégulière est sans valeur, l'état supplémentaire établi au nom de la commune n'ayant pas été transféré à la matrice générale du rôle; de même, le plan d'assemblage, en dehors duquel rien ne peut exister au cadastre, ne comprend pas la réduction des trois plans de détail des dunes et lettes.

L'acte notarié du 30 novembre 1859, relatif aux landes, mentionne incidemment une transaction sous signatures privées, intervenue le 18 mars 1858, d'après laquelle « les lettes ont été

partagées en deux portions d'égale contenance, chacune de
915 h. 38 a. 80 c., la portion de la commune de Lacanau se prenant au sud et celle de MM. Tessier, Damas et Maizonnobe au
nord ».

Bien que le dossier de l'affaire ne renferme aucune indication
relative à la désignation de trois jurisconsultes pour examiner le
partage des lettes, en exécution de l'arrêté du 22 frimaire an VII,
une consultation favorable à l'adoption du projet avait été rédigée
le 20 février 1858 par trois avocats, MM. Brochon, Guimard et
Chevalier, et remise au maire de Lacanau [1].

Ainsi qu'il a été dit ci-dessus, la délibération du 5 avril 1855
n'était pas régulière, et la transaction ne paraît pas avoir été homo-
loguée par un arrêté rendu en Conseil de préfecture.

Toutefois, MM. Tessier et consorts, au nord, et la commune de
Lacanau, au sud, ont pris possession des lettes par le pâturage et
par le gemmage des pins présentant des dimensions suffisantes;
de plus, des lettes ont été vendues récemment, en 1889 ou 1890,
à la Société immobilière de Lacanau, et, en exécution d'un arrêté
préfectoral du 13 novembre 1889, une délimitation partielle a
été effectuée entre les dunes domaniales et la lette de Sauveils,
considérée comme appartenant à M. Tessier.

Il ne saurait être question de revendiquer les lettes, mais il y a
lieu de ne pas perdre de vue l'irrégularité de la délibération du
5 avril 1855 et de la transaction du 18 mars 1858, parce que ces
actes pourraient être invoqués plus tard contre l'État, en ce qui
concerne la propriété des dunes.

Propriété des dunes de Gascogne. — Jurisprudence.—
La jurisprudence ne paraît pas encore fixée en ce qui concerne la
propriété des dunes de Gascogne.

---

[1] Trois jurisconsultes, MM. Guimard, Faye et Chevalier, ont été désignés le 19 juin 1858 par le préfet pour examiner la proposition de transaction relative aux landes; leur consultation est datée du 26 mars 1859.

D'après le jugement du 9 février 1846 du tribunal civil de Bordeaux, relatif à la propriété des dunes de la Teste, affaire de Ruat, il est établi que « dans la pratique la plus constante de notre ancienne jurisprudence, la haute justice comprenait la propriété des vacants, mais qu'il s'agit dans la cause de dunes qui ont toujours été considérées comme lais et relais de la mer », et plus loin que « l'État avait pris possession des dunes comme de biens vacants et sans maîtres ».

L'arrêt de la cour de Bordeaux du 31 août 1848, concernant la même affaire, admet que « les dunes offrent des caractères tout particuliers qui les distinguent des terres vaines et vagues, qu'elles sont formées de sables vomis par l'Océan et que sous ce rapport elles participent à quelques égards des lais de mer ».

Précédemment, dans l'affaire Lalesque, les 9 août et 26 juillet 1827, le tribunal et la Cour n'avaient pas cru devoir ranger les dunes parmi les lais et relais, par ce motif que la mer ne paraissait jamais s'être étendue sur une plaine qui renferme des étangs non salés et que les lettes sont séparées de la mer par une dune.

Le tribunal de Bordeaux, dans un jugement du 3 août 1864, relatif à la propriété des dunes de Lège, décide que les seigneurs n'auraient pu prendre possession des dunes qu'à raison de leur qualité de hauts justiciers et « en les donnant à cens, à rente, à fief, ou en les mettant en culture ».

L'arrêt de la Cour du 31 janvier 1866, rendu dans cette affaire, exprime la même opinion :

Attendu que les dunes qui se forment sur le rivage de la mer ne sont autre chose que des lais et relais appartenant au domaine public; qu'il est difficile de préciser l'endroit où le flot s'est arrêté et où les dunes cessent d'être des lais et relais, mais que plusieurs de celles qui font l'objet de la demande paraissent avoir ce caractère;

Attendu qu'il ressort invinciblement des circonstances et des documents qu'après comme avant 1751 les terrains qui ont été occupés par les dunes étaient des terres vaines et vagues, des landes ou des vacants; qu'une frappante analogie résulterait contre les seigneurs de Lège de deux arrêts du Con-

seil du Roi de 1779 et 1782, qui rejetèrent les prétentions de propriété
qu'avaient exprimées le captal de Buch sur les dunes situées dans sa seigneurie, en regard de celles de Lège, de l'autre côté du bassin d'Arcachon;

Qu'il résulte de ces dispositions que les seigneurs justiciers n'étaient pas
propriétaires des terres vaines et vagues, landes et vacants, avant de les avoir
arrentés ou inféodés; que jusque-là ils avaient seulement le droit de le devenir;

Qu'ainsi François de Marbotin n'a jamais été propriétaire des dunes...

D'après le tribunal civil de Dax, dans son jugement du 9 décembre 1887, relatif à la propriété du marais de Douvre situé dans
le massif des dunes de Moliets, on peut comprendre « dans la catégorie des biens vacants et sans maître, quand elles ne sont pas
revendiquées par des communes ou des particuliers, les dunes,
monticules de sable mouvant poussés vers l'intérieur par les vents
d'ouest, considérées comme stériles et impropres à toute culture
avant qu'elles n'eussent été ensemencées en pins ».

On a vu, dans le paragraphe précédent, que deux jugements
rendus par le tribunal civil de Bordeaux, le 9 août 1827, et confirmés par deux arrêts de la Cour des 16 juin et 28 juillet 1828,
ont établi que « les lettes sont les espaces soit incultes, soit cultivés,
que les dunes laissent entre elles en s'avançant dans les terres »,
mais que ces décisions judiciaires plaçaient les dunes hors de toute
contestation.

Pour la Cour de Bordeaux, ainsi que l'indique son arrêt du
25 juillet 1870 relatif à la propriété des dunes du Porge, les
lettes sont également des lambeaux du sol primitif, et comme,
par suite du mouvement des sables, avant l'ensemencement « les
dunes se transformaient en lettes et les lettes en dunes », la commune qui offrait de prouver qu'elle avait possédé les lettes sans interruption, offrait par cela même de faire la preuve qu'elle avait
nécessairement possédé les terrains occupés par les dunes; les
dunes, d'ailleurs, dans leur ensemble, sont des terres vaines et
vagues comprises dans la formule qui termine l'énumération de

, l'article 1ᵉʳ, section IV, de la loi du 10 juin 1793 « ou sous toute autre dénomination quelconque ».

On peut soutenir, dans une certaine mesure, comme dans l'affaire de Marbotin, que les terrains recouverts par les dunes étaient antérieurement « des terres vaines et vagues, des landes ou des vacants », quoique cette affirmation soit en contradiction avec une partie des faits connus : ensablement des propriétés de l'abbaye de Soulac, du prieuré de Saint-Nicolas, « des riches possessions des bénédictins de Mimizan », des pineraies de Biscarrosse et d'Arcachon, des terres cultivées du Verdon, de Soulac, de la Teste, etc., mais les deux dernières conceptions relatives aux lettes paraissent l'une et l'autre erronées, si l'on se reporte aux considérations développées dans le paragraphe précédent et dans le chapitre premier.

On a cherché, précédemment, à établir le véritable caractère des dunes[1]. Elles recouvrent des lais de la mer anciens ou récents, ou des biens vacants ou abandonnés par leurs détenteurs; elles sont donc comprises dans le domaine de l'État. Il n'y a pas lieu, d'ailleurs, d'en distraire les lettes qui ne sont qu'une modalité de la dune.

Les propriétés privées situées à la limite orientale des dunes étaient protégées par les règles ordinaires de la prescription; ces propriétés étaient, en général, des lettes extérieures qui ont été régulièrement comprises dans les levés du cadastre.

Il en était de même en ce qui concerne les communes.

Celles-ci ne peuvent invoquer de véritables actes de possession dans les dunes. Elles auraient pu se mettre en possession par l'ensemencement et devenir propriétaires à l'expiration du délai de 40 ans, fixé par l'article 36 de la loi du 22 novembre, — 1ᵉʳ décembre 1790, mais elles ne peuvent se prévaloir d'aucun fait de cette nature.

[1] Voir le chapitre IV, § 9.

Il ne faut pas oublier, d'ailleurs, ainsi que l'a fait remarquer la Commission des dunes de 1838, dans son rapport du 17 août 1840, que « si les communes avaient eu, de tout temps, des prétentions de propriété, elles auraient nécessairement interrompu la prescription que l'État pourrait invoquer plus tard, à défaut d'autres titres. L'ordonnance du Roi, du 23 juin 1819, prescrit en effet aux autorités locales de s'occuper de la recherche et de la reconnaissance des terrains usurpés sur les communes depuis la promulgation de la loi de 1793, et assure les poursuites nécessaires dans le cas où les détenteurs des biens usurpés se refuseraient à payer à la commune propriétaire une subvention dont elle règle les bases. L'État, au contraire, a agi de tout temps comme propriétaire; il a planté les dunes et les lettes depuis 1801 jusqu'à nos jours; il y a établi des gardes dont la surveillance doit tendre à la conservation des semis et empêcher l'usurpation des biens domaniaux, plantés ou non plantés ».

CHAPITRE VI.

QUESTIONS DIVERSES RELATIVES AUX DUNES ET AUX LANDES.

Organisation administrative. — La 29ᵉ Conservation (Bordeaux) a dans ses attributions la gestion des forêts des dunes de Gascogne et celle des autres forêts soumises au régime forestier dans les départements de la Gironde, des Landes et de Lot-et-Garonne.

La composition des inspections et des cantonnements est la suivante :

I. — Inspection de Lesparre (département de la Gironde).

1° CANTONNEMENT DE LESPARRE.

Forêt domaniale...	de Soulac-Flamand-Hourtin...	5,173ʰ 81ᵃ
	de Carcans	3,050 30
	Total...............	8,224 11

Aménagements.

Forêt de Soulac-Flamand-Hourtin...	1ʳᵉ série...............	1,718ʰ 64ᵃ
	2ᵉ série...............	2,096 28
	Zone littorale............	1,358 89
	Total...............	5,173 81

Révolution. — 1ʳᵉ série et 2ᵉ série : 72 ans, à partir de 1868. (Décret du 27 mai 1879.)

Forêt de Carcans...	Série de l'Ouest	790ʰ 76ᵃ
	Série de l'Est	1.625 85
	Zone littorale.............	633 69
	Total...............	3,050 30

Révolution. — Série de l'Ouest et série de l'Est : 72 ans, à partir de 1898. (Décret du 1ᵉʳ mai 1886.)

2° Cantonnement du Moutchic.

Forêt domaniale...	de Lacanau...............	4,970ʰ 07ᵃ
	du Porge.................	5,173 37
	Total...............	10,143 44

Aménagements.

Forêt de Lacanau..	1ʳᵉ série..................	1,210ʰ 17ᵃ
	2ᵉ série..................	932 77
	3ᵉ série..................	921 55
	4ᵉ série..................	1,030 79
	Zone littorale.............	868 15
	Dépendances diverses	6 64
	Total...............	4,970 07

Révolution. — 1ʳᵉ série, 2ᵉ série, 3ᵉ série et 4ᵉ série : 70 ans, à partir de 1883 pour la 1ʳᵉ série, et à partir de 1853 pour les autres séries. (Décret du 2 avril 1886.)

Forêt non aménagée.

Forêt du Porge....	Futaie régulière...........	4,274ʰ 10ᵃ
	Zone littorale.............	899 27
	Total...............	5,173 37

II. — Inspection de Bordeaux (département de la Gironde et de Lot-et Garonne).

1° CANTONNEMENT DE BORDEAUX.

Forêt domaniale:..	de Lège-et-Garonne.........	$4,184^h 51^a$
	de la Teste...............	$2,445\ 23$
8 forêts communales en dehors des dunes.........		$1,575\ 96$
	TOTAL...............	$8,205\ 70$

Aménagements.

Forêt de Lège-et-Ga- ronne........	Série de l'Est.............	$1,762^h 40^a$
	Série de l'Ouest...........	$878\ 13$
	Zone littorale............	$1,543\ 98$
	TOTAL...............	$4,184\ 51$

Révolution transitoire. — Séric de l'Est et série de l'Ouest 6o ans. (Décret du 1o janvier 1897.)

Forêt de la Teste...	1re section...............	$645^h 60^a$
	2e section...............	$1,799\ 63$
	TOTAL...............	$2,445\ 23$

Révolution transitoire. — 1re et 2e sections : 6o ans. La 1re section comprend la zone littorale et deux cantons dans lesquels on ne fait que des extractions de bois morts. (Décret du 18 novembre 1879.)

2° CANTONNEMENT DE MARMANDE (LOT-ET-GARONNE).

8 forêts communales........................ $1,405^h 17^a$

III. — Inspection de Mont-de-Marsan (département des Landes).

1° CANTONNEMENT DE PARENTIS-EN-BORN.

Forêt domaniale... {
de Biscarrosse . . . . 6,529^h 88^a
de Gastes-Sainte-Eulalie-Mimi-
zan (Nord) 7,368 17

TOTAL 13,898 05

Aménagements.

Forêt de Biscarrosse. {
1re série . . . . 792^h 34^a
2e série 1,557 44
3e série 684 80
4e série 493 04
5e série 1,435 18
6e série (hors cadre) 1,567 08

TOTAL 6,529 88

Révolution préparatoire. — 1re série : 20 ans; 2e série : 21 ans; 3e série : 22 ans; 4e série : 23 ans; 5e série : 24 ans, à partir de 1886 inclus. (Décret du 11 décembre 1887.)

Forêt de Gastes-
Sainte - Eulalie -
Mimizan (Nord).. {
1re série . . . . 1,550^h 25^a
2e série 987 90
3e série 1,557 77
4e série 1,478 66
5e série (hors cadre) 1,793 59

TOTAL 7,368 17

Révolution préparatoire. — 1re série : 15 ans; 2e série : 16 ans; 3e série : 17 ans; 4e série : 18 ans, à partir de 1886 inclus. (Décret du 25 novembre 1887.)

2° Cantonnement de Mont-de-Marsan.

Forêt domaniale...	de Mimizan (Sud), et Bias....	3,481ʰ	71ᵃ
	de Saint-Julien-en-Born	1,830	76
	de Lit-et-Mixe..............	3,255	76
	de Laveyron	113	60
5 forêts communales..........................		588	99
	Total................	9,270	82

Aménagements.

Forêt de Mimizan (Sud), et Bias ..	1ʳᵉ série................	1,523ʰ	07ᵃ
	2ᵉ série................	912	89
	3ᵉ série (hors cadre)........	1,045	75
	Total................	3,481	71

Révolution préparatoire. — 1ʳᵉ série : 25 ans; 2ᵉ série : 36 ans, à partir de 1886 inclus. (Décret du 18 avril 1887.)

Forêt de Saint-Julien-en-Born....	1ʳᵉ série................	714ʰ	67ᵃ
	2ᵉ série................	716	06
	3ᵉ série (hors cadre)........	400	03
	Total................	1,830	76

Révolution préparatoire : 1ʳᵉ série : 15 ans; 2ᵉ série : 26 ans, à partir de 1887 inclus. (Décret du 18 février 1887.)

Forêt de Lit-et-Mixe.	1ʳᵉ série................	1,506ʰ	56ᶜ
	2ᵉ série................	755	70
	3ᵉ série (hors cadre)........	993	50
	Total................	3,255	76

Révolution préparatoire. — 1ʳᵉ série : 25 ans; 2ᵉ série : 30 ans, à partir de 1885 inclus. (Décret du 3 décembre 1884.)

Forêt de Laveyron..........................   113ʰ 60ᵃ

Cette forêt forme une série de taillis sous futaie, aménagée à la révolution de 25 ans, par décret du 11 juillet 1890.

IV. — Inspection de Dax (département des Landes).

1° CANTONNEMENT de SOUSTONS.

	de Vielle-Saint-Girons.......	2,617ʰ 00ᵃ
	de Moliets..............	186 14
Forêt domaniale...	de Messanges............	108 37
	de Vieux–Boucau..........	28 60
	de Seignosse-Soors-Soustons ..	381 05
	de Dunes du Sud..........	320 22
12 forêts communales......................		3,473 20
TOTAL...............		7,114 58

Aménagement.

Forêt de Vielle-Saint-	1ʳᵉ série...................	1,563 hect.
Girons	2ᵉ série (hors cadre)	1,054
TOTAL...................		2,617

Révolution préparatoire. — 1ʳᵉ série : 15 ans, à partir de 1885 inclus.
(Décret du 30 mai 1885.)

Les autres forêts domaniales sont sans régime déterminé.

2° CANTONNEMENT DE DAX.

50 forêts communales...................... 3,681ʰ 40ᵃ

Essences autres que le pin maritime.— Forêts communales. — Les peuplements de la forêt domaniale de Laveyron, inspection de Mont-de-Marsan, sont formés de chênes, avec quelques hêtres et bois d'essences secondaires.

Le pin maritime constitue l'essence principale d'un certain nombre de forêts communales. Il occupe les superficies suivantes :

	de Bordeaux (Gironde)	1,118 hect.
Inspection	de Bordeaux (Lot-et-Garonne)..........	172
	de Mont-de-Marsan (Landes)	448
	de Dax (Landes)	4,280
	Total................	6,018

Dans le cantonnnement de Soustons, ces forêts renferment quelques chênes pédonculés et surtout des chênes occidentaux dont les produits sont exploités en régie lorsque le liège atteint l'épaisseur marchande de o m. o25.

Le chêne tauzin se trouve dans les forêts feuillues de la Gironde, et surtout dans le massif du Mas-d'Agenais, département de Lot-et-Garonne.

L'essence presque unique des forêts de la vallée de l'Adour est le chêne pédonculé; la contenance totale de ces forêts comprises dans l'inspection de Dax est de 2,929 hectares, savoir :

Futaie.....................................	2,559 hect.
Taillis sous futaie............................	370
Total.................	2,929

Les forêts feuillues des autres inspections se répartissent ainsi qu'il suit :

	de Bordeaux (Gironde).	Taillis sous futaie.	76 hect.
		Taillis simple....	381
Inspection	de Bordeaux (Lot-et-Ga-	Taillis sous futaie.	1,204
	ronne)..........	Taillis simple....	29
	de Mont-de-Marsan	Taillis sous futaie.	141
	Total.................		1,831

La production, en matière et en argent, a été la suivante en 1892 :

I. — *Forêt domaniale de Laveyron, taillis sous futaie.*

Production en mètres cubes grumes : 560.
Évaluation en argent de la production : 1,905 fr. 20.

II. — *Forêts communales.*

INSPECTIONS.	FUTAIE FEUILLUE.	TAILLIS SOUS FUTAIE.	TAILLIS SIMPLE.	FUTAIE RÉSINEUSE.	ÉCORCES À TAN.	LIÈGE.	RÉSINE.	VALEUR EN ARGENT de la production.
	m. c.	m. c.	m. c.	m. c.	quint'.	quint'.	quint'.	francs.
Bordeaux (Gironde).....	"	258	1,500	1,580	"	"	180	16,046
Bordeaux (Lot-et-Garonne)	"	3,912	"	851	"	"	50	24,915
Mont-de-Marsan	"	442	"	546	'	"	427	6,737
Dax	11,276	314	98	18,844	10	244	7,468	256,565
Totaux.......	11,276	4,926	1,598	21,821	10	244	8,125	304,263

Pour les 43 forêts de la vallée de l'Adour, traitées en futaie, le rendement total des coupes principales et d'amélioration a été de 11,276 mètres cubes en 1892; la contenance totale étant de 2,635 hectares, la production par hectare s'est élevée à 4 m. c. 279. La forêt de Cagnotte, dont tout le matériel a été vendu après autorisation de défrichement, entre dans les totaux précédents pour 20 hectares et 3,795 mètres cubes; déduction faite de ces nombres, il reste 2,615 hectares et 7,481 mètres cubes, correspondant à une production de 2 m. c. 861 par hectare.

Ces forêts, actuellement traitées par la méthode du réensemencement naturel et des éclaircies, étaient jardinées il y a peu de temps encore. L'extrait suivant du procès-verbal d'aménagement de la forêt de Poyanne par M. de Schwartz, conservateur des eaux et forêts à Bordeaux en 1874, donne des renseignements précis à cet égard :

Les bois de chêne, dits de l'Adour, sont situés sur les rives de cette rivière et de deux de ses affluents, le Luy et le Loutz.

Ils appartiennent à 49 communes et renferment 3,680 hectares, dont la possibilité actuelle, fixée soit par l'usage soit par divers décrets, ne s'élève qu'à 3,856 mètres cubes et à 27 hectares pour les six forêts dont la possibilité est réglée par contenance.

Ces forêts sont uniformément jardinées et exploitées par pied d'arbre à une révolution fictive de 100 ans.

Elles sont situées en plaine ou, exceptionnellement, sur quelques ondulations de terrain peu élevées.

Le chêne pédonculé en constitue l'essence exclusive, à laquelle l'orme vient parfois se mélanger.

Le sol se compose invariablement d'un terrain d'alluvion argilo-siliceux, très profond, et fréquemment enrichi par les limons qu'y déposent les inondations de l'Adour.

Il est d'une fécondité merveilleuse, attestée par la vigueur de la végétation qui se manifeste par un accroissement tellement rapide que les perchis de 20 ans y mesurent de 0 m. 50 à 0 m. 60 et les arbres de 100 ans de 2 mètres à 2 m. 75 de circonférence. La qualité tout à fait exceptionnelle de leurs produits doit faire considérer ces forêts comme une véritable richesse nationale.

Les peuplements, au lieu d'être composés de bois de tous âges enchevêtrés les uns dans les autres, ainsi que les représente une certaine conception théorique de la forêt jardinée, sont formés généralement par de vieux chênes, âgés de 80 à 150 ans, très espacés, très gros, courts de tige, excessivement branchus et offrant les courbes précieuses, toujours plus rares, recherchées pour les constructions navales.

Les intervalles que ces arbres laissent entre eux sont envahis par une végétation parasite composée d'épines noires et blanches, de ronces et de vigne sauvage auxquelles se substituent les ajoncs dans les parties exceptionnellement arides, formant des lacis inextricables.

D'autre part, on ne voit, malgré d'abondantes glandées, aucun semis s'élever à découvert au-dessous des réserves. Cette circonstance s'explique aisément par suite du parcours inexorable auquel les cantons sont livrés.

Aussi, la ruine et la disparition de ces forêts seraient-elles depuis longtemps un fait consommé sans la présence des fourrés de morts bois dont nous venons de signaler l'existence. Les graines qui tombent au milieu de ces broussailles armées d'épines sont protégées par elles, ainsi que les brins qui en proviennent, contre la voracité du bétail.

Les jeunes plants, grâce à l'activité de leur végétation, parviennent ensuite à se dégager de l'étreinte des ronces qui les ont sauvés et arrivent enfin à les dominer. Ce n'est parfois qu'après avoir contracté une forme tourmentée, imprimée pour toujours à la direction de leurs tiges, quand surtout elles sont saisies, au début de leur ascension, par les liens d'une liane qui retient leur essor vertical pendant un temps suffisant pour les infléchir en signaux de marine du plus grand prix.

On réalise tous les ans la possibilité au moyen de coupes d'extraction qui parcourent de grandes étendues, n'enlèvent généralement que des arbres tout à fait sur le retour et souvent même complètement dépérissants.

Parfois, lorsqu'un canton entier est arrivé à un état évident d'appauvrissement, tant par suite de la réduction successive du nombre de ses arbres, qu'à raison de leur vétusté, on s'applique à sa régénération, à laquelle ne consent jamais sans protestation la commune propriétaire parce que ce parti entraîne forcément, pendant un certain temps, la suppression du pâturage.

Le canton à régénérer est alors mis en défends en le séparant du surplus de la forêt par un fossé muni d'une clôture en terre provenant de son ouverture et formant une défense connue dans le pays sous le nom de baradeau. Deux ou trois années suffisent pour en amener le repeuplement complet, et une fois que le sol est garni de jeunes semis qui viennent s'ajouter à ceux précédemment perdus au milieu des buissons de morts bois, on enlève les vieux arbres qui leur ont donné naissance.

Il suffit d'exposer un tel système de traitement, dans lequel la méthode d'ensemencement naturel ne vient qu'accidentellement et très tardivement réparer les désastres du jardinage et d'un parcours sans règle, pour faire comprendre combien il est défectueux.

D'abord, par suite du petit nombre d'arbres — en moyenne une centaine par hectare — tous les ans plus restreint, qui occupent la surface de la forêt, et du retard apporté à la régénération, la production se trouve réduite au quart tout au plus du rendement normal à en attendre. Comme nous l'avons en effet indiqué précédemment, ces bois, qui devraient avoir un accroissement minimum de 6 mètres cubes à l'hectare ne suffisent qu'avec peine à une possibilité de 1 m. c. 264.

De plus, les arbres ne sont abattus qu'une fois parvenus à un état de maturité des plus avancés, fréquemment même lorsqu'ils sont déjà atteints de dépérissement et que, par suite, ils ont perdu la plus notable partie de leur valeur pécuniaire et de leur utilité industrielle.

Accessoirement, cet état de choses, si préjudiciable pour les communes propriétaires, a encore l'inconvénient de créer des difficultés nombreuses entre les municipalités et l'Administration.

Le repeuplement d'un canton en implique la mise en défends, contre laquelle les communes protestent. De plus, il est difficile de résister aux demandes de coupes extraordinaires et de conserver un matériel suffisant pour assurer le service des coupes ordinaires.

Le tableau suivant indique la valeur vénale moyenne de chaque unité de marchandise.

NATURE DES BOIS.	QUALITÉ.	PRIX DU MÈTRE CUBE au 1/5ᵉ déduit.	OBSERVATIONS.
		francs.	
Wagon..........	1ʳᵉ	95	Les dimensions des bois de wagon sont, pour les plus gros, 5ᵐ 60 de longueur, 0ᵐ 25 de largeur et 0ᵐ 07 d'épaisseur; pour les plus petits, 1ᵐ 92, 0ᵐ 25 et 0ᵐ 11.
	2ᵉ	75	
Marine..........	1ʳᵉ	91	
	2ᵉ	61	
	3ᵉ	51	
Croisement.......	1ʳᵉ	70	Les dimensions extrêmes des bois de croisement sont : 5ᵐ 80, 0ᵐ 30, 0ᵐ 13; et, pour les plus petits, 2ᵐ 60, 0ᵐ 35, 0ᵐ 13.
	2ᵉ	55	
Traverses........	1ʳᵉ	55	Les dimensions des bois de traverses sont : 2ᵐ 68, 0ᵐ 25, 0ᵐ 12.
	2ᵉ	48	
Coin............	Unique.	20	
Chauffage........	Idem.	4 fr. le stère	Le prix de 4 francs le stère s'applique aux bois sur pied.

Depuis l'année 1874, les prix indiqués ci-dessus ont fléchi d'année en année; actuellement ils ont baissé de 25 p. 100 en moyenne.

Montagnes usagères. — On a vu précédemment que les dunes d'ancienne formation sont recouvertes de forêts appartenant habituellement à des particuliers et souvent grevées de droits d'usage au bois et au pâturage. Elles sont connues sous le nom de *montagnes*.

La forêt usagère de la Teste, d'une contenance de 3,854 hectares, appartenait en 1863 à 147 propriétaires distincts.

Des droits d'usage avaient été accordés aux habitants du captalat de Buch par actes de 1468 et de 1535; les habitants, considérant ces actes comme une transmission de propriété, se sont partagé la forêt et ce partage a été admis par l'acte de 1746 par lequel le captal de Buch a reconnu aux détenteurs de la forêt le droit de propriété incommutable.

Un arrêt de la Cour de Bordeaux, du 2 avril 1844, relatif à cette affaire, renferme le passage suivant :

Attendu que, par l'acte du 25 janvier 1604, le duc d'Épernon s'obligea à recevoir un chacun des habitants qui se trouveraient posséder lesdits bois de la forêt, suivant le partage qu'ils en avaient fait entre eux, à les exporter et reconnaître; qu'il résulte de cette stipulation que le domaine direct et le domaine utile de la forêt étaient alors distincts; que le premier appartenait aux seigneurs et le second aux habitants, suivant le partage qu'ils en avaient fait entre eux; de telle sorte que le droit de propriété utile est reconnu aux habitants, ainsi que son exercice et sa jouissance, au moyen des partages intervenus entre eux.

Les habitants non propriétaires jouissent de droits d'usage étendus dans cette forêt [1].

Assainissement et mise en valeur des landes. — Un rapport du 30 septembre 1836 du garde général des forêts à Castres (Gironde) renferme l'exposé qui suit :

D'après une lettre du 8 septembre dernier de M. le conservateur à Bordeaux, lequel nous a donné l'ordre de visiter les landes de la commune de Captieux, arrondissement de Bazas, afin d'examiner si une partie de ces landes pourrait, au moyen d'améliorations, devenir un jour susceptible d'aménagement et produire un revenu annuel à la commune;

Nous nous sommes transporté sur le terrain et nous avons reconnu :

1° Que l'étendue totale des landes que possède la commune de Captieux est d'environ 400 hectares, situés en moyenne à deux lieues du village;

2° Qu'il est nécessaire d'affecter 300 hectares de landes, dans les parties les moins susceptibles d'être consacrées à la végétation forestière, au parcours des bestiaux des habitants de la commune;

3° Qu'il convient de boiser 60 hectares de cette même lande que l'on prendra sur le quartier de Lugot, dont le terrain est sablonneux et propre à la culture du pin maritime;

[1] Voir le rapport du 23 prairial an v, de M. Guyet-Laprade.

4° Qu'il pourra être ensemencé chaque année, en graines de pin, 5 hectares à 30 francs par hectare y compris la valeur de la semence;

5° Que la clôture des 60 hectares nécessitera l'ouverture de 2,000 mètres de fossés à o fr. 15 le mètre;

6° Que la vente, dans cette partie de lande, de 40 hectares à 18 francs l'un, pourrait suffire pour subvenir aux frais d'ensemencement des 60 hectares ci-dessus.

Ces considérations ont été soumises à la commune de Captieux, mais la proposition a été rejetée par délibération du 30 octobre 1836 «à cause du préjudice notoire que la privation du parcours occasionnerait aux habitants».

Vingt ans après, la question a été reprise pour toute la région des landes de Gascogne et complétée par un projet d'assainissement, et elle a fait l'objet d'une loi spéciale, du 19 juin 1857.

M. Chambrelent a fourni de nombreux renseignements au sujet de l'exécution de ces travaux; une partie d'entre eux est résumée ci-après [1] :

La région des landes occupe une superficie d'environ 800,000 hectares. La couche de sable de o m. 40 à o m. 50 d'épaisseur que l'on remarque à la surface repose sur un banc d'alios peu perméable; de plus, la pente du sol est faible. D'où inondation en hiver et sécheresse en été. Mais, sur tout le plateau, il existe, dans deux directions rectangulaires, une pente générale très faible — o m. 001 au plus par mètre le plus souvent — mais très régulière. Par suite, des fossés de o m. 50 à o m. 60 de profondeur ont pu être exécutés dans toute son étendue; quelques obstacles de o m. 30 à o m. 40 seuls ont dû être franchis et ont peu augmenté la profondeur des déblais. Le terrain étant très perméable, un petit nombre de fossés suffit, et la vitesse d'écoulement étant lente leur entretien est peu coûteux.

La région occupée par la lande était en réalité de 635,000 hectares environ. L'assainissement des landes communales entraînait celui des landes particulières qui étaient forcément traversées par les collecteurs. En outre, les routes agricoles ont été bordées de fossés.

---

[1] Voir *Les landes de Gascogne*, par E. Chambrelent, inspecteur général des ponts et chaussées.

Les landes particulières présentaient une contenance de 350,000 hectares environ. Les particuliers ont contribué aux frais d'établissement des canaux qui traversaient leurs propriétés.

La largeur moyenne des canaux principaux dans la Gironde est de 4 à 5 mètres au plafond et leur développement total de 2,196 kilom. 882.

Dans le département de la Gironde, les landes vendues ont été comprises dans les projets d'assainissement; dans le département des Landes on a laissé l'assainissement à faire aux acquéreurs. Les projets ont été rédigés et les travaux exécutés aux frais des communes par les ingénieurs du service hydraulique.

Les travaux prévus par la loi du 19 juin 1857, complétée par le décret du 29 avril 1858, comprenaient trois parties distinctes :

1° Construction aux frais de l'État d'un réseau de routes agricoles destinées à desservir les terrains communaux qui font l'objet de la loi;

2° Assainissement des landes communales soumises au parcours des troupeaux;

3° Aliénation d'une partie des landes assainies et mise en culture du surplus conservé par les communes.

Le nombre des routes agricoles a été fixé à 22, savoir 10 dans la Gironde et 12 dans les Landes, par un décret du 4 août 1857. Elles ont été construites pour le compte de l'État par la Compagnie des chemins de fer du Midi, moyennant payement d'une somme fixe de 4 millions. Elles ont été entretenues aux frais de l'État, en entier pendant cinq ans, à partir de leur achèvement (article 8 de la loi du 19 juin 1857) et pour moitié pendant une nouvelle période de cinq ans commençant à l'expiration de la première (loi du 19 juillet 1865). La dépense totale à la charge de l'État s'est élevée à 6,415,394 francs pour frais de premier établissement et d'entretien.

Les devis des travaux d'assainissement et de mise en valeur des landes communales ont été préparés par le Service hydraulique; le concours des ingénieurs de l'État a été gratuit.

Les travaux d'assainissement ont été effectués dans le département de la Gironde sur la totalité des terrains communaux; et ces terrains assainis ont été ensuite aliénés en partie conformément aux dispositions de l'article 4 de la loi du 19 juin 1857.

Dans le département des Landes, les aliénations de terrains communaux ont été effectuées avant l'exécution de l'assainissement.

Les projets relatifs à l'assainissement et à la mise en valeur ont été présentés par commune. Ils ont été établis par les ingénieurs, soumis à l'enquête dans la forme déterminée par l'ordonnance du 23 août 1835, puis transmis aux conseils municipaux mis en demeure de délibérer, dans le délai d'un mois, avec adjonction des plus forts imposés en nombre égal à celui des conseillers municipaux (décret du 28 avril 1858).

Dans chaque commune, le Conseil municipal était tenu de faire savoir s'il avait l'intention de poursuivre les travaux aux frais de la commune, et, dans ce cas, d'indiquer les voies et moyens d'exécution dont il disposait.

Le délai fixé pour l'achèvement des semis et plantations était de douze ans, à raison d'un douzième par année, sous réserve de la faculté laissée aux communes de réduire cette durée en affectant leurs ressources disponibles à l'ensemencement de plusieurs lots dans le courant de la même année.

Jusqu'à présent tous les travaux d'assainissement et de mise en valeur des landes de Gascogne ont été effectués par les communes, soit à l'aide de leurs ressources ordinaires, soit au moyen de l'aliénation d'une partie de leurs terrains; l'article 2 de la loi du 19 juin 1857 n'a donc pas reçu d'application.

L'exécution des travaux par les communes a été prescrite par des décrets rendus en Conseil d'État et présentant les dispositions suivantes :

Vu, avec les rapports à l'appui, le projet dressé par les ingénieurs des Ponts et Chaussées, pour l'assainissement et la mise en valeur des landes appartenant à la commune de.....;

Vu la délibération du Conseil municipal de....., en date du.....;

Vu les pièces des enquêtes;

Vu l'avis du préfet de....., en date du.....;

Vu la loi du 19 juin 1857 et le décret du 28 avril 1858;

Vu la loi du 10 juin 1854 sur le libre écoulement des eaux par le drainage[1];

Le Conseil d'État entendu,

Art. 1er. Les travaux relatifs à l'assainissement et à la mise en valeur des landes communales de..... seront exécutés conformément aux dispositions du projet ci-dessus visé.

Art. 2. Est approuvée la délibération du..... par laquelle le Conseil municipal de..... a déclaré prendre à sa charge, au nom de la commune, l'exécution des travaux et affecter à leur payement le produit de la vente d'une partie de ses landes communales.

Art. 3. Les travaux devront être terminés le..... La surface à mettre en valeur chaque année est fixée au douzième de la surface totale. Toutefois, la commune aura la faculté de hâter l'exécution des travaux et d'abréger le délai ci-dessus déterminé.

Les travaux ont été conduits très rapidement pendant les premières années; ils ont été dirigés par les maires et vérifiés par les ingénieurs (article 8 du décret du 28 avril 1858). Les acquéreurs des terrains communaux ont semé la plus grande partie de leurs landes en pin maritime et terminé les travaux d'assainissement, à peu près dans les mêmes conditions que les communes.

La situation en 1892 était la suivante d'après les rapports fournis aux conseils généraux par les ingénieurs en chef du Service hydraulique.

1. *Conseil général du département de la Gironde. — Session d'août 1892.* — Le rapport de l'ingénieur en chef indique que la contenance mise en valeur est restée la même depuis la précédente session et cette mention se retrouve dans les rapports antérieurs

---

[1] L'application de la loi du 10 juin 1854 n'a pas été nécessaire. Une seule indemnité de 991 francs a été payée pour le passage d'une rigole dans une propriété particulière.

relatifs aux années 1890 et 1891. Le rapport fourni pour la session d'août 1889 renferme les renseignements suivants :

Les travaux d'amélioration et de mise en valeur des landes, prescrits par la loi du 19 juin 1857, sont aujourd'hui à peu près terminés.

Les cinquante-deux communes auxquelles devaient s'appliquer les dispositions de la loi présentaient une superficie totale de landes de 107,811 h. 61 a. L'assainissement est terminé sur cette étendue de landes. Il a été ouvert, pour ces travaux d'assainissement, une longueur de 1,086 kilomètres de voies d'écoulement.

Sur la quantité de 107,811 h. 68 a., une étendue de 65,933 h. 40 a. a été aliénée et mise en valeur.

Les communes ont gardé pour elles 41,878 h. 21 a. sur lesquels 23,716 h. 70 a. ont été mis en valeur.

La mise en culture des terrains assainis n'a pas marché très vite dans ces dernières années.

D'une part, quelques communes y ont mis de la négligence, et, d'autre part, les propriétaires ont été un peu découragés par les nombreux incendies survenus dans les semis de pin.

II. *Conseil général du département des Landes.* — *Session d'août 1892.* — Le rapport de l'ingénieur en chef renferme les renseignements suivants relatifs à la mise en valeur des landes :

La situation des travaux n'a pas changé en 1891. Sur les 183,714 h. 15 a. de landes nues qui doivent recevoir l'application de la loi du 19 juin 1857, il a été mis en valeur par les particuliers 74,306 h. 46 a. qui leur avaient été vendus, et, par les communes, 98,728 h. 52 a. [1]; il reste donc à améliorer 10,679 h. 17 a. de landes nues [2].

[1] Le rapport fourni au Conseil général des Landes d'août 1885 fait connaître que les communes ont été autorisées à effectuer de nouvelles aliénations qui ont porté sur une contenance de 49,464 h. 09 a. La superficie restant aux communes et mise en valeur est donc réellement de 49,264 h. 43 a. seulement. Le nombre des communes propriétaires de landes est de 112. La plus-value résultant de l'ensemencement en pin maritime est évaluée à 203 francs par hectare.

[2] Extrait du rapport de l'ingénieur en chef pour la session d'août 1886 : «Il y a toujours 25 communes qui n'ont rien fait sur 10,679 h. 17 a., bien qu'elles aient été mises chaque année en demeure de se conformer à la loi.

Toutefois la surface totale de 183,714 h. 15 a. a été assainie.

L'entretien des travaux se fait régulièrement. Pour ceux de mise en valeur, nous dressons chaque année, d'accord avec les municipalités, des indications de travaux à effectuer; pour 1892, les prévisions de dépenses s'élèvent à 38,650 francs. Quant aux travaux d'assainissement, les communes les comprennent dans les prévisions annuelles pour les travaux de mise en valeur, et, si les particuliers négligent l'entretien de ceux qui sont à leur charge, l'Administration intervient pour les contraindre à leur exécution, attendu qu'un arrêté préfectoral du 11 juin 1886 a assimilé les fossés d'assainissement aux cours d'eau ordinaires au point de vue des obligations des riverains relativement au curage des cours d'eau. Mais, en général, il se produit peu de résistance.

Les résultats, au 31 décembre 1891, de l'application de la loi du 19 juin 1857, sont résumés ci-après :

DÉPARTEMENTS.	CONTENANCE DES LANDES communales en 1857.	LANDES COMMUNALES aliénées.	PRIX de VENTE.	LANDES COMMUNALES		DÉPENSES DES COMMUNES		DÉPENSES TOTALES non compris les frais d'entretien.
				mises en valeur.	restant à mettre en valeur.	pour assainissement.	pour ensemencement.	
	h. a.	h. a.	francs.	h. a.	h. a.	francs.	francs.	francs.
Gironde.........	107,811 68	65,933 40	5,523,001	23,716 70	18,161 58	574,108	135,745	709,853
Landes	183,714 15	123,770 55	8,113,409	49,264 43	10,679 17	319,362	546,066	865,428
TOTAUX....	291,525 83	189,703 95	13,636,410	72,981 13	28,840 75	893,470	681,811	1,575,281

Desséchement des marais du littoral. — Un rapport du 6 juillet 1827 de M. Dejean, ancien inspecteur des dunes, renferme le passage suivant :

Les habitants demandent la continuation du fossé de séparation ouvert dans l'atelier de Lège entre les propriétés du Gouvernement et les landes communales. Ce canal, dont la longueur est de 6,752 mètres et qui a coûté 16,000 francs, a produit un bon résultat; déjà l'étang du Porge est en partie desséché. Il serait bon de faire écouler, au moyen de travaux analogues, dans le bassin d'Arcachon les eaux des étangs de Lacanau, de Carcans et d'Hourtin. Les marais seraient desséchés et le bassin recevrait un fort volume d'eau qui contribuerait à renforcer les courants qui luttent contre la formation des bancs de sable, lesquels finiront peu à peu sans cela par fermer la passe et supprimer ainsi le seul port qui puisse servir de refuge aux bâtiments entre Bordeaux et Bayonne.

On devrait agir de même pour faire communiquer l'étang de Cazaux avec le bassin. Par ce moyen l'entrée du port de la Teste serait conservée; dans le cas contraire, on ne devra pas être surpris de le voir bientôt éprouver le même sort que ceux de Lacanau, Mimizan, Contis et autres lieux.

M. Chambrelent, dans son ouvrage intitulé *Les landes de Gascogne*, donne à ce sujet les renseignements résumés ci-après :

De la pointe de Grave au cap Ferret, il existe une longueur de côte de 120 kilomètres sur laquelle arrivent toutes les eaux d'une partie du versant occidental des landes, d'une superficie de 81,000 hectares.

Il en est de même dans le département des Landes, mais là cinq grands courants évacuent les eaux.

Dans le département de la Gironde, elles formaient des marais, de sorte qu'il a fallu étudier pour cette région un projet de desséchement spécial comprenant :

1° Un grand canal de 12 mètres de largeur au plafond, de 10,490 mètres de longueur et de 0 m. 25 de pente par kilomètre, partant du bassin d'Arcachon et allant à l'entrée des étangs;

2° Un grand vannage de 13 mètres de largeur à établir à l'origine amont du canal pour maintenir un niveau constant dans les étangs de Lacanau et d'Hourtin.

La concession des travaux a été donnée à deux des principaux propriétaires des marais par un décret du 23 juillet 1859 rendu en exécution de la loi du 15 septembre 1807. L'État et le Département ont accordé aux concessionnaires une subvention de 60,000 francs.

Les travaux ont été terminés en 1872 et un décret du 18 janvier 1873 a constitué les propriétaires des terrains desséchés en association syndicale d'entretien sur les bases de la loi du 21 juin 1865.

La dépense s'est élevée à 474,455 fr. 70. La superficie desséchée est de 7,797 hectares. Le montant de la plus-value a été évalué à 1,136,604 francs, dont la moitié revient aux concessionnaires.

D'après un rapport d'expertise, dont les conclusions ont été approuvées par un arrêté du Conseil de préfecture de la Gironde

en date du 4 juillet 1890, les travaux exécutés par les concessionnaires, MM. Clerc, Tessier et Cⁱᶜ, ont procuré une plus-value
de 3,334 fr. o5 à une étendue de 204 h. 28 a. de terrains domaniaux, savoir :

Forêt de Carcans	150ʰ 35ᵃ
Forêt d'Hourtin	53 93
Total	204 28

L'étiage normal actuel est de 14 m. 39, il était de 15 m. 89 avant
l'exécution des travaux.

L'État a payé aux concessionnaires 1,667 fr. o3, plus les intérêts
à 5 p. 100 à partir du 13 novembre 1874.

Il paye en outre 204 fr. 28 par an pour les frais d'entretien.

Le Syndicat des marais du littoral, institué par décret du 18 janvier 1873, est entré en fonctions le 5 juillet 1874 et a décidé
qu'il serait pourvu aux frais d'entretien des travaux et d'administration au moyen d'une taxe de 1 franc par hectare, dont le recouvrement serait fait, aux termes de l'article 26, § 3, du décret précité, comme en matière de contributions directes. Le premier
payement de cette taxe a eu lieu en 1876 pour l'année 1875.

La propriété des plages desséchées a été attribuée aux riverains
de l'étang d'Hourtin. On pourrait prétendre cependant qu'aux
termes de l'article 558 du Code civil elles doivent appartenir au
propriétaire de l'étang, c'est-à-dire à l'État si l'on adoptait les conclusions de la Commission des dunes de 1838. Toutefois, on peut
objecter que, sans compter les nombreux fossés ouverts par les
particuliers, les travaux d'assainissement des landes communales
prescrits par la loi du 19 juin 1857 ont été terminés en 1865,
tandis que l'opération du desséchement des marais a pris fin en
1873 seulement, de sorte que pendant un certain nombre d'années le niveau de l'étang a été exhaussé par les eaux qui y ont été
déversées artificiellement. Si l'on adopte cette hypothèse, les ter-

rains qui bordaient l'étang ont été envahis par les eaux à la suite
des travaux d'assainissement, puis ils ont été mis à sec de nouveau
après l'achèvement du canal d'écoulement.

Dunes autres que celles de Gascogne. — Lés dunes situées au nord de l'embouchure de la Gironde sont gérées en partie
par l'Administration des forêts. La contenance de ces dunes soumises au régime forestier est indiquée ci-après, ainsi que la longueur de la dune littorale.

DÉPARTEMENTS.	CONTENANCE DES DUNES gérées par l'Administration des forêts.	LONGUEUR de LA DUNE LITTORALE.
	hectares.	mètres.
Charente-Inférieure........................	7,963	92,586
Vendée.................................	5,641	123,000
Loire-Inférieure..........................	51	"
Morbihan...............................	309	5,087
Finistère	178	1,700
Somme.................................	51	"
Nord	30	"
TOTAUX..................	14,223	222,373

DOCUMENTS ANNEXÉS

DOCUMENTS ANNEXÉS.

1659 (16 SEPTEMBRE). — *Vente de la terre et baronnie de Lacanau à M. de Caupos par le duc d'Épernon.*

Par devant moi, Léonard Lhéritier, notaire et tabellion royal à Bordeaux et en Guienne, soussigné, présents les témoins bas nommés, a été présent très haut et très puissant prince Monseigneur Bernard de Foix de la Vallet, duc d'Épernon, de la Vallet et de Candalle, etc., lequel de son bon gré et volonté a vendu par ces présentes, cédé et transporté, vend, cède, quitte, remet et transporte à perpétuité et à jamais à Monsieur Jean de Caupos, conseiller et avocat du roi en l'élection de Guienne, à ce présent stipulant et acceptant pour lui, ses hoirs et successeurs à l'avenir, savoir : la terre et baronie de Lacanau, consistant en maisons, prés, bois, pignadas, domaines, moulin, étang, cens, rente et au droit et devoir seigneuriaux, avec tout droit de justice haute, moyenne, basse tout ainsi qu'elle lui a été adjugée par arrêt de décret de la cour du parlement de Bordeaux;

Ensemble le fief appelé de Mistres faisant partie de ladite terre sauf pourtant aucun droit de justice sur ledit fief, et tout ainsi que le tout est limité et confronté par la saisie sur laquelle ledit décret est intervenu, et dont son altesse a pris possession en conséquence dudit arrêt de décret, à la réserve néanmoins de la côte de la grande mer et droits en dépendant, dans toute l'étendue de ladite terre et baronnie de Lacanau, comme droit de naufrage, ambre gris, pêche et autre, et cent journaux de terre joignant ledit fief de Mistres au village de Mijos, appartenant de tout temps à mon dit seigneur, comme seigneur de Castelnau, etc....

Laquelle vente a été faite par mon dit seigneur au sieur de Caupos, sous les conditions et réservations spécifiées, pour et moyennant la somme de trente-six mille livres, etc....

1775. — *Requête en projet d'arrêt, pour M. le comte de Montausier demandant permission de construire des canaux de navigation dans les landes de Bordeaux. — M. Trudaine, conseiller d'État, intendant des finances; M⁰ Bocquet Destournelles, avocat du suppliant.*

Sur la requête présentée au Roy en son Conseil par Anne Marie André de Crussol, comte de Montausier, colonel lieutenant du régiment d'Orléans Infanterie, contenant que les avantages considérables que l'État et le public pourraient retirer des landes de Bordeaux si elles étaient cultivées, font désirer depuis longtemps que l'on puisse parvenir à les dessécher et les défricher. Ce pays immense produit des bois de toute espèce, des pignadas, des mines, dont on retirerait la plus grande utilité par le moyen des débouchés; Bordeaux ne serait plus obligé d'aller chercher en Hollande le goudron pour les vaisseaux; l'air deviendrait plus salubre : une partie de ces cantons est aujourd'hui sujette à des fièvres longues et difficiles à déraciner et dont la cause, de l'aveu unanime, est dans les exhalaisons des marais; la terre cultivée augmenterait la population et donnerait des prairies agréables et fécondes au lieu des marais. Les essais pratiqués par la compagnie Neser et Billard font voir tout ce qu'on peut espérer s'ils étaient mieux suivis : quelques familles établies il y a quatre ou cinq ans dans un des plus mauvais endroits de ces landes, cultivent aujourd'hui des champs, des vignes, des jardins, des pépinières et des pignadas, qui sont en très bon rapport[1]. Les dunes, ou montagnes de sable, qui appartiennent à Sa Majesté ainsi que les bords de la mer, ne produisent rien; il serait possible d'en tirer parti en faisant des plantations d'arbres à peu de distance de ces dunes et en semant sur leurs talus des graines abondantes ou racines telles que le chiendent et autres graines de cette espèce : on aurait le double avantage d'arrêter par là les désastres causés par les sables que la mer dépose continuellement sur ses bords, et d'empêcher les dunes de se fendre, de s'affaisser et de s'étendre insensiblement dans les terres. Les ravages opérés par ce fléau ne sont malheureusement que trop réels. L'ancien et le nouveau Soulac ne présentent maintenant qu'une mer de sable. De hautes dunes couvrent aujourd'hui l'ancien bourg de Mimisan, l'église paroissiale et les riches possessions d'une communauté de Béné-

---

[1] La forêt Nezer, située sur le territoire de la commune du Teich, comprend environ 1,500 hectares.

dictins établis dans ce lieu. Les religieux se sont retirés à Saint-Sever et ont abandonné aux habitants leur église conventuelle. Mais celle-ci touche au moment de subir le même sort que l'ancienne : les sables ont franchi depuis peu de temps les murs du cimetière; le quartier de Sart a déjà éprouvé les mêmes maux et court les mêmes dangers. Le desséchement et le défrichement de ces landes ne peut s'opérer que par des canaux navigables et de desséchement qu'il est facile de construire, etc.

N. B. Suivent ensuite la description et la demande de concession des canaux, avec privilège d'exploitation pendant 40 années.

1775. — *Requête en projet d'arrêt, pour M. le comte de Montausier, demandant la concession du terrain qui règne le long des bords de la mer et des étangs, depuis la pointe de Grave jusqu'à Bayonne. — M. Trudaine, conseiller d'État, intendant des finances; M⁰ Bocquet-Destournelles, avocat du suppliant.*

Sur la requête présentée au Roy en son Conseil par Anne André de Crussol, comte de Montausier, colonel lieutenant du régiment d'Orléans Infanterie, contenant qu'il existe dans les landes de Bordeaux, et notamment depuis Bayonne jusques à la pointe de Grave, le long des bords de la mer, des terrains immenses appartenant à Sa Majesté, lesquels sont incultes, déserts et ne rapportent absolument rien au domaine, que la plupart de ces terrains en avançant dans les terres sont couverts d'eau en tout temps, qu'il en sort des exhalaisons qui rendent l'air malsain et occasionnent des fièvres et autres maladies difficiles à détruire. Il serait possible à force de soins et de dépenses de défricher ces landes, dessécher ces marais et de les mettre en culture ou en bons pâturages; les essais pratiqués par la compagnie Neser et Billard, quoiqu'ils aient été mal suivis, font voir tout ce qu'on peut espérer.

L'État y gagnerait beaucoup par l'acquisition pour ainsi dire d'une nouvelle province; l'agriculture, le commerce et la population en ressentiraient les plus heureux effets. Le suppliant, pénétré d'amour et de zèle pour le public, a visité toutes ces landes, et il se flatte de remplir les vœux formés depuis longtemps pour leur desséchement et leur défrichement, si Sa Majesté daigne encourager ses projets et lui accorder la concession de tous les terrains et étangs qui lui appartiennent dans ces cantons, pour laquelle sa naissance, ses services et les travaux et dépenses qu'il se propose de faire dans la construction des canaux navigables semblent lui assurer quelque préférence.

Requerrait à ces causes le suppliant qu'il plût à Sa Majesté de lui faire concession de tout le terrain qui règne le long des bords de la mer, depuis la pointe de Grave jusques à Bayonne, de l'île de la Teste ou de la Matote, dans le bassin d'Arcachon, et de tous les étangs appartenant à Sa Majesté depuis la pointe de Grave jusques à Bayonne et dans les landes de Bordeaux, pour le suppliant, ses héritiers, successeurs et ayants cause en jouir à titre d'inféodation et de propriété incommutable avec tous les privilèges et prérogatives portés par les anciennes ordonnances et notamment par la déclaration du 13 août 1766, à la charge par le suppliant de dessécher et de défricher les dits marais et landes, et d'employer s'il est nécessaire les étangs à la construction des canaux navigables dans l'espace de quinze années, de tenir le tout à foi et hommage de Sa Majesté, à cause de son duché de Guyenne, avec droit de haute, moyenne et basse justice, et d'établir des officiers pour l'exercer en première instance et par appel au Parlement de Bordeaux, d'en fournir l'aveu et dénombrement à Sa Majesté et de payer les droits féodaux aux mutations suivant la coutume des lieux; comme aussi de payer au domaine de Sa Majesté, à la recette de Bordeaux, une rente féodale annuelle et perpétuelle de deux sols par arpent, et pour déterminer la quotité de la dite rente ordonner que, par l'arpenteur qui sera commis par le sous-intendant et le commissaire départi en la généralité de Bordeaux, il sera dressé procès-verbal d'arpentement et mesurage de tous les objets concédés; ordonner que l'arrêt qui interviendra sera exécuté nonobstant opposition ou empêchement quelconque pour lesquels ne sera différé, et que sur icelui toutes lettres, si aucunes sont nécessaires, seront expédiées.

<hr />

1778. — *Extrait de l'état des expéditions à faire pour l'exécution du projet du port d'Arcachon, des canaux et établissement des landes de Bordeaux à Bayonne.* — *Pour le Ministre* [1].

Écrire à M. Necker et à MM. des Domaines que l'intérêt, la sûreté de toute la navigation du golfe de Guienne et de la Marine de Sa Majesté exigent le plus prompt ensemencement des dunes de sables de la côte d'Arcachon, de-

[1] Ce projet de lettre envoyé à M. de Sartine a été rédigé par M. de Villers.

puis la pointe de Graves jusqu'à Bayonne, pour les fixer invariablement par une plantation de pins et d'un cinquième de chênes, qui, en contenant les sables, prévienne leur irruption continuelle, en même temps qu'ils formeront une vigie naturelle, un point fixe et élevé de reconnaissance pour tous les bâtiments sur une côte dangereuse, et seront dans peu d'années d'une très grande production pour les particuliers qui le feront, pour l'État et nommément pour l'usage de la marine dans la suite des temps;

Que tous les seigneurs riverains de la mer prétendent à la propriété de ces dunes; que quelques-uns (M. de Ruat) ont été retardés dans leur dessein d'ensemencer par les prétentions des Domaines de Sa Majesté sur les laisses de la mer, sur quoi il est des plus intéressants de statuer le plus promptement et de prendre le parti le plus expédient à cet effet;

Qu'il est constant que les sables de ces dunes envahissent annuellement les meilleurs terrains qui les environnent; qu'il n'y a pas de seigneur qui n'ait déjà perdu une partie de son domaine; que des villages sont forcés de remonter dans les landes; qu'on est obligé de rebâtir des paroisses ensevelies dans les sables; qu'enfin le bourg de la Teste est menacé sous peu de temps; que le bassin d'Arcachon surtout et ses passes en souffrent si prodigieusement que le mal sera sans remède si on n'arrête pas les progrès des sables; que Sa Majesté ayant en vue l'établissement de ce port, c'est le premier inconvénient auquel il est urgent de remédier, en ordonnant aux seigneurs propriétaires des dunes de les ensemencer dans des délais fixés, de les commencer et de les achever dans l'espace de cinq années; que faute par eux de le faire, Sa Majesté s'emparera des dunes pour les faire ensemencer à son profit; de se conformer dans leur ensemencement à ce qui sera prescrit par M. le baron de Villers, chargé par Sa Majesté de l'inspection de toutes les opérations tendantes au bien de son service sur la côte d'Arcachon; qu'enfin les laisses de la mer, s'il en existe réellement, ne seront jamais qu'un faible dédommagement des torts et des pertes qu'ils ont déjà soufferts en leur accordant de confronter à la mer, à supposer toutefois qu'ils ne confrontassent pas.

Envoyer avec la lettre copie par extrait du «Prospectus sur l'ensemencement des dunes».

1779. — *Prospectus d'un projet général d'un port au bassin d'Arcachon, d'un canal de ce bassin à Bordeaux, d'un autre à la rivière de l'Adour, près Baïonne, et de l'établissement des landes, par le baron de Charlevoix-Villers, colonel, inspecteur des fortifications, travaux, ingénieurs de la marine et des colonies* [1] (Extraits).

1re Division. — **Situation actuelle.** — Il y avait autrefois sur la côte, à 7 lieues environ du bassin, une petite rivière nommée Enchize qui allait vers l'étang de Cazeaux : la tradition est même que cet étang était un port, et tout indique qu'il en était de même de tous les autres étangs qui se trouvent situés le long des dunes, au nord et au sud du bassin d'Arcachon. Il est très vraisemblable que les sables ont bouché les entrées de ces havres, qui sont devenus par la succession des temps les étangs considérables que l'on y trouve aujourd'hui, et que ces sables les ont en partie comblés et haussés tels qu'ils sont maintenant. . . . .

Une observation qui ne doit pas être omise est qu'à telle aire de vent, telle distance différente de la côte, et à des profondeurs indéterminées, on trouve des fonds de sable fin, mêlé d'un sable bâtard de gros graviers, des coquillages de toute espèce et des huîtres différentes de celles qui se trouvent dans le bassin, lesquelles causent la ruine des filets de pêcheurs dans la grande mer; d'où je conclus que les vents d'Ouest ne peuvent pousser à la côte que les sables les plus volatils qui forment les dunes. . . . .

L'intérieur du bassin est à peu près ce que l'a désigné M. de Karney, en observant néanmoins que les dunes du Nord, versant continuellement dans le bassin, haussent les différents bas-fonds et contraignent les eaux à gagner dans les terres sur toute la circonférence de ce havre. . . . .

Le droit de huitain sur le poisson que pêchent les habitants exposés à tous les risques de perdre leur bien avec la vie même est une entrave révoltante; la mer n'appartient pas au seigneur, puisqu'il en est borné. . . . .

Les matières résineuses, que nous mettons dans la classe de la culture, en sont moins que celles du commerce, puisqu'elles n'en exigent d'aucune sorte, qu'au contraire dans l'état actuel elles y nuisent entièrement et font le principal objet du commerce de la Teste. Ces matières qu'on tire des pins ôtent

---

[1] Un autre mémoire de M. de Villers, concernant uniquement les dunes, est déposé à la bibliothèque de Bordeaux.

à la culture quantité d'hommes qui y travaillent et des bestiaux avec leurs conducteurs pour les charrois.

Ces exportations faites par des canaux, les hommes et animaux seront rendus à l'agriculture.

La récolte des pins n'exige aucune sorte de culture, n'est exposée à aucun événement des saisons, ce qui engage les paysans à s'y donner de prédilection; ils contractent une vie molle, paresseuse, errante dans les bois, et qu'ils préfèrent à la culture des terres, dont le rapport dans leur état actuel ne leur offre pas le même profit.

Mais le dessèchement des landes, leur conversion en champs cultivés, en bons bois, la formation des prairies, quelques-unes susceptibles d'arrosement, la population assurée de toute espèce de bestiaux et de troupeaux, le débouché avantageux des denrées, la diminution des frais d'exportation, la multiplicité des objets de culture, de manufacture et de bénéfice, les exemptions, les privilèges et tous encouragements, enfin une population nombreuse rétabliront l'équilibre entre le paysan et le résinier, et l'on pourra augmenter le rapport des matières résineuses sans porter d'obstacle à celui de toute autre culture.

On peut regarder les dunes comme la sixième portion des landes; elle n'est propre, par sa nature, qu'aux pins, qui y réussissent, et l'on y aura un cinquième de chênes propres aux constructions. Cette portion, contenant 150 lieues superficielles ou 1,114,650 journaux, mesure de Bordeaux, dont le produit, à 12 livres, moitié seulement de la plus basse estimation, ferait un revenu certain de 13,375,800 livres en résine seulement, sans les bois de chauffage, de construction, et le parti à tirer des pins secs servant à tout usage, qui monteraient encore au tiers des produits ci-dessus.

Le défaut de produit de ces campagnes, alternativement inondées et arides pendant l'année, ce défaut corrigé par des écoulements ménagés avec intelligence, les marais desséchés, le pâturage naturel des landes couvertes d'agions, de jaugues, etc., sera modifié.....

On ne laissera point, pendant près de 60 lieues, toutes les dunes de sable envahir les meilleures terres, anéantir des villages entiers, le bourg de la Teste même, sans chercher les moyens d'arrêter ces désordres.

Il croît quelques mauvaises herbes dans les intervalles des dunes que l'on nomme leytes, qui servent à la pâture de quelques chevaux aussi sauvages que les paysans qui en sont les propriétaires, sans en tirer de bénéfice et sans même en conserver les souches; ces vastes montagnes alors couvertes de bois ou de bonnes herbes alimenteraient beaucoup d'animaux, et l'on peut tirer

le plus grand parti des juments en y établissant l'ordre des haras et se procurer des mulets excellents.....

..... Il faut avant tout retenir les sables des dunes qui, seuls, peuvent
entraver la marche des travaux; pour cela faire, il faut les fixer par l'ensemencement du pin, et pour que cet ensemencement soit possible, il suffit de
retenir la graine d'une façon quelconque.

2ᵉ Division. — **Fixation des dunes.** — Les détails donnés sur la situation
actuelle du bassin et ses passes présentent à la formation d'un port deux difficultés majeures, auxquelles il faut remédier le plus promptement. La première
est la source du mal qu'il faut arrêter dans son principe; le seul moyen, et il
est sûr, c'est de fixer les dunes de sable par une complantation générale qui
garantisse également de la submersion totale le bassin, les passes, les islets,
tous les villages et terres cultivées le long de ces dunes, depuis la pointe de
Grave jusqu'à Baïonne. Le bourg de la Teste, chef-lieu maritime de toute
cette partie, situé dans le sud du havre d'Arcachon, va subir le même sort.
Depuis vingt ans, l'invasion des sables augmente prodigieusement.

Depuis la pointe de Grave jusqu'à Baïonne, il existe sur les dunes plusieurs
forêts que les sables couvrent tous les jours, ce qui prouve la nécessité urgente
de les arrêter, en même temps que la possibilité en est démontrée, puisqu'il
en subsiste près de 40,000 journaux encore parfaitement boisés; ces dunes
de sable couvertes de bois sont devenues fermes et liées par les racines de différentes espèces d'arbres ou arbustes qui y ont été semés et qui les ont parfaitement consolidées. Cet exemple doit donc prouver suffisamment la possibilité
et la facilité de l'ensemencement proposé.

Pour l'exécuter, il n'est question que de commencer l'ouvrage du côté de
la mer, à l'endroit même où les hautes marées ne montent pas, c'est là la
source fatale de ces sables, et continuer successivement en venant du côté des
terrains habités. On peut avec succès, pour arrêter les sables dans les portions
complantées, les espacer par de légers clayonnages ou fascinages, qui empêcheraient ces sables de passer et de s'accumuler ou de trop couvrir ces ensemencements, y jeter de la graine de pin à distance égale, du gland de loin
en loin et beaucoup de graines de différents arbustes et herbes rampantes,
dont l'élévation et le fourré serviront à opposer un rempart à la course du
sable qui, sur ces bords, est on ne peut plus fin, par conséquent léger; les
graines d'agion, appelé dans le pays vulgairement jogue, celles du genêt,
celles du gourbet, espèce de jonc qui se plaît infiniment dans le sable, et
surtout celles du (gricau?) paraissent les plus propres à remplir cet objet.

Cette dernière a un avantage sur toutes les autres, c'est que fleurissant deux fois l'année et donnant conséquemment sa graine, autant de fois elle se reproduit elle-même, et, ne s'élevant pas au-dessus d'un pied, s'étend et forme un abri assez étendu, pour que le vent ne puisse pas prendre le sable sur son sol; rien de plus aisé que de s'en procurer, puisque c'est avec le secours de cette graine qu'on est parvenu, à Dunkerque, à donner des bornes aux sables de cette côte, lesquels sont parfaitement ressemblants à ceux de celle-ci : on n'a eu d'autre vue à Dunkerque que la fixation des sables, pour en arrêter les dégâts; ici, on retirera le double avantage de garantir le bassin et ses passes, de conserver les terrains excellents qui se détruisent annuellement et d'avoir, vingt années après l'ensemencement, un profit immense pour les colons, une branche puissante pour le commerce, des droits considérables pour le Roi et toutes les autres ressources déjà décrites pour la culture et la population.

D'après les connaissances prises sur l'ensemencement général des dunes, j'ai trouvé quelques petites difficultés que l'autorité seule, éclairée des avantages qui en résultent, peut lever.

La première est que plusieurs paroisses, le long des dunes et, en particulier, celles de la Teste, de Gujan, autour du bassin et de Caseaux, vers l'étang du même nom, ont un droit d'herbage et de pacage tant sur les montagnes de sable que sur toutes les landes et terres vacantes, droit concédé aux habitants par Frédéric de Foix, en 1550 [1], avec la singulière clause qu'il s'interdisait la faculté de concéder de ces terrains, si ce n'est pour faire venir du blé, etc., bâtir moulins à vent et à eau, sans pouvoir planter aucune sorte de bois.

La deuxième est le droit d'usage aux mêmes habitants de toutes ces paroisses sur les forêts qui leur sont affectées, c'est-à-dire que le bois de chauffage, comme chêne et autres, et celui des pins morts, secs ou abattus, sont communs et appartiennent au premier habitant qui va les chercher; de plus, quoique les arbres pins, vifs et gommeux appartiennent en propriété à divers particuliers qui les possèdent, chaque habitant non propriétaire peut, au moyen d'une permission donnée par les syndics nommés entre eux tous à cet effet, en faire couper la quantité nécessaire aux ouvrages qui lui sont d'utilité et sans payer aucune indemnité.

On sait qu'il y avait dans ces temps reculés une bien plus grande partie de dunes recouvertes de bois que divers incendies ont détruits et qui n'ont

---

[1] Ce droit d'herbage et de pacage avait été concédé sur les *padouans* du capialat de Buch.

pas été replantées; il est donc à présumer que ces prétendues concessions n'ont été faites que sur le pied où étaient les choses alors; mais outre que les sables déposent toujours du côté de la mer, si on ne les fixe point à mesure qu'ils sont déposés, ce qui a ruiné partie des forêts qui ont été considérablement diminuées par les incendies, c'est que cette clause abusive et ridicule ne pouvait être imposée par Frédéric de Foix au préjudice du bien général de l'État, en interdisant la complantation des bois, c'est que la loi doit être générale pour toutes les landes, c'est qu'on ne doit pas laisser en friche une vaste partie des landes qui ne seraient pas propres à la culture, tandis qu'elle est susceptible d'autre rapport en ce que les dunes de sable particulièrement ne sont propres qu'au bois et y seront très utiles, enfin en ce qu'il est même de l'avantage des habitants à portée, et jouissant de ces droits de pacage et d'usage des bois, pour leur propre conservation, de les étendre, puisque par là on les met à l'abri de voir leurs meilleures terres envahies par les sables.

Ce serait, sans doute, une très faible objection de leur part que le pacage actuel de ces montagnes de sable dans de petits vallons qu'on nomme lectes, qui séparent les différentes dunes, dans lesquels le séjour des eaux fait croître quelques mauvaises herbes que les chaleurs de l'été détruisent, car sur les dunes il n'en croît pas une seule; mais le faible secours des pacages, qui se détruisent annuellement en se couvrant de sables menus, est-il comparable aux bonnes campagnes qui en sont submergées et que les propriétaires sont continuellement obligés d'abandonner?

C'est le plus petit nombre des habitants qui ont des bestiaux qui ne se montent pas à mille et qui ne produisent presque rien. Faut-il donc pour eux priver tous les autres d'un bien réel et commun, perdre totalement le bassin d'Arcachon et le bourg de la Teste? Au surplus, cette privation ne peut être que de quelques années, parce que les dunes une fois ensemencées, les arbres assez élevés, les terrains consolidés, les habitants rentreront dans leurs droits d'herbage et de pacage sur 1,200,000 journaux au lieu de 30,000 aujourd'hui, ce qui devient même naturel, puisqu'il est convenable que, la population s'accroissant, les jouissances de ces droits doivent augmenter dans la même proportion; par conséquent, la complantation proposée est en tout conforme à leurs droits, à leurs intérêts et au bien général.

Mais il est dans ce païs, comme ailleurs, des ennemis du bien public, de ces hommes personnels pour qui l'État est un vrai nom et la patrie une chimère, et qui, quoique devant à ces deux sources seulement leur fortune et leur crédit, ne s'en servent que comme d'une arme pour combattre l'un et l'autre. Il est aussi de ces caractères moroses, de ces esprits d'opposition qui, frondant tout, brouillant tout, prennent leur caprice pour du zèle, leur humeur sombre pour de la profondeur, et mettent toujours leurs idées bizarres à la place de la raison, ne voyant jamais rien de bien que le désordre qu'ils ont pu faire.

C'est à la sagesse d'un gouvernement éclairé et actif à écarter ces frelons importuns, à apprécier leur bourdonnement insensé, et surtout à franchir ces barrières frivoles que de petits intérêts particuliers s'efforcent trop ordinairement d'imposer à l'intérêt général.

Une autre difficulté est de trouver des entrepreneurs qui veuillent se soumettre à conserver aux habitants le droit d'usage dans les nouvelles plantations. On ne peut disconvenir qu'il est vraiment onéreux aux particuliers possesseurs, par la coupe des bois de pins vifs, qui donnent de la gomme et par conséquent du revenu, que dans les nouvelles forêts ensemencées on laisse le même usage aux habitants, de tous bois de chauffage et de celui des pins morts, secs ou abattus, mais quant au bois vif, il est bien douteux que ceux à qui l'on pourrait concéder de ces sables pour les ensemencer voulussent se charger de l'entreprise à une pareille condition.

Cependant la politique, la prudence l'exigent; rien n'est plus à craindre dans les forêts de pins que le feu. Si l'usager, ou non propriétaire, se trouve privé dans ces nouvelles forêts de tous les droits dont il jouit sur les petites forêts actuelles, ne doit-on pas craindre que la méchanceté ne porte quelqu'un à les incendier. Cela n'est point sans exemple.

Le captal de Buch avait déjà concédé ces dunes et en avait ensemencé lui-même en chênes et en pinadas; son entreprise réussit supérieurement; déjà les arbres allaient produire, les sables commençaient à se fixer, mais des habitants mal intentionnés les incendièrent. Vraisemblablement la privation du pacage dans les bois semés, à laquelle on les tenait assujettis par une garde exacte, porta à cet excès ceux qui se trouvaient exclus de ce droit pendant les quinze années qui s'écoulèrent depuis l'ensemencement jusqu'à l'incendie. Quelque parti que l'on puisse prendre, il serait toujours nécessaire de mettre des restrictions, des modifications, par la suite, pour l'usage des bois de chauffage secs, morts ou vifs, attendu que l'augmentation de la population pourrait faire tomber à rien le produit de ces nouvelles forêts, et que la quantité innombrable des gens qui iraient s'en fournir les exposerait également au danger des incendies; au surplus, un ensemencement ordonné par le Gouvernement pour le bien de l'État en imposerait davantage que ceux qui avaient été faits par le captal de Buch, et le Gouvernement pourrait accorder à tous les propriétaires, pour eux et leurs descendants, des contrats de propriété de ces jouissances qu'ils transmettraient à leurs héritiers pour en jouir ou les vendre comme ils aviseraient. Alors les jouissances bornées à un certain nombre n'auraient pas les inconvénients de la multiplicité, et les nouveaux établissements se feraient sans tenir compte des jouissances qu'ils acquerraient à très bas prix et avec quelques corvées annuelles au profit de ces mêmes forêts qui, d'ailleurs, ne seront pas en rapport avant vingt années, pendant lesquelles les landes doivent être entièrement établies.

Les dunes ont des propriétaires; elles appartiennent à tous les seigneurs des terres qui les avoisinent, dont plusieurs réclament quelques privilèges, sans lesquels ils ne peuvent ensemencer ou les assister pour n'en attendre la jouissance que dans vingt ans.

Sa Majesté, pour encourager cet ensemencement, peut donc l'ordonner avec des privilèges qui puissent engager à faire l'avance des déboursés, et en même temps qu'elle imposera la loi de le faire dans un délai limité, après lequel les dunes rentreront dans son domaine, pour les ensemencer lui-même ou les concéder aux mêmes conditions auxquelles seront assujettis aujourd'hui ces seigneurs. Cet objet est le plus urgent et mérite toute la célérité possible. Si l'on ne peut espérer dans le moment présent la fin de l'interruption des sables, au moins sera-t-on assuré d'en voir le terme fixé à quelques années...

Je pense donc que pour parvenir à fixer les sables du bassin d'Arcachon, de ses passes, à préserver les meilleures terres des landes, il faut ordonner sans aucun délai la complantation des dunes, des islets du bassin et des terres en friche qui seraient jugées n'être propres à aucune autre culture, avec la liberté à chaque propriétaire d'ensemencer ainsi un cinquième de sa propriété en pins et autres bois, sans y parler nullement des droits de pacage, herbes ou usage des bois tant morts que vifs, conservant cependant aux seuls habitants actuels et voisins les usages et privilèges dont ils jouissent dans les dunes et ailleurs, afin de les associer eux et leurs descendants au succès de ces entreprises intéressantes. Leur interdire le pacage dans les dunes et terres ensemencées tout le temps nécessaire pour en assurer le succès, qui sera fixé au moins à quinze ans, afin de donner à tous les bois une force suffisante à être garantis de tous les bestiaux, leur défendre surtout et à tous résiniers de lâcher des cochons dans les forêts, les sangliers qui peuplent beaucoup faisant déjà assez de dégâts, ainsi que des chèvres, ce qui est contraire à la reproduction des jeunes pins et des chênes; qu'il faudrait, en établissant un ordre stable et salutaire pour l'entretien et la conservation des bois, sous l'inspection de quelque commissaire préposé spécialement à cet effet, rappeler dans toute leur rigueur les dispositions du règlement contre les incendiaires et les malfaiteurs, qu'il serait important d'effrayer par la crainte de la plus grande sévérité.....

Résumé. — A la construction des canaux de Caseaux à Baïonne, et de Caseaux à Bordeaux par les étangs du Porge, de Lacanau, de Carcans et d'Hourtins, se rattache l'assainissement des landes par la direction des crastes. Mais il est un besoin plus urgent et d'un avantage infini, c'est de fixer les dunes et de le faire d'une manière qui remplisse le double avantage d'arrêter le torrent impétueux des sables qui inondent actuellement beaucoup de terres précieuses, déjà cultivées, et de rendre ces montagnes de sable un fonds productible à l'État.

Ces dunes occupent une étendue de près de 60 lieues de longueur sur près de 2 lieues de large, ce qui forme une superficie de presque 150 lieues de terrain. Le commerce et l'État qui sont inséparables y gagneraient une quantité prodigieuse de bois utiles même à la navigation, puisque le chêne y vient très bien et de la meilleure qualité; les bois seraient à portée des exploitations, ils procureraient aussi des matières résineuses de toute espèce, enfin ces montagnes plantées fourniraient en même temps des herbes, des pâturages qui nourriraient un grand nombre de bestiaux. Il ne s'agit que d'ensemencer toutes ces dunes.

1779 (23 mars). — *Concession à M. Amanieu de Ruat des dunes de la Teste, Gujan et Cazau* [1].

Par arrêt du Conseil, rendu les jours et an que dessus, à la requête du sieur Amanieu de Ruat, conseiller au Parlement de Bordeaux.

Appert que le Roi, en son Conseil, a fait concession audit sieur de Ruat des dunes situées dans l'étendue des terres de la Teste, Gujan et Cazeaux, pour en jouir, par lui, ses hoirs, successeurs et ayant cause, à titre d'accensement et de propriété incommutable à perpétuité, à la charge de les planter en pins ou autres arbres en quantité suffisante pour contenir et arrêter leurs progrès; de faire lever à ses frais un plan figuratif et dresser procès-verbal d'arpentage des dunes;

[1] Extrait des Archives nationales.

Et de payer au Domaine, du jour du présent arrêt, un cens annuel et perpétuel de deux livres de blé froment par chaque arpent qu'elles se trouveront
contenir, payable néanmoins en argent à raison de dix-huit deniers la livre
pendant la vie du suppliant, et ensuite suivant l'estimation qui en sera faite
et renouvelée à chaque changement de propriétaire, d'après les mercuriales
du marché le plus voisin des lieux, sans, qu'en aucun cas, ladite estimation
puisse être moindre de dix-huit deniers la livre de blé, encore que le prix
n'en ait pas monté aussi haut pendant les dix dernières années desdites mercuriales.

Ledit cens emportant tous droits seigneuriaux aux mutations suivant la
coutume; et ordonné que le suppliant, avant de se mettre en possession des
dites dunes, fera enregistrer le présent arrêt au Bureau des finances de Bordeaux et y déposera les plan et procès-verbal d'arpentage.

———————

1780 (26 FÉVRIER). — *Lettre de l'intendant de Guienne, Dupré de Saint-Maur,
au Ministre des finances (Necker).*

S'il était possible, Monsieur, de regarder les dunes comme une portion du
domaine de Sa Majesté, il ne devrait en résulter que des facilités pour en
tirer le meilleur parti possible au moyen des concessions qui en seraient faites
à des conditions qui fussent de nature à inviter les concessionnaires à y faire
les plantations nécessaires pour les mettre en valeur. En effet, dans l'état
actuel, ces montagnes de sable mobile et fluide sont absolument stériles et
ne font que nuire, par leurs progrès continuels sur les terres adjacentes; par
conséquent, les administrateurs du domaine n'auraient aucun motif raison-
nable de s'opposer aux tentatives que l'émulation pourrait imposer à des cul-
tivateurs assez zélés pour y faire, à grands frais, des plantations dont l'avène-
ment n'aurait même rien de certain, et loin de refuser les exemptions qu'ils
pourraient désirer pour des entreprises si utiles et si dispendieuses, il y aurait
lieu de les leur prodiguer.

Mais, quoique je sois bien éloigné de vouloir restreindre les droits du Domaine, je ne puis m'empêcher d'élever un grand doute sur la légitimité de la
prétention que ces administrateurs pourraient élever à ce sujet : les dunes
sont hors de la ligne des terres qui sont baignées par les marées et, par conséquent, les seigneurs ou les communautés de chaque territoire y ont un droit

particulier, sans préjudicier à celui qui est réservé au souverain sur les rivages.

Telle est, Monsieur, l'opinion que j'ai conçue sur une question qui vous paraîtra toujours devoir être résolue pour l'intérêt de la culture.

1787 (18 SEPTEMBRE). — *Ordonnance de payement pour les premiers essais de Brémontier.*

François-Claude-Michel-Benoît Le Camus, chevalier, seigneur chatelain, et patron de Néville..... intendant de justice, police et finances de la généralité de Bordeaux.

Vu la lettre à nous écrite le 26 septembre 1786 par M. le contrôleur général des finances qui accorde une somme de 50,000 livres pour être emploiées aux ouvrages qui ont pour objet de s'assurer de la possibilité du canal projeté dans les landes et de trouver le moïen efficace de fixer les dunes, ensemble le compte qui nous a été rendu par le sr Brémontier, ingénieur en chef des Ponts et Chaussées, des dépenses faites à ce sujet depuis le 12 mars 1787 jusques au 25 août suivant, montant à la somme de 15,217^{l}4^{s}3^d.

Il est ordonné au sr Marquet, receveur général des finances de notre généralité en exercice l'année 1784 ou au sr Lespiault de Bréchan, son fondé de procuration à Bordeaux, de paier des fonds destinés aux dépenses variables dudit exercice, au sr Miral la somme de quinze mille deux cent dix-sept livres quatre sols trois deniers, pour le montant des dépenses ci-dessus désignées et en rapportant par ledit sr Receveur général des finances notre présente ordonnance duement acquittée, ladite somme de quinze mille deux cent dix-sept livres quatre sols trois deniers lui sera allouée dans la dépense de ses comptes partout où il appartiendra.

1791 (21 JUILLET). — *Arrêté du Directoire du département de la Gironde.*

Le Directoire du département, ouï M. le Procureur général syndic, a arrêté :

...3° Qu'il sera écrit à la municipalité de la Teste pour savoir à qui appar-

tiennent les terrains qui se trouvent, d'une part, entre la grande et la petite
montagne d'Arcachon et, d'autre part, entre la ville et le territoire de la Teste
et la mer, et que cette municipalité sera invitée à indiquer les moyens par
lesquels les terrains pourraient être recouverts de pins ou d'autres bois, afin
de ne former qu'une seule et même forêt avec les deux autres du nord et du
sud; qu'il sera observé en même temps à la municipalité de la Teste que l'Administration ne pouvant pas se charger de tous les ensemencements, soit à
cause des grandes dépenses qu'ils occasionneraient et qu'elle est hors d'état
de supporter, soit parce que les propriétaires de ces terrains devraient en
recueillir un jour le fruit, les habitants qui y ont intérêt sont invités à
concourir à ces travaux pour lesquels l'Administration sera toujours disposée
à les aider, soit par des fonds de secours, soit par les autres moyens qui seront
à sa disposition.

1792 (20 septembre). — *Ensemencement des dunes de la Teste pour couvrir la*
batterie. Extrait du registre du Conseil général du département de la Gironde
du 20 septembre 1792 : l'an quatrième de la liberté et de l'égalité.

Vu la pétition de plusieurs citoyens de la Teste ayant pour objet de faire
ensemencer une partie des trois dunes pour mettre à l'abri de l'invasion des
sables la batterie qui vient d'être établie sous la direction de M. Bazignau,
capitaine d'artillerie, pour défendre l'entrée du bassin d'Arcachon, par la
passe du Sud, vu pareillement le rapport de l'ingénieur en chef et d'après
l'avis du Comité militaire,

Le Conseil général du département de la Gironde, ouï M. le Procureur
général syndic, arrête que l'Ingénieur en chef demeure chargé de faire ensemencer, de la même manière que cette opération a été faite précédemment,
une partie de la dune dite de la Roquette, située au midi de celle où la batterie se trouve établie, plus une partie de celle qui se trouve à l'ouest de la
batterie, ainsi que toute autre partie de dune qui pourrait servir à couvrir
ladite batterie et conserver les ensemencements déjà faits, arrête en outre
que cette dépense sera prise sur la somme de six mille livres que le Conseil général du département a destinée à cet objet par son arrêté du 1er décembre 1791.

1797 (11 juin) 23 prairial an v. — *Procès-verbal de visite des dunes de la Teste.*

L'an cinquième de la République française une et indivisible, et le dix-huit prairial et jours suivants, nous Pierre-Timothée Guyet-Laprade, maître particulier de l'Administration provisoire des forêts nationales de la ci-devant maîtrise de Bordeaux.

Étant à même de vaquer à la visite des bois nationaux du premier arrondissement de la Gironde et ayant été instruit que le citoyen Duplantier, président de l'Administration centrale du département de la Gironde, se proposait d'aller visiter les semis qui avaient été faits sur les dunes de la Teste, nous nous sommes réuni à lui, pour parcourir ensemble les côtes de la mer dans cette région et prendre connaissance des travaux faits et à faire sur ces dunes.

En conséquence, nous étant rendus dans la commune de la Teste, nous avons été accompagnés dans notre visite par les citoyens Marichon, commissaire du directoire exécutif près l'Administration municipale, et Peychan jeune, directeur des travaux, où étant parvenus et après avoir parcouru les nouveaux semis, nous avons observé qu'il y avait environ douze cents journaux (huit cents arpents) de semis de pins de divers âges, généralement bien venants, ayant 8, 7, 6 et 5 ans; avons toutefois remarqué que dans la partie la plus élevée de la dune semée en 1788 les pins étaient rabougris et mal venants, et, en ayant cherché la cause, avons reconnu, ainsi qu'il nous l'a été dit par le citoyen Peychan jeune, que cela provenait de ce que les semences n'avaient été mélangées d'aucune espèce de graine d'arbuste propre à abriter les jeunes semis de pin. A cette époque, on était astreint à se conformer aux ordres reçus qui se bornaient à faire enfermer par des clayonnages, formant différentes figures, un certain espace de terrain dans l'enceinte duquel on faisait répandre uniquement de la graine de pin. Mais, dès la première année, l'inutilité et le vice de ce procédé dispendieux ayant été reconnus, on l'a abandonné pour s'en tenir à la manière connue et usitée depuis longtemps par les habitants du pays, et qui consiste à répandre la graine sur le sable et à la recouvrir de branchages qu'on fixe avec de petits piquets. En suivant ce dernier procédé et en croisant les semences de pin avec des graines de genêt et de jonc marin épineux, on a supérieurement réussi, au point que, partout où les semences ont été croisées et simplement abritées des vents salés et des grandes chaleurs, les pins sont de la plus grande beauté, ceux de 8 ans ayant jusqu'à 17 pieds de tige sur 8 pouces de grosseur, ce qui est prodigieux et annonce une végétation très forte et peu commune.

Nous avons également observé que partout où les semis ont été abrités, soit naturellement, soit par les divers arbustes qui y ont été mêlés, le gazonnement des sables s'est très bien opéré, au point qu'ils se trouvent dans toute cette partie définitivement fixés, ce qui démontre d'une manière incontestable la possibilité de les fixer sur toute la côte, notamment le long du bassin d'Arcachon jusqu'à la pointe du Sud, soit sur une lieue de longueur et un quart de lieue de largeur, si l'on veut du moins préserver ce vaste pays de l'envahissement des sables dont il est menacé et qui font des progrès très rapides.

Indépendamment de l'intérêt particulier du pays, le Gouvernement aurait un très grand avantage à couvrir ces dunes de diverses essences de bois, qui, dans la suite, pourraient réparer les pertes que l'État a faites dans cette partie de la richesse nationale et dont la disette effrayante se fait sentir journellement. Cet avantage nous a paru démontré jusques à l'évidence par la comparaison que nous avons faite de la nature de ces sables avec ceux de la grande forêt de la Teste, dont nous aurons occasion de parler dans le cours de ce rapport, et d'après laquelle nous avons reconnu que ces dunes, ou montagnes de sable, sont propres à élever toute espèce d'arbres de haute futaie, tels que le chêne, le hêtre, le sapin, le pin, le mélèze, le châtaignier, le cèdre, le liège, le chêne-vert et généralement tous les arbres verts. Une plantation pareille sur les côtes de l'Océan et sur les bords du plus beau bassin qu'il y ait en Europe serait pour l'État une source inépuisable de richesse.

Les derniers 400 arpents semés en 1791 et 1792 n'ont coûté que 10,260 livres, ce qui représente une dépense de 25 livres et quelques sols par arpent, dépense qui, dans la suite, sera nécessairement moindre par la facilité que l'on aura d'extraire dans les premiers semis tous les branchages nécessaires pour recouvrir les semences, qui jusques à présent avaient été pris soit dans la forêt d'Arcachon, soit de l'autre côté du bassin. D'ailleurs, la beauté du semis de 8 ans exige, pour sa conservation, que l'on s'occupe dès cette année de son curage, soit qu'on le destine à la production de la gomme, soit qu'on le veuille laisser croître en futaie.

Les perches que l'on pourra en tirer seront d'une facile défaite à raison de la chasse aux canards qui se fait tous les ans sur le bassin d'Arcachon et pour laquelle on emploie annuellement près de 12,000 douzaines de perches de pins qui se vendent dans l'intérieur des terres, prises sur les lieux, 3 livres la douzaine. Celles que l'on sortirait de ce semis, se trouvant à pied d'œuvre, pourraient être vendues un peu plus cher, et l'on estime que l'on en pourrait tirer environ 3,000 douzaines, ce qui, loin de nuire à la production, faciliterait au contraire la croissance des pins restants.

Ces observations nous ont conduit à rechercher la consistance des dunes de la Teste. D'après les renseignements qui nous ont été fournis, il paraît que les dunes qui se trouvent sur le territoire de cette commune contiennent environ 20,000 arpents de sables à fixer; que ces dunes se prolongent depuis le bassin d'Arcachon jusques au Cap Breton, sur une longueur de 18 lieues et une largeur de 2 lieues, formant une contenance de 40,000 arpents, dont moitié dans le département des Landes, que le Gouvernement aurait le.plus grand intérêt à utiliser ces sables en les recouvrant d'une masse d'arbres utiles qui peuvent s'y élever et que nous avons désignés précédemment. Dans ces 40,000 arpents nous ne comprenons pas tous les sables qui s'étendent depuis la pointe de Grave jusqu'à l'Adour et qui peuvent former une contenance d'environ 350,000 arpents que le Gouvernement ne doit pas oublier.

Dans le cas où le Gouvernement se déciderait à ne faire semer que de la graine de pin, quoique les autres espèces d'arbres propres à la construction puissent y être élevés avec avantage, nous croyons devoir présenter quelques données sur le revenu très rapproché de ces sortes de plantations.

Vingt-cinq ans au plus sont suffisants, dans cette contrée, à l'arbre pin pour produire de la gomme. Un arpent ne peut contenir que 100 arbres; il doit être réduit à ce nombre par succession de temps; chaque arbre produit annuellement 4 livres de gomme, ce qui fait 4 quintaux par arpent à 6 livres le quintal, soit 24 livres par arpent. Ainsi, les dunes de la Teste, contenant 20,000 arpents, recouvertes d'arbres pins et converties en ateliers résineux donneraient, au bout de 25 ans, 480,000 livres de revenu tous les ans pour un capital d'environ 520,000 livres, lequel, augmenté des intérêts à 5 p. o/o pendant ces 25 années formerait au total un capital d'environ 1,170,000 livres. D'après ce calcul, on peut avancer qu'indépendamment de l'intérêt public le Gouvernement ne pourrait mieux placer son argent. Nous observons néanmoins que les 25 ans que nous présumons nécessaires pour établir les arbres pins en ateliers résineux ne seraient pas perdus pour l'État, puisqu'il est démontré que pour parvenir à ce point il est nécessaire de les réduire au nombre de 100 arbres par arpent, ce qui exige un curage successif qui doit commencer dès que le semis a atteint l'âge de six et sept ans, jusqu'à vingt.

Par ce curage on se procure, les premières années, beaucoup d'échalas, et, successivement, une quantité considérable de perches, poutrelles et chevrons, pour lesquels le bassin qui borde les dunes présente un débouché facile. Les observations que nous a fournies la grande forêt de la Teste démontrent d'ailleurs que la culture des pins en ateliers résineux n'exclut pas la culture des autres essences. Cette forêt, qui appartient à un certain nombre d'habitants de la Teste, a été incendiée en partie en 1716 et resemée en 1717 par les propriétaires; elle a trois lieues d'étendue sur une lieue de large.

Elle n'est autre chose qu'une chaîne de dunes et ne diffère de celles plus près de la mer, dont elle fait partie, que par sa production; elle est recouverte de superbes arbres, pins, chênes et autres essences. L'essence dominante est le chêne, malgré la mauvaise gestion de cette forêt, qui tend à le faire disparaître; il semble que la nature fait tous ses efforts pour remédier aux plus grandes dévastations. Tous les habitants de la Teste ayant six mois de domicile dans la commune ont le droit de prendre du chêne pour tous leurs besoins; l'arbre pin est seul excepté et les non-propriétaires ne peuvent en couper aucun sans la permission d'un syndic qui représente tous les propriétaires.

Cette forêt est recouverte, comme nous l'avons déjà dit, des plus beaux arbres pins et chênes qui servent journellement au chauffage et à la construction des barques et navires du pays, sans qu'aucun habitant, même propriétaire, puisse exporter aucune espèce de bois hors la commune, sous quelque prétexte que ce soit, à peine d'être privé de son droit d'usage, chauffage, etc. Le revenu annuel de cette forêt se réduit à environ 1,500 milliers de gomme, ce qui représente une somme très considérable et peut servir de base pour le produit qu'on a à espérer des dunes à recouvrir. Ainsi, sous ce seul rapport, on peut se convaincre de l'avantage qu'on peut retirer de ces dunes, et si l'on joint à cet aperçu la nécessité de venir au secours de ce vaste pays, qui est menacé d'un envahissement progressif et très rapproché, on sentira combien il est urgent de mettre des fonds à la disposition du département pour continuer des travaux aussi utiles et présentant d'aussi grands avantages.

Nous finirons ces observations en ajoutant qu'il est étonnant que ce service des dunes ait été soustrait de la direction forestière pour être confié aux Ponts et Chaussées; on ne peut cependant disconvenir que l'établissement d'une nouvelle forêt et sa surveillance ne fassent partie des fonctions administratives des officiers forestiers. Cette erreur ne peut avoir été commise que parce que l'auteur des premiers essais a été le citoyen Brémontier, ingénieur des Ponts et Chaussées, qui, d'après les ordres du ci-devant intendant de Bordeaux, s'occupa de cette partie avec autant de zèle que de connaissances.

Le citoyen Brémontier a le mérite d'avoir été le premier qui ait indiqué les moyens de fixer les sables, mais le citoyen Peychan, qui a dirigé tous ces travaux avec autant d'intelligence que de désintéressement, ne peut être étranger à la confiance du Gouvernement et à la reconnaissance de ses concitoyens.

Il existe donc deux objets principaux que l'Administration forestière doit réclamer :

1° L'établissement d'un garde particulier pour veiller à la conservation des nouveaux semis;

2° La direction et la surveillance des semis faits et à faire d'après les procédés indiqués qui présentent le moins de dépenses et l'assurance de réussir.

··1800 (6 mai). 16 floréal an viii. — *Institut national des sciences et arts. Extrait du registre de la classe des sciences physiques et mathématiques. Séance du 16 floréal an viii.*

Un membre, au nom d'une commission, lit le rapport suivant :

« Nous avions été chargés par la classe, le citoyen Coulomb et moi, de lui faire un rapport sur un premier ouvrage du citoyen Brémontier, ingénieur en chef des Ponts et Chaussées, qui avait pour titre : *Mémoire sur les dunes, et particulièrement sur celles qui se trouvent entre Bayonne et la pointe de Grave ou l'embouchure de la Gironde.*

« Le mérite de l'ouvrage et les avantages qui devaient résulter de l'exécution du projet de l'auteur nous avaient fait désirer que son travail fût rendu public; ce vœu fut rempli par ordre du Gouvernement, qui fit les frais de l'impression, avant que nous eussions eu le temps de faire à la classe une seconde lecture de notre rapport, qui avait été demandée, d'après quelques observations; et dès lors les règlements de la classe s'opposaient à ce que le rapport fût transcrit dans ses registres. Depuis cette époque, le Ministre de l'intérieur a fait passer à l'Institut le premier mémoire imprimé du citoyen Brémontier, avec un supplément manuscrit du même auteur, en lui demandant son avis sur ces deux ouvrages, et la classe a chargé les citoyens Coulomb, Parmentier et moi de lui en rendre compte.

« L'importance de la matière et la nécessité de mettre de l'ensemble et de la clarté dans la discussion ne nous permettent pas de considérer isolément le supplément manuscrit; il est nécessaire de mettre sous les yeux de la classe toutes les parties du travail de l'auteur auxquelles les conclusions de ce rapport doivent s'appliquer indistinctement.

« Les dunes sont des amas de sable plus ou moins considérables, que l'on trouve presque partout sur les bords de la mer. Elles occupent, dans la seule partie du golfe de Gascogne, entre la Gironde et l'Adour, l'immense espace de plus de 1,100 myriares ou kilomètres carrés de terrain absolument aride, et que, tant son extrême mobilité que sa nature purement quartzeuse, avaient fait regarder comme n'étant susceptible d'aucune culture.

« Ces amas de sable, qui forment quelquefois des collines de diverses grandeurs ou des montagnes de plus de 60 mètres d'élévation, avancent progressivement vers les terres, surmontant tout ce qui se trouve à leur rencontre : forêts, champs cultivés, établissements, édifices; rien ne résiste à ce fléau destructeur. Souvent, pour surcroît de maux, ces sables refoulés obstruent et interrompent entièrement le cours des ruisseaux et des rivières qui viennent des landes; ces eaux arrêtées inondent les propriétés riveraines et y forment ces lacs immenses et ces marais infects qui existent toujours en avant des dunes et qui entretiennent le foyer des maladies dangereuses connues sous le nom de fièvres du Médoc.

« Ce premier aperçu fait connaître l'importance du problème de la fixation des dunes; le citoyen Brémontier l'a résolu en y ajoutant une condition, celle de la fertilisation des sables fixés, et son premier mémoire imprimé contient les premières idées qu'il a eues et les premiers essais qu'il a faits pour parvenir à la solution.

« Il donne d'abord des détails très circonstanciés sur la formation, les mouvements et la marche de ces sables, qui sont continuellement le jouet des vents. Et comme ces vents sont plus constamment dans la partie de l'ouest, et qu'ils soufflent ordinairement avec plus de violence de ce côté que du côté opposé, la marche des dunes se trouve nécessairement dirigée vers les terres. Nous avons, dans notre premier rapport, indiqué ces détails comme curieux, nouveaux et dignes d'intérêt pour les naturalistes et les physiciens.

« Suivant diverses remarques qu'il a faites, le progrès des dunes, des étangs et des marais sur les terres est d'environ 20 mètres par an : de vastes forêts et des villages qu'on sait avoir existé sur la côte ont déjà été envahis; d'autres villages et une multitude de propriétés précieuses attendent le même sort; chaque année les pertes augmentent et le péril devient plus pressant. Heureusement, Bordeaux, placé à environ 4 myriamètres de la côte, ne doit être atteint que dans vingt siècles, en supposant la vitesse des dunes constante.

« L'auteur fait succéder à la description des dunes plusieurs observations sur les dangers que l'on peut courir en les parcourant, et il indique en même temps le moyen de les éviter.

« Il présente ensuite quelques conjectures sur l'époque de la formation des dunes sur les côtes, qu'il porte à 4,215 ans. Il pense que la mer a éprouvé des balancements, qu'elle s'est retirée et est revenue sur ses pas à diverses reprises; mais nous ne nous arrêterons pas sur cette partie du travail du citoyen Brémontier, qu'il regarde lui-même comme très conjecturale.

« Passant à l'objet principal qui l'occupe, il indique les divers moyens de fixer les dunes qui ont été inutilement tentés avant lui, ou dont l'exécution est devenue si coûteuse qu'il est déraisonnable de s'en servir.

« Il développe ensuite ceux qu'il propose lui-même, en remplissant le double objet de la fixation des sables et de leur fertilisation. Ces moyens, consignés dans le mémoire imprimé, et que l'auteur a ensuite perfectionnés dans le supplément manuscrit dont nous parlerons bientôt, consistaient d'abord à établir sur la surface des dunes, des plantations ou semis, en prenant la précaution nécessaire pour garantir les plantes naissantes de l'effet de la mer jusqu'à l'époque où elles auraient été en état de lui résister par leurs propres forces; pour remplir ce dernier objet, le citoyen Brémontier proposait l'ouverture d'un large fossé parallèle au rivage, auquel il préférait cependant, à tous égards, un cordon de fascines d'environ un mètre de hauteur. Ce cordon devait être établi à peu près à 20 ou 25 mètres de distance de la laisse des plus hautes marées et conduit sans interruption parallèlement au rivage, sur toute la côte, depuis la pointe de Grave jusqu'à l'embouchure de l'Adour. Le fossé, ou le cordon, devait recevoir ou arrêter assez longtemps les sables qui sortent journellement de la mer, pour que les graines de pin dont les semis étaient d'abord exclusivement composés, eussent le temps de germer et de prendre assez de force pour n'être pas endommagés par ces nouveaux sables dont il évalue le volume à 15 ou 18 mètres cubes par mètre courant.

« D'autres cordons artistement distribués et plus ou moins rapprochés les uns des autres suivant que les pentes du terrain étaient plus ou moins fortes, ou la surface plus ou moins exposée à l'action des vents, devaient également abriter pendant trois ans les semis faits sur les plages, sur les sommets des montagnes et sur les rampes, et contenir les sables pendant ce même intervalle de temps; et dans le cas où les parties de ces rampes, les plus exposées aux vents n'auraient pas été suffisamment protégées, il proposait d'y suppléer par des couvertures en branchages de pin, fixées avec des piquets à crochet enfoncés dans le terrain.

« Il observait que toute plantation faite entre l'origine des sables vers la mer et leur extrémité du côté des terres, devant être infailliblement détruite, ce devait être une règle dont on ne pouvait s'écarter, de ne commencer aucune espèce de travail que dans les parties qui sont immédiatement sur les bords de la mer. Il établissait l'ordre à suivre pour assurer la germination des graines et le succès de ces plantations; il ajoutait que, si toute la partie de ces dunes qui touche les bords de la mer était ensemencée seulement sur 200 mètres de largeur moyenne, la fixation des dunes s'opérerait d'elle-même à cause de la très grande facilité qu'a le pin de se reproduire et de se propager par ses graines. Ce moyen n'aurait eu, à la vérité, son entier effet qu'après plusieurs siècles; mais le premier travail dont nous venons de parler et qui, suivant l'évaluation de l'auteur, ne devait guère coûter que 300,000 francs, étant une fois exécuté, sa continuation pouvait être abandonnée sans aucune espèce d'inconvénient.

« Mais en augmentant le travail et la dépense, et appliquant les procédés qu'on vient d'indiquer à une plus grande superficie, on aurait considérablement rapproché l'époque de l'entière fixation et fertilisation des dunes. Le citoyen Brémontier, en faisant connaître l'utilité de cette accélération, donnait le détail de la dépense totale de l'entreprise. Au moyen d'une somme d'environ 8 millions, toutes les dunes auraient été fixées et fertilisées dans le court espace de trente années; et une fois en bonne valeur elles auraient produit annuellement, d'après ses calculs, 4 à 5 millions de revenu. L'auteur pensait même, d'après divers essais faits entre la grande et la petite forêt d'Arcachon, que cette dépense de 8 millions était susceptible de réduction.

« Tel est le précis de ce qu'il y a de plus important dans le premier mémoire de Brémontier; le supplément de cet ouvrage est d'un plus grand intérêt encore en ce que, présentant les résultats de l'expérience, il est propre à fixer l'opinion sur la possibilité et le mérite de l'entreprise. Cet ingénieur y développe de nouvelles idées sur le parti qu'on peut tirer des dunes, et rend un compte satisfaisant et très circonstancié des moyens qu'il a employés avec le plus de succès, et qui consistent principalement à étendre sur les parties ensemencées des couvertures de branchages couchés et fixés sur le terrain avec des piquets; le dessin joint à ce rapport fera parfaitement comprendre l'arrangement de ces couvertures. L'auteur ne rejette cependant d'une manière absolue aucun des moyens qu'il avait proposés dans son premier travail; et effectivement le défaut de branchages d'arbres verts essentiels pour protéger les semis dans les rampes les plus immédiatement exposées à l'action des vents pourrait en rendre l'emploi nécessaire dans quelques parties; mais il a reconnu que le large fossé ou le cordon de fascines assez coûteux qui devait être établi le long et tout près du rivage, pour retenir les sables qui sortent journellement et immédiatement de la mer, devenaient absolument inutiles, ainsi que ceux qui devaient être construits dans les vallons ou sur les plages; et qu'au moyen du simple mélange de quelques graines de genêt avec celles de pin, on pouvait suppléer à ces constructions coûteuses, non seulement dans ces deux cas, mais diminuer assez considérablement encore l'épaisseur, et par conséquent le prix des couvertures, même dans les parties des dunes où elles deviennent le plus indispensables. La germination et l'accroissement des genêts, dit l'auteur, sont d'abord beaucoup plus prompts que pour les pins et cet arbrisseau touffu devient, dans le court espace de deux années, assez fort pour protéger efficacement les jeunes semis, dont la végétation est beaucoup plus lente pendant ce premier intervalle.

« Il indique la quantité de graines, soit de pin, soit de genêt, dont ce mélange doit être composé, et quand ces graines sont bien choisies, un gramme pesant de celle de genêt suffit pour 30 à 35 grammes de celle de pin; 12 ou 13 kilogrammes de ce mélange suffisent pour ensemencer 35 ou 40 ares de terrain. L'auteur pense que la suppression des cordons de fascines et la découverte heureuse de son effet du mélange des graines produiront une économie de moitié à peu près sur la somme à laquelle la fixation générale des dunes avait été primitivement évaluée.

« Il passe ensuite à l'énumération des diverses plantes qui viennent spontanément ou qui peuvent prospérer dans les dunes; ces plantes sont en grand nombre. Il indique celles qu'on doit employer de préférence pour consolider la surface de ces sables.

« Parmi les plantes graminées, l'élyme (*Elymus arenarius*) et le roseau des sables (*Arundo arenaris*), sur lesquels il donne quelques détails qui nous ont paru intéressants, lui semblent les plus propres pour fixer la surface des allées seulement, ou les intervalles qu'il laisse de distance en distance afin d'empêcher les progrès du feu, qui seraient incalculables dans une forêt aussi immense, toute composée d'arbres résineux; et dans le cas où ces deux plantes seraient insuffisantes pour remplir cet objet, il a recours aux ononis et aux genêts.

« Il rejette absolument dans les plantations des massifs toute espèce d'arbre ou d'arbuste qui perd ses feuilles pendant l'hiver, parce que, lorsqu'ils en seraient dépouillés, la surface de ces sables serait trop exposée à l'action immédiate des vents, dont il est essentiellement nécessaire de la garantir. Il croit cependant qu'en les isolant on peut y laisser croître quelques pieds de chêne; mais le pin maritime (*Pinus maritima*), vu son grand produit, lui paraît surtout devoir être adopté. Voici textuellement ce qu'il en dit : «Le pin «maritime est propre à une infinité d'objets, et utile dans presque tous les «instants de son existence : jeune, il est employé très avantageusement à la «culture des vignes; dans son moyen âge et jusqu'à sa caducité, il produit «abondamment de la résine; et lorsqu'il meurt, la partie du tronc altérée par «les incendies et par les blessures qu'on lui a faites pour en extraire cette «matière précieuse, fournit des goudrons, et le reste de la tige devient, par «son extraction, propre à presque tous les usages de charpente et de con-«struction».

«Un autre objet non moins important des travaux proposés par le citoyen Brémontier est le balisage de toute la côte de la partie du golfe de Gascogne depuis Bayonne jusqu'à la pointe de la Coubre, vis-à-vis l'extrémité orientale de l'île d'Oléron. Cet ingénieur observe qu'un grand nombre de vaisseaux échouent annuellement sur cette côte, parce que les mariniers, lorsqu'ils l'aperçoivent, n'ont aucun point fixe d'après lequel ils puissent se diriger : le navigateur qui a passé la veille à la vue des montagnes mobiles ne les reconnaît plus le lendemain s'il y est ramené par une tempête, et il est obligé de se perdre sur des écueils, sur des bancs derrière lesquels il eut pu se mettre à l'abri si les profils des montagnes de sable n'eussent pas été déformés, ou si elles eussent été couvertes de verdure. Tous ces faits ne sont malheureusement que trop avérés, et pour que rien ne laisse à désirer sur un objet qui intéresse aussi essentiellement la marine militaire et la marine marchande, l'auteur divise ses vastes plantations en massifs qu'il sépare par des allées ou des vides ayant une direction perpendiculaire à celle du rivage et disposés de manière que les marins les moins clairvoyants ne puissent s'y méprendre, et les reconnaissent en mer d'aussi loin qu'ils peuvent les apercevoir.

«Cette méthode pour baliser les côtes nous a paru nouvelle et avantageuse en ce qu'elle peut économiser les dépenses considérables de construction et d'entretien des tours en bois ou en pierre qui sont déjà élevées, ou qu'on se propose d'établir pour éviter les écueils qui sont très multipliés, surtout à l'embouchure de la Gironde.

«Le résumé suivant présente toutes les conséquences que l'ingénieur Brémontier a tirées de ses recherches et de ses expériences; c'est lui qui parle :

«1° Il ne peut rester aucun doute sur la possibilité de fixer et de fortifier «les sables désastreux de la côte de Gascogne;

«2° Il est parfaitement reconnu que le pin maritime y prend un accrois-«sement extraordinaire, y produit plus tôt, et donne un revenu beaucoup plus

« fort que dans les meilleures terres des landes, où il est très soigneusement
« et très avantageusement cultivé ;

« 3° Les frais d'ensemencement sur les plages,, ou dans les vallons qui se
« trouvent entre les dunes, ne sont guère que le quart de ceux que ces mêmes
« ensemencements exigent également dans ces mêmes terres des landes ;

« 4° La fixation et la fertilisation de la totalité de ces sables ne peut guère
« s'élever au delà de 4 millions, et 25 années après leur ensemencement, ils
« peuvent produire 4 millions de revenu ;

« 5° La végétation des genêts, de l'osier rouge, des vignes et de plusieurs
« autres plantes y est extrêmement vigoureuse ;

« 6° Il résulte de l'exécution de ce projet d'immenses avantages pour les
« particuliers riverains, dont les propriétés ne seront plus envahies ; pour les
« commerçants, dont les marchandises seront moins exposées aux dangers de
« la mer. »

« Il est encore reconnu, dit l'auteur, que la mer, qui sera obligée de rema-
« nier sur ses bords tous les sables qu'elle rejette, sera ralentie dans les pro-
« grès rapides faits journellement dans cette partie de la France. »

« Les succès de ces essais sont constatés :

« 1° Par un procès-verbal de visite, du 9 fructidor an III, certifié par l'Administration centrale et fait par un de ses membres, conjointement avec le
citoyen Brémontier ;

« 2° Par un second procès-verbal, du 13 frimaire an VI, certifié par l'Administration municipale de la commune de la Teste ;

« 3° Enfin par des tronçons de pin et de genêt de 7 à 8 ans, productions
très remarquables de ces sables, arrachés dans les parties ensemencées en
1791 et 1792.

« Le citoyen Brémontier a joint à toutes les pièces précitées une lettre du
commissaire principal de la marine à Bordeaux, et un rapport de deux officiers de vaisseau à la Société des sciences, belles-lettres et arts de cette ville,
qui, relativement à la navigation, constatent tous les avantages de ces plantations ; une carte générale sur laquelle il a tracé les principales allées de balisage qu'il propose ; une autre carte sur une échelle plus grande qui
comprend la partie des dunes où les semis ont été faits, et enfin un plan
pour faire voir la manière dont les couvertures en branchages ont été exécutés.

« Le supplément dont nous venons de rendre compte nous a paru, comme
le premier ouvrage dont il est la suite, écrit correctement et rédigé avec soin.
On trouve, dans l'un et dans l'autre des détails intéressants et curieux sur la

formation, la marche et les mouvements de ces montagnes errantes, des
moyens de prévenir leurs effets dévastateurs, et des expériences qui rendent
très probable la possibilité de les fertiliser et de les fixer.

« Le citoyen Brémontier est connu depuis plus de trente ans par ses talents
distingués et par des travaux importants exécutés avec autant d'habileté que
de succès. Les commissaires pensent que son dernier ouvrage soumis au jugement de la classe, les projets et les expériences qui y sont décrits, augmentent
les droits que cet ingénieur avait déjà à la reconnaissance publique ; ils
ajoutent qu'il serait à désirer que le Gouvernement donnât à ce supplément la
même publicité qu'il a déjà donnée au premier mémoire.

« Fait à l'Institut national, le 16 floréal an VIII.

« Signé : COULOMB, PARMENTIER, PRONY, rapporteurs. »

La classe approuve le rapport et en adopte les conclusions.
Certifié conforme à l'original.

A Paris, le 23 floréal an VIII.

Signé : G. CUVIER, secrétaire.

1800 (15 JUILLET). 26 MESSIDOR AN VIII. — *Projets d'amélioration pour une
partie du 5ᵉ arrondissement de Bordeaux, présentés au Conseil dudit arrondissement, le 26 messidor an VIII, par le citoyen Fleury fils aîné, de la Teste,
l'un de ses membres.* (Extraits).

Les dunes de sable. — *Leur création.* — J'entends par les montagnes dont
je viens de parler cette chaîne de sable mouvant qui forme la côte de
l'Océan, depuis l'embouchure de la Garonne jusqu'au havre de Bayonne. Ces
sables sortent du sein de la mer et sont portés ensuite par les vents qui,
soufflant alternativement de toutes parts, les entassent et en forment des dunes
inégales, dont plusieurs présentent une hauteur de plus de 150 pieds. Leur
étendue en largeur n'a rien de fixe. Elle est quelquefois d'une lieue, d'une lieue
et demie, et même de deux lieues.

L'aspect de ces dunes ne présente dans toute leur étendue, à l'œil qui les
parcourt, qu'une nudité absolue, un désert aride et effrayant, où l'on cher-
cherait en vain le plus petit arbrisseau.

La formation inégale de ces dunes fait qu'elles se trouvent, en divers endroits, séparées par des espaces assez considérables en longueur qui forment comme des vallons.

Les habitants du pays désignent ces espaces par le nom de *lettes*. Il y croît des herbages excellents, et on a remarqué que les bestiaux qui s'y nourrissent · y acquièrent un goût extrêmement délicat.

Malgré la marche continuelle de ces dunes, on voit que ces espaces entre elles se conservent à peu près dans le même état quant à la forme. Ce qui provient de ce que les dunes qui bordent un côté de ces vallons, se reculent à mesure que celles qui bordent le côté opposé avancent dans la même direction.

Leurs progrès et leurs effets. — J'ai dit que les sables sortent du sein de la mer, qu'ils sont ensuite enlevés par les vents, qui les entourent en tous sens et en forment des dunes inégales. D'après cela, il est facile de concevoir qu'elles se mouvraient toujours dans un certain espace fixe si les vents ne régnaient pas plus souvent d'un côté que de l'autre et s'ils soufflaient toujours également. Mais il n'en est pas ainsi. Les vents les plus fréquents et qui soufflent avec le plus de violence sont ceux qui viennent du côté de la mer. De là vient que les dunes de sable s'étendent de plus en plus sur le pays plat et envahissent successivement, dans leur marche continuelle et progressive, tout ce qui se trouve sur leur direction.

Il serait impossible d'énumérer la valeur des richesses ensevelies sous ces montagnes errantes. Pour se faire une idée de leurs ravages, que n'arrête aucun obstacle, il suffit de se représenter qu'elles envahissent chaque année, sur toute leur longueur, plus de dix toises de toutes sortes de propriétés, d'après les moindres évaluations.

Déjà un grand nombre de communes, plusieurs même très considérables, ont disparu totalement. Il existe à la Teste plusieurs titres de propriété datés de pays qui ne sont plus, et notamment d'une commune désignée sous le nom de *bila de la Seubo*, ville de la Seube.

Ordinairement les habitants du pays donnent aux dunes le nom de l'objet le plus marquant qu'elles envahissent.

Près de la Teste il y en a une, entre autres, qui est nommée *dune de l'Église*, ce qui indique qu'il y avait là autrefois une église que le sable a couverte, et sans doute un pays qui a subi le même sort. Bientôt, tous ceux qui ont le malheur de se trouver près de ce cruel ennemi le subiront à leur tour. Déjà le plus grand nombre, la Teste même, est plus ou moins entamé, plus ou moins près de sa destruction, et l'on peut, sans craindre d'exagérer, assurer que de toutes ces communes, la plus éloignée de sa perte ne subsistera peut-être plus à la fin du siècle.

Des étangs et des marais. — *Des étangs.* — Quelques-uns des pays dont je viens de parler pourraient espérer une plus longue existence s'ils n'avaient à redouter que d'être recouverts par les dunes, attendu la distance où ils s'en trouvent encore; mais malheureusement il existe pour eux une autre cause de destruction, non moins sûre ni moins prochaine, puisqu'elle dérive du même principe. Cette autre cause de destruction provient de ces lacs ou étangs qui existent entre les dunes et le pays plat, au nord et au sud du bassin d'Arcachon.

Sans pouvoir rien fixer de leur largeur, on peut dire qu'elle est quelquefois d'une lieue à une lieue et demie. Il exista autrefois des bassins tels que celui d'Arcachon, quoique peut-être moins étendus. Quelques-uns avaient des issues assez considérables pour la petite navigation.

On en cite un dans la partie du nord, qu'on désigne sous le nom de *port d'Anchise.*

Dans la partie du sud, on en cite un autre vis-à-vis l'étang de Cazaux, dans lequel on distingue en effet un chenal très profond qui aboutit au pied des dunes qui le bordent.

Enfin, on en cite un troisième à Mimizan, dont l'ancienne commune, que l'on croit avoir été très considérable, est presque totalement ensevelie aujourd'hui.

Ces issues s'étant fermées successivement par les progrès des sables, il resta une grande quantité d'eau sans écoulement. Les eaux courantes ayant continué à s'y verser, il en est résulté ces lacs ou étangs qui n'ont aujourd'hui que de faibles débouchés dans la mer, savoir : par le bassin d'Arcachon, ceux qui sont dans la partie du nord; par les *boucauts* ou *courants* de Mimizan, de Lon et de Contis, ceux qui sont dans la partie du sud.

Ces étangs, dans toute leur étendue, sont bordés par les dunes, qui, avançant toujours, forcent les eaux à reculer de sorte qu'elles envahissent le pays.

C'est par ce double fléau que les propriétés et les pays, qui se trouvent encore assez éloignés des sables pour n'avoir pas encore à les craindre prochainement, n'en touchent pas moins à leur perte inévitable par l'effet des eaux. Ajoutons que la filtration, par dessous terre, hâte encore la perte des propriétés et les consomme longtemps avant qu'elles ne soient entièrement submergées.

Des marais. — Ces désastres ne sont pas les seuls occasionnés par les étangs. Ils sont, presque partout, précédés de marais pour ainsi dire impénétrables, et l'on sait combien le voisinage de ces lieux infects est funeste à la santé et à la vie des personnes et des bestiaux....

Du bassin d'Arcachon et de son entrée. — *Du bassin d'Arcachon.* — La séparation la plus essentielle est celle qui forme l'entrée du havre du bassin d'Arcachon. Les autres ne sont que de petites ouvertures qu'on désigne sous le nom de *boucau* ou *courant* et qui servent uniquement à débiter partie des eaux des étangs; en sorte que le port de la Teste ou d'Arcachon, situé à 3o lieues environ au sud de la pointe de Grave et à peu près à pareille distance au nord de Bayonne, est le seul, sur cette grande étendue de côte, qui offre une relâche aux bâtiments....

Entrée du bassin. — On sait que l'entrée du bassin d'Arcachon est sujette à des changements qui en font les difficultés, et il est à remarquer que ces variations proviennent encore de la mobilité et de la marche ordinaire des sables. En effet, les dunes bordant, au nord et au sud, une partie du circuit du bassin d'Arcachon, et ces premières s'y jetant toujours, il en résulte que les eaux sont poussées vers le rivage opposé qu'elles minent journellement d'une manière sensible. De là viennent ces changements successifs qu'éprouve l'entrée du havre et qui la rendent plus ou moins difficile.

On remarque que le banc de Matoc s'aplatit journellement et s'allonge dans le bassin en se portant toujours vers la terre du sud. Celle-ci éprouvant, par l'avancement continuel du Matoc, le même effet que le Matoc éprouve par l'avancement continuel des sables du nord, il en résulte que le rivage du côté du sud se mine sensiblement, devient chaque jour moins direct et tend, par ses sinuosités, à rendre l'entrée impraticable.

Des moyens d'amélioration. — *Fixation des sables.* — Il existe sur le territoire de la commune de la Teste deux forêts considérables, qu'on distingue en grande et petite forêt.

Autrefois ces deux forêts n'en faisaient qu'une; elle a été divisée par les sables qui en ont envahi le centre.

La grande forêt couvre un espace d'environ trois lieues de long sur une lieue et demie de large.

D'un côté elle borde, sur toute sa longueur, des landes, des marais, et l'étang de Cazaux; le reste confronte aux dunes de sable.

La petite forêt, longue d'environ une lieue et demie et large d'environ une demi-lieue, confronte au bassin d'Arcachon et aux dunes. Ainsi, elles sont l'une et l'autre envahies par les sables, et la petite périt en outre chaque jour par l'avancement des eaux du bassin que les dunes du nord poussent sur elle.

Il existe encore des forêts semblables dans les communes de La Canau et de Biscarrosse, celle-ci dépendant du département des Landes. La forêt de Biscarrosse faisait autrefois partie de celle de la Teste. Elles ont été divisées par les dunes de sable qui les séparent et les envahissent chaque jour davantage.

Le terrain sur lequel elles sont est parfaitement le même que celui des dunes, et, d'après cette égalité entre la nature des fonds, il ne reste aucun doute que ceux-là furent autrefois comme sont aujourd'hui les dunes qui les envahissent.

Par la même conséquence, il devient évident que cette chaîne de dunes a été, dans quelques parties, encore plus avancée qu'aujourd'hui sur le pays plat, et que les dunes qui existent maintenant se sont formées depuis la fixation des premières.

L'existence de ces forêts sur d'anciennes dunes étant la preuve certaine que ces sables ont été fixés, on n'a plus qu'à s'occuper de découvrir par quels procédés : mais, soit que cette fixation date de trop loin et que tout ce qui aurait pu en indiquer les procédés se soit perdu dans la nuit des temps, soit qu'elle ait été l'effet de quelque révolution dans la nature, on n'a jamais pu se procurer aucune notion de ce travail, et l'invention a dû suppléer au défaut de moyens connus.

Observons que nulle part ailleurs il n'existe de meilleurs bois, à espèce égale, que ceux qui croissent dans les forêts dont je viens de parler. Les arbres pins y sont plus grands, plus gros et plus productifs que partout ailleurs. Le chêne y est également d'une qualité supérieure pour la construction et y croît très rapidement. Il serait trop long de nommer tous les autres arbres et arbustes qu'on y trouve et qui sont de toute beauté, chacun dans son espèce. Il y croît pareillement des herbages en grande abondance et d'une grande excellence pour les bestiaux.

Ce qui prouve que l'aridité que semble offrir la nature du fonds des dunes n'est qu'apparente, et qu'elles contiennent, au contraire, les principes d'une végétation très forte et très active.

Dominé par les considérations que je viens de mettre sous vos yeux, l'ancien Gouvernement accorda quelques fonds pour faire des essais d'ensemencement de ces dunes. Ces essais eurent lieu peu de temps avant la Révolution;

ils cessèrent à peu près lorsqu'elle éclata. Quelques fonds y furent employés depuis, mais il y a longtemps que ce travail a entièrement cessé.

Les semis qui ont eu lieu à diverses reprises couvrent une étendue d'environ 1,200 journaux. Il est impossible de voir ces semis sans en admirer la croissance : déjà les premiers forment une véritable forêt. Les pins y sont généralement beaucoup plus forts qu'on ne devait s'y attendre. Il en est de même de tout ce qu'on y a semé.

J'ai surtout remarqué que le genêt commun y croît et s'y propage d'une manière étonnante; il est ordinaire de voir les semis de cette graine couvrir, dès la première année, une surface de près de deux pieds carrés, ce qui est un double avantage, et pour la fixation des sables, et pour la croissance du semis de pin qu'il favorise en l'abritant.

Des procédés. — On couvre la surface du terrain qu'on veut fixer avec des branchages et des broussailles, et on sème ensuite, parmi ces branchages, les graines de pin, le genêt, le gland, etc. Ces branchages empêchent la prise des vents sur la surface qu'ils couvrent et activent la végétation par leur propre consommation sur le terrain. Cette consommation ne s'opérant que lentement, les semis ont le temps de croître et de s'élever assez pour couvrir eux-mêmes le terrain et le garantir de la prise des vents....

Des dépenses et revenus. — D'après les données résultant des essais qui ont eu lieu, on pourrait évaluer la dépense de l'ensemencement total des dunes à une somme de quatre à cinq millions au plus. Indépendamment de l'immense quantité de bois de toute espèce que ces forêts fourniraient à l'État, on en sortirait encore un produit énorme par la vente des matières résineuses qu'on peut évaluer à raison de 8 francs par journal, si du moins l'arbre pin y est l'essence dominante.

De l'écoulement des étangs et desséchement des marais. — Écoulement des étangs dans le bassin d'Arcachon par des canaux navigables en bateau plat. Le desséchement des marais qu'ils créent et la bonification du havre en seraient la suite certaine.

N. B. Ce mémoire est suivi d'une lettre de Brémontier, du 27 messidor an VIII (16 juillet 1800), faisant connaître que «les vues de l'auteur sont absolument semblables» aux siennes.

1800 (30 novembre). 9 frimaire an ix. — *Rapport présenté aux consuls de la République par le Ministre de l'Intérieur (Chaptal).*

Le citoyen Brémontier, ingénieur en chef des Ponts et Chaussées du département de la Gironde, a rédigé un projet sur la fixation et la fertilisation des dunes de la côte de Gascogne.

Les dunes sont composées de sable que la mer rejette journellement sur les bords.

Ces sables, amoncelés par les vents, forment des montagnes de plus de 60 mètres d'élévation qui changent souvent de direction, de position et de forme.

Les navigateurs, lorsqu'ils sont affalés par les courants et la tempête, se jettent sur la côte qu'ils auraient évitée si le changement de position de ces montagnes ne leur donnait journellement le change sur la position où ils se trouvent sur la mer.

Les dunes, en roulant sur elles-mêmes avancent dans les terres, et ensevelissent tout ce qu'elles trouvent à leur passage : les forêts, les maisons et les campagnes habitées.

Elles inondent les campagnes en refoulant les eaux des ruisseaux qu'elles obstruent et forment près de 40 lieues de lacs et de marais pestilentiels qui jettent la dévastation et la mort parmi les habitants.

Le projet de cet ingénieur en chef est basé sur le principe que les dunes sont susceptibles de devenir fertiles et d'être arrêtées dans leur marche par la plantation de pins maritimes et de genêts, protégés par quelques précautions indiquées par l'auteur.

L'expérience a justifié l'utilité de ce procédé.

Des semis furent faits en 1788, 1791 et 1793 sur 4,890 mètres de longueur; ils occupent environ 1,200 journaux de terrain.

Ces semis ont parfaitement réussi, ainsi qu'il est constaté :

1° Par un procès-verbal de l'Administration municipale du 9 fructidor an iii; un autre de l'Administration municipale de la Teste du 13 frimaire an vii;

2° Par des tronçons de pins et de genêts, arrachés dans les terres ensemencées en 1791 et 1792.

Le Gouvernement a fait imprimer, en l'an v, le mémoire du citoyen Brémontier sur les dunes.

Cet ingénieur vient d'y faire un supplément qui contient des observations sur le perfectionnement de son système.

L'Institut national, d'après un rapport du 16 floréal an VIII, de la classe des sciences et arts, a donné à cet ouvrage le tribut d'éloges qu'il mérite.

Les essais qui ont été faits, l'examen d'une commission spéciale, nommée par le Ministre de l'Intérieur, et l'opinion de l'Institut national ne permettent aucun doute sur l'efficacité des moyens présentés pour arrêter la mobilité des dunes, ainsi que pour les rendre productives par la vente des bois qui y auraient été plantés.

Ce projet mérite toute l'attention du Gouvernement, et il importe de lui donner de la publicité, en livrant à l'impression le complément de ce mémoire.

Son exécution rendrait à la culture des bois 100 lieues de terrain carrées, susceptibles un jour de rapporter annuellement plus de 5 millions de francs.

Il est nécessaire pour l'exécution de ce projet d'établir une commission composée : 1° de l'auteur qui la présidera; 2° d'un administrateur forestier pour donner des conseils sur la manière de conduire les jeunes plants d'un semis; 3° d'un ingénieur de la marine; 4° enfin, de membres de la Société d'agriculture.

Pour ne point rendre illusoire ce projet, il convient d'affecter annuellement à son exécution 20,000 francs pour subvenir aux dépenses des plantations des dunes entre la Gironde et l'Adour, à l'entretien des premiers semis et à celle de leur administration.

Cette dépense faisant partie de l'Administration des forêts et devant procurer des produits futurs doit être acquittée par la régie des forêts nationales sur les produits de la Gironde et des Landes.

Les premières plantations faites peuvent encourager des spéculations particulières; dans ce cas, on pourrait les concéder à la charge de les planter.

Les semis faits en 1788 entre la grande et la petite forêt d'Arcachon y sont d'une beauté rare. Ces sables sont devenus si fertiles que ces plantations ont besoin d'être éclaircies et essartées; les branchages qui en proviendront deviennent indispensables à la propagation des semis; ce travail ne peut être différé et rend encore indispensable ce fonds annuel de 20,000 francs.

Enfin, les plantations des dunes, indiquées depuis longtemps comme une mesure aussi bonne en administration qu'en finance, est un objet digne des soins du Gouvernement qui, par cet acte éclatant, signalera son désir d'assurer des propriétés menacées de l'envahissement, et de favoriser la multiplication des bois.

C'est dans ces vues de bien public que je vous propose le projet d'arrêté ci-joint.

1801 (2 JUILLET). 13 MESSIDOR AN IX. — *Arrêté relatif à la plantation en bois des dunes des côtes de Gascogne.*

LES CONSULS DE LA RÉPUBLIQUE,

Sur le rapport du Ministre de l'Intérieur, le Conseil d'État entendu,

ARRÊTENT :

ART. 1er. Il sera pris des mesures pour continuer de fixer et planter en bois les dunes des côtes de la Gascogne, en commençant par celles de la Teste, d'après les plans présentés par le citoyen Brémontier, ingénieur en chef, et le préfet du département de la Gironde.

ART. 2. Il sera établi, à cet effet, une commission composée de l'ingénieur en chef du département, qui la présidera, d'un administrateur forestier et de trois membres pris dans la Société des sciences, arts et belles-lettres de Bordeaux, section de l'agriculture, lesquels seront nommés par le préfet et sur la présentation de la Société.

Ladite commission dirigera et surveillera l'exécution des travaux, ainsi que l'emploi des fonds qui y seront affectés, le tout sous l'autorité et sauf l'approbation du préfet.

Les fonctions des commissaires seront gratuites; il est seulement alloué une somme annuelle de 1,500 francs pour dépenses de voyages ou autres frais, laquelle somme sera prise sur celle de 50,000 francs dont il sera parlé aux articles suivants.

ART. 3. Il sera nommé par le préfet un inspecteur et un garde forestier, qui résideront à la proximité des travaux.

ART. 4. Il sera fait fonds d'une somme annuelle de 50,000 francs pour être employée aux dépenses de plantations des dunes situées entre la Gironde et l'Adour, à l'entretien desdites plantations et à leur administration.

L'état des dépenses sera dressé par la commission et acquitté sur les ordonnances du préfet qui réglera, chaque année, le compte général.

ART. 5. Les Ministres de l'intérieur et des finances sont chargés de l'exécution du présent arrêté qui sera inséré au *Bulletin des lois*.

1801 (20 SEPTEMBRE). 3ᵉ JOUR COMPLÉMENTAIRE AN IX. — *Arrêté des consuls relatif à la fixation et à la plantation des dunes.*

LES CONSULS DE LA RÉPUBLIQUE FRANÇAISE,

Sur le rapport du Ministre des finances,

ARRÊTENT :

ART. 1ᵉʳ. Les mesures prescrites par l'article 1ᵉʳ de l'arrêté du 13 messidor an IX pour la fixation et la plantation des dunes des côtes de la Gascogne seront, en ce qui concerne les clayonnages et autres ouvrages d'art qu'elles exigeront, délibérées sur les plans du citoyen Brémontier, ingénieur en chef et approuvées par le préfet du département de la Gironde, et en ce qui aura rapport aux semis et plantations, ces mesures seront concertées avec l'Administration générale des forêts.

ART. 2. Les dépenses pour les clayonnages et autres ouvrages d'art seront faites sur les fonds du département de l'intérieur, et celles pour les plantations et traitements des agents forestiers sur les fonds affectés aux forêts.

ART. 3. Les agents forestiers seront nommés par l'Administration des forêts, et ceux pour la confection des clayonnages et ouvrages d'art par le préfet du département de la Gironde.

ART. 4. Le préfet présidera la commission établie par l'article 2 de l'arrêté, et à son défaut elle sera présidée par l'ingénieur en chef des ponts et chaussées, lorsque la délibération aura pour objet des ouvrages d'art, et par le conservateur, lorsqu'il s'agira de semis et plantations.

Les Ministres des finances et de l'intérieur sont chargés, chacun en ce qui le concerne, de l'exécution du présent arrêté.

1801 (24 septembre). 2 vendémiaire an x. — *Procès-verbal de visite de l'em-*
bouchure de la Gironde relativement à la fixation et à la fertilisation des
dunes. (Extraits.)

Nous, soussignés, membres de la Commission et inspecteur des travaux des
dunes, nommés par le citoyen D. Dubois, des Vosges, conseiller d'État, préfet
du département de la Gironde, sur la présentation de la Société des sciences,
arts et belles-lettres de Bordeaux, en exécution de l'arrêté des consuls du
13 messidor, an ix de la République française, par lequel il est expressément
ordonné qu'il soit pris des mesures pour continuer de fixer et planter en bois
les dunes des côtes de Gascogne, d'après les plans présentés par le citoyen
Brémontier, ingénieur en chef des Ponts et Chaussées, et le préfet du département de la Gironde; et en conséquence des lettres du citoyen Chaptal, ministre de l'intérieur, et du citoyen Crétet, conseiller d'État, chargé spécialement des ponts et chaussées, canaux, taxe d'entretien et cadastre, ensemble
des divers arrêtés pris par le citoyen Dubois, des Vosges, conseiller d'État,
préfet;

Aujourd'hui 2 vendémiaire an x, nous sommes embarqués sur le port de
Bordeaux, avec ledit conseiller d'État, préfet, le citoyen Barennes, son secrétaire particulier, et le citoyen Bergevin, commissaire principal de la marine,
sur la chaloupe de l'amiral, conduite par le citoyen Roy, pilote de Royan, pour
aller reconnaître la partie des dunes qui, relativement à l'utilité publique,
était la plus essentielle à conserver, et pour examiner en même temps les
autres parties des côtes d'où nous pourrions tirer des bois, piquets et branchages nécessaires pour commencer cette grande opération.

Arrivés le 3, vers midi, à Royan, nous avons successivement parcouru la
partie des côtes de Saintonge, du côté de Saint-Palais-sur-Mer, et celle de la
baie de Saint-Georges, en remontant la rive droite de la Gironde, où nous
avons trouvé des bois très propres à l'exécution de nos ouvrages, et dont nous
nous proposons de faire usage, mais seulement pendant la belle saison, lorsque la mer sera praticable. Un des grands propriétaires du pays, le citoyen
Saint-Légier, a mis généreusement des bois à notre disposition.....

De Cordouan, le 4, nous sommes descendus à l'embouchure de la Gironde,
sur la rive gauche de ce fleuve; notre premier soin a été de parcourir la côte
et d'y faire choix du lieu le plus convenable pour l'établissement de nos premiers ouvrages. Nous y avons vu, avec peine, que le fort était menacé par la

mer; qu'une assez grande partie de la pointe de Grave allait être incessamment envahie sans espoir de pouvoir l'empêcher; que la côte n'était qu'un désert affreux et dénué de toute espèce de production, et que les progrès rapides des dunes dans les terres étaient effrayants. L'église de Soulac en est une preuve incontestable. Le clocher qui, il n'y a pas vingt ans, était enseveli sous une épaisseur de plus de vingt mètres de sables, en est aujourd'hui entièrement débarrassé et sert de balise; la montagne a passé.

Unaniment convaincus que le point le plus avantageux, pour l'établissement de notre premier atelier, se trouvait au midi du fort, nous y avons fait transporter les lattes, piquets et branchages que nous avions provisoirement fait couper et approvisionner sur la côte; et à 4 heures précises de l'après-midi, le conseiller d'État, préfet, le commissaire principal de la marine, les membres de la commission et le citoyen N.-T. Brémontier, nommé président de la Commission par les consuls de la République et auteur du projet, les citoyens Peychan, inspecteur, et Barennes tracèrent chacun leur sillon, établirent les premières couvertures et commencèrent enfin cette grande et utile opération, d'où doit dépendre la conservation de tant de possessions précieuses, le salut d'un très grand nombre de navigateurs, la fertilisation de plus de douze cents milles quarrés de terrain, qui, sans exagération dans les dépenses ni dans les produits, doivent apporter un revenu à peu près égal à cette dépense, qui ne peut former un objet de plus de quatre ou cinq millions.....

Notre chaloupe nous ayant repris à Blaye, nous sommes arrivés à Bordeaux ce même jour, 5, à 10 heures du soir, et nous avons terminé et clos ce procès-verbal.

1802 (12 JANVIER). 22 NIVÔSE AN X. — *Extrait du registre des arrêtés du conseiller d'État, préfet du département de la Gironde (Dubois).* — *Plantation des dunes.*

LE CONSEILLER D'ÉTAT, PRÉFET DU DÉPARTEMENT DE LA GIRONDE,

Vu :

1° Le mémoire du citoyen Brémontier, ingénieur en chef du département, sur la fixation et la plantation des dunes des côtes de la Gascogne;

2° L'arrêté des consuls du 13 messidor an IX, qui ordonne la fixation et la plantation desdites dunes et porte que les travaux seront dirigés par une commission, sous l'autorité du préfet du département de la Gironde;

3° Notre arrêté du 17 thermidor, qui nomme les citoyens Brémontier, ingénieur en chef, Guyet-Laprade, conservateur de la 11° division des forêts, Bergeron, Labadie de Haux et Catros, membres de la Société des sciences, arts et belles-lettres de Bordeaux, section d'agriculture, pour composer ladite commission;

4° La lettre du citoyen Crétet, conseiller d'État, chargé spécialement des ponts et chaussées, canaux, navigation intérieure, etc., du 18 fructidor, laquelle annonce l'ouverture d'un premier crédit de 12,000 francs pour commencer les travaux;

5° La lettre du commissaire principal de la marine, du 19 thermidor, et celles du conseiller d'État Crétet, des 18 fructidor et 3° jour complémentaire, par lesquelles ils exposent que la conservation du port de Bordeaux exige que les dunes soient promptement fixées à la pointe de Grave;

6° L'arrêté des consuls du 3° jour complémentaire an IX;

7° Le procès-verbal du 2 vendémiaire, an X, relatif à la visite faite des dunes par le préfet, le commissaire principal de la marine et les membres de la commission, pour reconnaître les travaux opérés à la même époque et établir des ateliers à la pointe de Grave;

8° L'état estimatif des ouvrages à faire pendant l'an X, pour la plantation des dunes, lequel état, sous la date du 6 vendémiaire, a été formé et remis au préfet par la Commission;

9° La lettre des administrateurs généraux des forêts, du 21 vendémiaire, qui nous a été communiquée par le conservateur du 11° arrondissement, et par lequel ils manifestent l'intérêt qu'ils attachent à une opération dont les résultats doivent être aussi avantageux, et offrent de faire un fonds de 50,000 francs pour l'article seul des plantations;

10° La lettre du conseiller d'État Crétet, du 27 brumaire dernier, par laquelle ce magistrat déclare que *l'intention bien évidente du Gouvernement est que les dunes soient plantées, abstraction faite des modes d'exécution*, et par laquelle il invite le préfet *à faire disparaître tout ce qui pourrait entraver l'exécution des travaux;*

Considérant que, si la rigueur de la saison a fait suspendre l'ensemencement, il est instant de remettre cette opération en activité, les ouvrages ne laissant plus à craindre, pour le reste de l'année, de notables révolutions sur les dunes;

Considérant que le vent d'Ouest souffle presque habituellement sur cette plage; qu'après avoir séché les sables il les soulève en tourbillons et les porte sur les terres; que les monticules immédiatement contigus aux terrains cultivés sont accrus dans une proportion étonnante, et poussés vers l'intérieur, dès que ce vent souffle avec plus d'intensité qu'à l'ordinaire ;

Que ce sable étant composé de molécules sphériques, dures, très menues et, par conséquent, d'une extrême mobilité, leur propre poids les fait couler, lors même que le vent ne se fait plus sentir ;

Que les progrès des dunes, vers l'Est, deviennent tous les jours plus sensibles, qu'elles sont sur le point d'engloutir la commune de la Teste et tout son territoire ;

Qu'une partie notable du Médoc en est déjà couverte, et que, si on n'oppose, sans délai, aux irruptions de la mer des obstacles qu'elle ne puisse pas franchir, cet élément privera le département de la Gironde et la République du sol précieux où croît un des meilleurs vins de l'univers ;

Considérant que les sables des dunes ont été mal à propos regardés comme stériles ;

Qu'il y croît, en très peu de temps, des végétaux de toute espèce, et que le seul moyen de les soustraire à l'action du vent et de les fixer consiste à y jeter des graines, avec les précautions convenables ;

Considérant que la conservation du sol n'est pas l'unique motif qui milite en faveur de cette grande opération ;

Que les sables à couvrir de végétaux sont d'une immense étendue, et qu'une fois mis en rapport ils fourniront le bois de chauffage et le charbon nécessaires aux trois départements de la Gironde, des Landes et des Basses-Pyrénées où la rareté de ces objets est déjà sentie ;

Considérant que le pin semé sur les dunes y devient très beau et que, si on en veut multiplier l'espèce sur cette vaste superficie, elle fournira, sous peu d'années, à la marine et au commerce, des quantités incalculables de térébenthine et de goudron ; qu'on pourra même rendre le commerce étranger tributaire de la France pour ces deux denrées ;

Considérant que tous les végétaux dont on a semé les graines sur les dunes y ont non seulement réussi, mais qu'ils y sont devenus plus beaux et plus vigoureux que dans les terres ; qu'à prendre l'analogie pour règle, on y sèmerait avec succès le hêtre, le frêne, plusieurs espèces de sapins, etc. ;

Que, si, comme il est vraisemblable, ces végétaux se naturalisaient sur les dunes. nous trouverions sur notre sol les bois de construction, qui font passer notre numéraire dans le Nord ;

Considérant que les dunes, une fois couvertes, produiraient un immense revenu au profit du Gouvernement ;

Que leur fixation est par conséquent avantageuse sous le rapport du commerce, de l'agriculture, des finances et du bien-être d'une population considérable, et qu'on doit se féliciter d'être si amplement dédommagé des frais d'une opération devenue d'ailleurs indispensable pour la conservation de cette portion du continent européen;

Après nous être concerté avec les membres de la Commission des dunes et le citoyen Guyet-Laprade, conservateur des forêts à Bordeaux,

ARRÊTE :

ART. 1er. L'état estimatif des ouvrages et dépenses accessoires, fourni par ladite Commission pour la fixation et l'ensemencement des dunes des côtes de la Gascogne, pendant l'an x, est approuvé.

ART. 2. Pour continuer l'ensemencement et les ouvrages, il sera établi dans le mois cinq ateliers sur les points suivants, savoir :

Le premier, au Verdon, entre la pointe de Grave et les balises de Soulac; le second, sur la côte d'Arcachon; le troisième, à la pointe de Pachou; le quatrième, au cap Ferret; le cinquième, au boucaut de Mimizan, département des Landes.

ART. 3. L'ensemencement et les ouvrages seront dirigés et surveillés par la Commission.

Elle réglera et arrêtera les dépenses. Le préfet les approuvera définitivement et les ordonnancera.

ART. 4. L'inspecteur remettra au préfet, le 1er et le 16 de chaque mois, l'état des travaux.

ART. 5. L'Administration générale des forêts est invitée à nommer des gardes pour veiller à la conservation des semis, des clayonnages, et des autres ouvrages accessoires, au fur et à mesure qu'ils s'effectueront, et à mettre incessamment à la disposition de la Commission des dunes la somme de 50,000 francs, pour les plantations à faire en l'an x, indépendamment des fonds que le Ministre de l'intérieur doit faire, aux termes des arrêtés des consuls, pour les ouvrages d'art et les clayonnages dont les dépenses ont aussi été jugées par la Commission devoir s'élever à 50,000 francs, pendant la même année, et pour acquitter les travaux exécutés en l'an ix.

ART. 6. La Commission est invitée à faire mêler, dans l'ensemencement, des graines de diverses espèces d'arbres, et notamment de ceux qui sont reconnus les plus propres à la construction des navires.

Art. 7. Il sera adressé des copies du présent arrêté aux Ministres de l'intérieur et des finances, au conseiller d'État Crétet, à l'Administration générale des forêts, au citoyen Brémontier, président de la Commission des dunes, au citoyen Guyet-Laprade, conservateur du 11ᵉ arrondissement des forêts, et au citoyen Peychan, inspecteur des dunes.

1802 (9 AVRIL). 1 9 GERMINAL AN X. — *Procès-verbal de visite des dunes de la Teste.*

L'an x de la République une et indivisible et le 19 germinal, nous, Pierre-Timothée Guyet-Laprade, conservateur de la 11ᵉ division des forêts, accompagné du citoyen Sarlat, sous-inspecteur des forêts dans ladite division, et du citoyen Parens, garde général du 1ᵉʳ cantonnement, nous sommes rendu à la Teste pour visiter les semis des dunes et les travaux de l'année. Assisté du citoyen Peychan jeune, inspecteur des travaux des dunes, et du garde attaché aux semis, nous avons été conduit au lieu appelé «l'enclos au devant du Pachou», où il a été fait des semis, commencés l'hiver dernier, qui ont très bien réussi, par le moyen des couvertures de branchages latés et piquetés, que l'on a couchés dans plusieurs sens pour les préserver d'être envahis par le roulement continuel des sables. Cet atelier, dont les ouvrages nous ont paru à peu près finis, à quelques mètres près de clayonnages qu'il serait nécessaire de parachever pour arrêter le roulement des sables, est de 15 hectares et coûte la somme d'environ 2,400 francs, ce qui porte l'hectare à la somme de 160 francs. Cette somme ne se trouve si considérable que par la nécessité où l'on a été d'entourer toute la partie d'un clayonnage qui a augmenté la dépense de plus de moitié et qui se trouvera infiniment moindre dans la région des semis déjà faits où tous les branchages seront à pied d'œuvre et où les clayonnages seront inutiles.

L'emplacement de cet atelier était ci-devant une propriété particulière en vigne et pré, qui a été envahie par les sables en moins de trois ans; il n'est qu'à 700 mètres environ du bourg de la Teste et les progrès rapides que font les sables dans cette partie et qui ont déjà recouvert les clayonnages, quoiqu'ils fussent élevés de 1 m. 30 au-dessus du sol, font craindre l'envahissement général des propriétés voisines et même d'une partie du bourg, si on ne reprend pas dans le plus bref délai possible des travaux dont l'expérience assure le plus heureux succès.

De là, étant allé à la pointe de l'Aiguillon pour chercher à reconnaître le progrès des sables, nous avons remarqué que ce point est attaqué par les vents d'Ouest, ce qui prolonge considérablement la pointe vers le port de la Teste. Les sables ont encombré presque entièrement ce port, de sorte qu'on ne peut plus y charger que les plus petites barques ; il est urgent, si on veut le conserver, de fixer cette pointe par des travaux propres à arrêter le roulement des sables, qui menacent d'encombrer cette partie du bassin. Ces travaux ne seraient pas coûteux, les branchages pour la couverture se trouvant à pied d'œuvre.

Traversant ensuite la petite forêt d'Arcachon, qui se trouve au nord des semis de 1790, nous avons observé que cette forêt est fortement attaquée par les sables. Parvenu sur lesdits semis, nous avons reconnu qu'ils commencent à la pointe de Bernet et vont joindre ceux de 1788 en couvrant une très grande étendue de terrain. Ces semis ont acquis une hauteur remarquable, ainsi que le genêt, l'arbousier et le chêne. Si cette partie des semis était éclaircie comme il conviendrait, les arbres viendraient de toute beauté, mais il est plus avantageux de ne pas y toucher parce qu'ils fourniront des branchages nécessaires pour la couverture lors de la reprise des travaux. Nous avons remarqué, en outre, que dans toute cette partie, et sur la longueur d'environ 600 mètres, les semis sont fortement attaqués par les courants qui se jettent sur cette partie, poussés par la pointe du cap Ferret, de telle sorte que, dans l'espace de deux à trois ans, il a été perdu environ 60 mètres de largeur de terrain sur la longueur précitée, de manière que, sous tous les rapports, il est pressant qu'on s'occupe de fixer cette pointe qui roule continuellement les sables dans le bassin et y jette les courants avec force vers la pointe du Bernet.

Les premiers semis, qui ont été faits en 1788, sont supérieurs à ceux de 1790 ; on en voit, répandus çà et là, qui sont propres à fournir des soliveaux et de moyennes mâtures ; ils ont également besoin d'être éclaircis.

Parcourant ensuite la partie des dunes qui sépare la grande et la petite forêt de la Teste, nous avons observé que ce vide présente une longueur de plus de 4,000 mètres sur une largeur de 1,200 mètres au moins, qui autrefois ne faisait qu'une seule et même forêt. Parcourant les dunes, nous avons aperçu les cimes de plusieurs arbres pins qui auparavant avaient près de 50 pieds de hauteur ; ils paraissent et disparaissent au gré des vents, mais on peut sans crainte en approcher lorsque le vent est calme. Il devient pressant de fixer toute cette partie qui, en réunissant les deux forêts, abritera le bourg de la Teste.

Nous avons en outre observé que toutes ces parties de semis, faute d'être continuées par de nouveaux travaux, se trouvent dans certains cas fortement attaquées par les vents qui roulent les sables et font disparaître les travaux commencés, ce qui nous porte à réclamer la reprise de ces travaux dans le plus court délai possible, si on ne veut pas perdre entièrement ce qui a été déjà fait. Le seul moyen de prévenir ces inconvénients consiste à continuer les semis. Les clayonnages sont inutiles dans la majeure partie du terrain et ne deviennent indispensables que sur le bord de la mer. Ils devront être placés parallèlement aux vives eaux pour arrêter les sables qui en sortent journellement et qui, par leur roulement progressif, menacent non seulement d'envahir, mais envahissent en effet les propriétés particulières.

Nous avons démontré la nécessité de continuer les semis pour remédier aux dangers que nous venons de signaler, mais à l'appui de nos propositions viennent encore les travaux préparatoires effectués par le citoyen Peychan, tels que la coupe d'une quantité considérable de branchages qui périt sur le parterre faute de fonds, l'approvisionnement en graines de genêt et de pin, la construction de cabanes pour loger les ouvriers, qui tous tourneraient à pure perte.

1802 (16 DÉCEMBRE). 25 FRIMAIRE AN XI. — *Lettre de l'ingénieur en chef des Ponts et Chaussées et président de la Commission des dunes (Brémontier) aux membres de la Société d'agriculture de la Seine.*

Citoyens, j'ai pris la liberté de vous adresser des échantillons de quelques plantes venues dans les dunes de la Teste et d'Arcachon. Ils ont été pris tous, à l'exception de celui d'*Hieracium*, dans les semis que j'ai fait faire. Vous ne verrez certainement point avec indifférence que des sables purement quartzeux aient donné des productions aussi belles. J'ai cru devoir joindre à cet envoi un procès-verbal de la tournée que je viens de faire avec un des membres de la Commission des travaux des dunes, ainsi que divers échantillons des sables dont ces montagnes sont composées : c'est un hommage que je vous dois, et ma faible marque de ma reconnaissance, mais je n'ai pas d'autres moyens de vous les témoigner.

Il me reste, citoyens, une grâce bien essentielle à vous demander ; j'ai depuis bien longtemps un fardeau assez pesant sur le cœur et c'est au milieu de votre assemblée que j'ai le plus grand intérêt de le déposer. Permettez-moi ma justification, dont j'ai le plus grand besoin pour ma satisfaction particulière et pour ma tranquillité. Je serais malheureux toute ma vie, si quelqu'un parmi vous pouvait soupçonner que la faveur signalée que vous m'avez faite n'eût pas été méritée.

Depuis près de trente années, je me suis occupé, sans relâche pour ainsi dire, du projet de la fixation des dunes. Après douze ou quinze ans au moins de travail, de courses fatigantes et de soins multipliés, j'obtins du Gouvernement la permission de faire des essais dont vous reconnûtes les succès en l'an VIII, et j'ai obtenu avec peut-être autant de difficultés et de peines en l'an IX l'arrêté bienfaisant des consuls, qui détermine invariablement l'exécution de mon projet et accorde une somme annuelle de 50,000 francs pour y parvenir. Et sans le secours véhément de plusieurs hommes d'État (les citoyens Chaptal, Crétet, Dubois des Vosges, etc.), pénétrés comme moi des grands avantages qui devaient en résulter, il est plus que probable que cette utile opération ne serait pas encore commencée. Jusqu'à ces deux dernières époques, tous ceux qui depuis ont manifesté des prétentions à la gloire de cette entreprise avaient gardé un profond silence, ou du moins leurs réclamations à cet égard ne m'étaient pas parvenues. Aussitôt que nos succès ont eu quelque éclat, chacun a voulu y avoir une part. On a senti que, dans l'emploi annuel de 50,000 francs, il devait y avoir des places salariées, et chacun encore voulait avoir l'air de les mériter et croyait pouvoir les occuper; mais pour cela sans doute il fallait en éloigner tous ceux qui y avaient un droit justement acquis. Quelques-uns, qui n'avaient d'autres notions que celles qu'ils avaient pu prendre, ou dans les essais que j'avais fait faire, ou seulement même dans les divers mémoires que j'avais fournis, non seulement ont osé prétendre qu'ils avaient des connaissances exactes de ces ouvrages et des moyens que j'avais employés, mais encore qu'ils en avaient fait usage avant moi, et ils étaient venus à bout de le persuader à des personnes aussi recommandables par le mérite particulier qui les distingue que respectables par les grandes places qu'elles occupent.

Quelques autres prétendent que les travaux sont mal dirigés; que l'on s'attache mal à propos à fixer sur le bord de la mer des sables qui ne font aucun mal, tandis qu'on abandonne les propriétés qu'ils envahissent du côté des terres. Ils ne voient pas, ou ne veulent pas voir (et c'est cependant bien le cas), qu'on est le plus souvent dans la nécessité de laisser consumer un édifice qui brûle, pour empêcher les progrès de l'incendie. Et si malheureusement nous suivions très rigoureusement leurs principes, nos travaux reviendraient à des sommes énormes; cette belle opération serait peut-être manquée.

Enfin, tout récemment encore (et, ce qui est de plus étonnant, sous l'autorisation d'un magistrat respectable) on a publié un rapport de cinquante pages pour prouver que le citoyen Peychan doit avoir presque toute la gloire des succès de l'entreprise et des moyens que nous avons employés; et par une note mise à la suite de ce rapport et évidemment après coup, ce n'est plus ni lui, ni moi, qui avons le mérite de l'invention, c'est le citoyen Desbiey. L'auteur, dans le texte de son ouvrage, n'était donc pas bien sûr de son assertion, et on peut raisonnablement soupçonner qu'il n'est pas précisément certain de la dernière. Je vous supplie instamment, citoyens, de jeter un coup d'œil sur les numéros 15 et 17 de votre procès-verbal du 9 vendémiaire et sur la copie ci-jointe de l'article du mémoire du citoyen Desbiey relatif aux dunes. Le mémoire qu'on y cite et qui a été lu dans une séance publique de l'Académie des sciences de Bordeaux, le 25 août 1774, n'a point été publié et ne se retrouve point dans ses archives, et des personnes dignes de foi qui ont assisté à cette séance m'ont assuré qu'il n'y était nullement question des moyens dont nous nous sommes servis. Et je puis vous certifier, citoyens, que le citoyen Peychan ni moi n'avons eu aucune connaissance des moyens employés par le citoyen Desbiey; j'aurais été le premier à les faire connaître [1]. Je n'ai point laissé ignorer que le général Clausen, en Danemark, avait fait usage des couvertures, et, si je l'avais su, j'en aurais volontiers rejeté l'honneur sur un de mes compatriotes. Je n'ai jamais douté de la possibilité de fixer et de fertiliser les dunes, je ne me suis jamais beaucoup inquiété des moyens, j'ai toujours été persuadé qu'ils ne manqueraient pas ; plusieurs autres objets avaient frappé mon imagination.

J'avais en vue de diminuer le nombre des naufrages, de sauver la fortune et la vie à une foule de marins en établissant des balises naturelles sur une côte perfide où il n'y en a jamais eu, et qui ne ressemble plus à ce qu'elle était quelques jours après qu'on l'a perdue de vue.

J'avais pris à cœur de maîtriser un ennemi puissant qui envahissait tous les ans à la France près de 50,000 arcs (plus de 1,500 journaux) de terrains en bonne valeur, et de lui faire payer au contraire une forte contribution.

Je voulais procurer à l'État, avec une très modique dépense, une richesse de denrées qu'elle n'avait pas et plusieurs millions de revenu. En effet, d'après

---

[1] On peut être surpris de ne pas voir mentionner M. de Villers. Son mémoire spécial sur les dunes était déjà déposé, il est vrai, à la bibliothèque de Bordeaux, mais une copie de son mémoire général se trouvait dans les archives des Ponts et Chaussées.

un calcul que nous ne croyons point exagéré et dont le détail est ci-joint, vous vous convaincrez facilement, citoyens, qu'au moyen de la somme de 2,350,000 francs que fournira le Gouvernement, il retirera en LVII (1848) un revenu net de 575,000 francs qui s'accroîtra successivement, qu'en LX (1851) il sera remboursé de sa première dépense, et qu'en LXXXI (1872) à peu près il jouira presque complètement des produits de cette entreprise, que nous pouvons porter sans trop d'erreur à 4 ou 5 millions de revenu, et vous serez convaincus encore que l'époque de la fertilisation des dunes ne peut être portée au delà de 43 ou au plus de 46 ans. Cette époque est bien différente de celle de 400 ans qu'on a cherché à établir (p. 43, lig. 23 et 26) dans le rapport que nous avons déjà cité.

Revenons au citoyen Peychan, qui, suivant la notoriété publique, doit avoir presque à lui seul tout l'honneur de l'opération.

Il est certain que ce citoyen estimable, chargé alors des affaires du ci-devant seigneur de la Teste (le citoyen de Ruat), avait fait quelques semis avant mes premiers essais, au pied des dunes et dans les vallons qui se trouvent entre ces montagnes; mais, ainsi qu'il le dit lui-même, il n'avait jamais jeté les yeux sur leurs sommets ni sur leurs rampes, qu'il avait toujours considérés comme infertiles et comme ne pouvant être arrêtés ou fixés par aucun moyen.

Il est très certain encore, lorsque l'administrateur de la province, le citoyen de Neville, eut fait adopter mes projets, qu'il me chargea de faire mes essais au Verdon comme le point le plus essentiel de la côte et le plus important pour le commerce, et que sur mes instances il se détermina à les faire à la Teste parce que je ne connaissais personne au Verdon à qui je pusse en confier l'exécution.

Il n'est pas moins certain que c'est moi qui ai choisi le citoyen Peychan pour me seconder dans ce travail que mes occupations et mes services ne me permettaient pas de suivre; que je dois à son zèle, à son intelligence, à sa rigoureuse probité, une partie des grands succès que j'ai obtenus; que, depuis l'établissement de mon premier atelier, il n'a cessé de travailler sous ma direction; que toutes les dépenses n'ont été payées que sur mes certificats, et qu'enfin si je m'étais trompé dans mes espérances, si j'avais échoué dans mon entreprise, tout le blâme, toutes les fautes que l'on aurait faites, tous les désagréments seraient retombés sur moi; tous ces faits sont incontestables.

C'est encore moi, citoyens, qui ai fait donner au citoyen Peychan le titre d'inspecteur des travaux des dunes; c'est la seule place honorable qui soit salariée dans la conduite de ces ouvrages.

Je crois que vous jugerez comme moi, citoyens, qu'il faut avoir du courage pour opérer le bien. J'ai, pour faire réussir mon projet, fait d'assez gros sacrifices pécuniaires, je me suis donné bien des peines, j'ai éprouvé bien des dégoûts ; tout mon travail, tous mes soins ont toujours été et sont encore purement gratuits : je n'ai eu d'autre récompense que la médaille que vous m'avez accordée, mais elle me dédommage bien amplement de tout, si vous êtes convaincus que j'ai pu la mériter.

Excusez, citoyens, la longueur de ma lettre ; j'ai pensé que je vous devais cette justification. Je connais les motifs qui ont dirigé contre moi la plume du citoyen Tassin ; à bien des égards il s'est trompé. Le texte de son rapport est d'un style tout différent de celui qu'il a employé dans une note qu'il a insérée à la fin et dans la lettre qu'il a pris la peine de m'écrire. Il me dit positivement dans cette lettre qui n'est pas connue « qu'il se plaira toujours à proclamer hautement que, sans moi, les semis et plantations des dunes n'auraient jamais pu être considérés que comme l'une de ces théories brillantes qu'il est impossible de mesurer en pratique ». C'est à très peu de chose près tout ce que je pouvais désirer.

J'ai, citoyens, l'honneur de vous saluer avec autant de reconnaissance que de respect.

Signé : Brémontier.

P.-S. Si vous désiriez, citoyens, avoir quelques renseignements de plus sur ces sables, ce serait un très grand plaisir pour moi de vous les donner.

Cette expédition est suivie des mots suivants écrits de la main de Brémontier :

L'exactitude des faits énoncés dans cette lettre a été certifiée par le citoyen Peychan lui-même et par son beau-frère le citoyen Eymerie.

1803 (10 janvier). 20 nivôse an xi. — *Société des sciences, belles-lettres et arts de Bordeaux. Lettre au Ministre* [1].

Citoyen Ministre, grâce à votre zèle pour tout ce qui est grand et utile, les travaux de l'ensemencement des dunes du golfe de Gascogne se continuent

[1] Les mots entre guillemets ont été raturés par Brémontier et les mots *en italique* sont écrits de sa main.

avec activité; bientôt les propriétaires voisins des sables seront à l'abri du fléau dévastateur, n'auront plus à craindre de voir leurs établissements ensevelis sous ces montagnes mouvantes, et une immense étendue de terres que le préjugé semblait condamner à une éternelle stérilité vont devenir au contraire à jamais productives.

Soyez bien convaincu, citoyen Ministre, que les habitants reconnaissants de ces contrées n'oublieront jamais que c'est en même temps aux vues paternelles du Gouvernement, à l'active prévoyance du citoyen Dubois, conseiller d'État, préfet du département de la Gironde, et à la constance soutenue du citoyen Brémontier, qu'ils sont redevables de tous ces avantages.

Les plantations faites en l'an x par vos ordres, citoyen Ministre, ont plus complètement réussi qu'on ne devait même le désirer; les citoyens Brémontier, président de la Commission des dunes, et Catros, notre collègue, ont bien voulu communiquer à la Société le procès-verbal de la tournée qu'ils viennent de faire pour visiter ces sables, depuis l'embouchure de la Garonne jusqu'à celle de l'Adour; les détails que leur rapport renferme lui ont paru si importants pour le cultivateur, si essentiels aux progrès de la science de l'agriculture et si avantageux au Gouvernement, qu'elle a arrêté qu'il vous en serait donné copie.

Vous verrez sans doute avec autant d'intérêt que de plaisir, citoyen Ministre, que la question de la fixation et de la fertilisation des dunes n'est plus un problème. Les échantillons de bois provenant de divers semis qui ont été faits depuis 1787 jusqu'à ce jour, et que nous avons l'honneur de vous adresser, vous en donneront des preuves beaucoup plus certaines que tous les raisonnements qu'on pourrait « vous » faire ; « mais » dans son procès-verbal, le citoyen Brémontier ne s'est pas borné à constater les heureux résultats de ses expériences. Sans cesse occupé des moyens de défendre des terres en bonne valeur journellement menacées d'être envahies, de fertiliser un désert immense, de donner, en la balisant, des moyens aux marins d'éviter les écueils d'une côte dangereuse sur laquelle ils viennent faire naufrage, faute de pouvoir la reconnaître, il indique encore un procédé, aussi simple qu'ingénieux, pour dessécher plus de 300 milles quarrés (20 lieues carrées) de terres précieuses submergées par les eaux que ces montagnes retiennent.

Tous ceux qui ont parcouru ces sables et qui ont une idée de leur mobilité ne paraissent avoir aucun doute sur la nécessité de son projet, dont cependant la nature seule ou les vents doivent faire tous les frais « ou payer la dépense ».

On vous aura, citoyen Ministre, indubitablement rendu compte d'un rapport fait au préfet du département des Landes, dans lequel on a cherché à enlever au citoyen Brémontier, sinon la totalité, au moins une «petite» partie de la gloire qu'il s'est acquise, en imaginant les moyens de fertiliser ces sables, et en osant le premier employer «ceux» *les procédés* qu'il avait proposés pour les fixer.

Nous pouvons vous certifier, citoyen Ministre, que le rapport du citoyen Tassin, secrétaire général du département des Landes, est rempli de fautes grossières, d'erreurs de toute espèce et d'assertions ou exagérées ou *absolument* fausses; que le citoyen Peychan n'a jamais fait de plantations qu'au pied de ces montagnes, et non sur leurs sommets ni sur les rampes, qu'il avait toujours crus stériles; qu'il n'a jamais été qu'un agent secondaire «dans cette opération» et continuellement employé sous les ordres du citoyen Brémontier; que celui-ci, depuis plus de 25 années, n'a cessé un instant de faire valoir les avantages qui devaient résulter de l'exécution du projet, ou de s'occuper des moyens de le faire réussir, et que, sans les soucis constants qu'il s'est donnés pour y parvenir, les dunes n'eussent probablement jamais été fixées; que la gloire et le succès de cette entreprise, aussi vaste que hardie, ne peuvent être contestés à cet ingénieur, aux talents distingués duquel la Société d'ailleurs se plaît à rendre justice.

Nous pouvons vous attester encore, citoyen Ministre, qu'il n'est question dans le mémoire imprimé du citoyen Desbiey, ancien receveur à la Teste, cité dans la feuille du *Moniteur* du 2 frimaire dernier, d'aucun procédé relatif à la fixation des dunes, «qu'on y cite à la vérité un autre mémoire manuscrit lu en 1774, dans une des séances de l'Académie des sciences de Bordeaux, mais que ce dernier mémoire ne s'est point trouvé dans les archives de l'Académie».

Signé: DUTROUILH, secrétaire général.

1803 (9 NOVEMBRE) 17 BRUMAIRE AN XII. — *Extrait du registre des délibérations de la Commission des dunes.*

Il a été introduit à la séance le citoyen Couturier, chef de l'atelier de l'étang de Lacanau, lequel a dit que les semis de l'atelier dont il est chargé ont beaucoup à souffrir du parcours des gros bestiaux, chevaux et vaches, qui mènent une vie entièrement sauvage; que ces animaux appartiennent à diverses communes avoisinantes qui n'en connaissent pas même le nombre, qui de temps à autre en vendent à vil prix quelques pièces à des bouchers de campagne qui ne peuvent s'en saisir qu'en les tuant à coups de fusil; que ces mêmes animaux, n'étant surveillés par personne, viennent en foule et à toute heure sur les semis; que c'est en vain que l'on tenterait de les mettre au parc, puisqu'il serait impossible de les attraper, que d'ailleurs ils ne seraient réclamés par personne; que tant que ces bandes d'animaux existeront il faut renoncer à faire aucun semis dans les environs, quels que soient le nombre et la vigilance des gardes.

Sur quoi, la Commission, considérant que le grand avantage, si bien senti par le Gouvernement, que présente la plantation des dunes et les succès constants qui ont couronné ces travaux, semis qui font l'étonnement de tous ceux qui les avaient jusqu'alors révoqués en doute, est d'une tout autre importance que ces bandes fugitives de bestiaux qui ne sont d'aucune utilité, ni pour les travaux de l'agriculture, ni pour les engrais, qui ne fournissent d'ailleurs aucun laitage, et dont on ne peut tirer aucun parti qu'en les tuant sur place après des chasses qui emploient beaucoup de monde et sont dangereuses, au moins pour les chiens que l'on emploie pour les poursuivre;

Que le Gouvernement, qui consacre des fonds annuels à la fertilisation des dunes, entend que tous les obstacles qui peuvent rendre inutiles les sacrifices qu'il fait pour parvenir à ce but disparaissent;

Que la propriété du sol sur lequel ces plantations doivent être assises est incontestablement à la République; que par conséquent tout usage et jouissance privée, de quelque nature que ce soit, doit cesser lorsque la conservation des semis l'exigera,

A délibéré :

Art. 1er. Le préfet du département de la Gironde sera prié de vouloir bien ordonner la destruction des bandes errantes de bestiaux sauvages qui existent dans les environs des étangs de la Canau et d'Hourtin, ainsi que dans les autres lieux environnants les divers semis faits et à faire le long des dunes.

Art. 2. Expédition de la présente délibération sera adressée au préfet du département par le président de la Commission, chargé d'en suivre l'effet auprès de ce magistrat.

1803 (14 novembre). 22 brumaire an XII. — *Extrait du registre des arrêtés du préfet du département de la Gironde.*

Le Préfet du département de la Gironde,

Vu la délibération de la Commission des travaux des dunes, en date du 17 du courant, de laquelle il résulte que les semis des dunes qui bordent les communes d'Hourtin, Lacanau, Carcans et le Porge seront bientôt détruits par la grande quantité de bestiaux sauvages appartenant à diverses communes environnantes, qui les parcourent continuellement, si on ne prend les mesures les plus promptes pour conserver ces importantes plantations ;

Considérant que l'Administration publique ne peut trop s'empresser de conserver par tous les moyens qui sont en son pouvoir le grand avantage qui doit résulter de la plantation des dunes, avantage si bien senti par le Gouvernement qu'il a consacré des fonds annuels à leur fertilisation ;

Qu'il est d'autant plus urgent d'écarter tous les obstacles qui peuvent nuire à ce but important et qui tendent à rendre nuls les sacrifices faits jusqu'à ce jour par le Gouvernement ;

Que ces bestiaux ne sont d'aucune utilité ni pour l'agriculture ni pour les engrais ;

Qu'il est néanmoins nécessaire d'ôter aux particuliers le prétexte de se plaindre des mesures employées à cet effet, en leur donnant les moyens d'éviter le dommage qu'elles pourraient leur occasionner,

Arrête :

Art. 1er. Dans la quinzaine qui suivra la réception du présent arrêté, les habitants des communes d'Hourtin, Lacanau, Carcans et le Porge seront tenus d'attraper et de faire parquer les bœufs, vaches et chevaux vaquant continuellement dans les parties des dunes qui les bordent.

Art. 2. Faute par les habitants des communes ci-dessus désignées de se conformer aux dispositions de l'article précédent et dans le délai prescrit, il sera fait à la diligence des maires desdites communes des battues générales à l'effet de détruire les bestiaux nuisibles à la fertilisation des dunes.

Art. 3. Les gardes des semis sont autorisés, après l'expiration de ces mêmes délais, à tirer sur les bestiaux qui y entrent.

Art. 4. Expéditions du présent arrêté seront adressées aux maires des communes d'Hourtin, Lacanau, Carcans et le Porge, ainsi qu'à la Commission des travaux des dunes, qui demeurent invités à s'y conformer, chacun en ce qui le concerne.

1804 (10 février). 20 pluviôse an XII. — *Quatrième mémoire de Brémontier relatif aux dunes autres que celles du golfe de Gascogne.* (Extraits.)

On trouve des dunes nues particulièrement entre Étaples et Neufchâtel, au droit de Sanniers. Elles occupent même dans cette partie une lieue entre les terres qu'elles envahissent et la mer d'où elles sont sorties. Entre Calais, Gravelines et Dunkerque, et probablement jusqu'à l'Escaut (cette hypothèse est confirmée par ma note), l'espace occupé par les dunes est très rétréci en largeur, mais leur chaîne devient continue ; elle est formée de monticules de 3 à 10 mètres. Entre Gravelines et Dunkerque, on remarque des levées d'une assez grande longueur qui semblent faites de main d'homme ; c'est l'effet des vents d'ouest, nord-ouest et sud-ouest régnant alternativement.

La majeure partie des sables répandus sur les côtes de la Manche, de la mer du Nord ou de la Lys sont calcaires et plus ou moins mélangés de fragments de quartz ou de silice ; ils diffèrent par conséquent de ceux du golfe de Gascogne, qui sont siliceux. Ces sables se tassent et se lient ; les hoyia (*Arundo arenaria*) se rencontrent presque partout ; les rampes à l'est en sont parfois couvertes. On ne peut douter que les saules, les aulnes, les osiers, les peupliers, les arrête-bœuf (*Ononis*), les chiendents et surtout les oyats ne viennent très bien dans ces dunes ; de même les chênes, charmes, hêtres, bouleaux et arbres fruitiers, ainsi que les plantes herbacées.

Les sables détruisent les récoltes par le refoulement des eaux des rivières et canaux obstrués ; ils envahissent les terres, remplissent les ports, tombent sur les vaisseaux et les maisons.

À l'embouchure de la Somme, la largeur réduite des dunes peut être évaluée à 800 mètres. Entre la Somme et l'Authie, la largeur atteint 3,500 mètres avec une hauteur de 8 à 12 mètres et parfois au delà. Entre l'Authie et Étaples, et entre Étaples et Boulogne, les dunes paraissent plus mobiles et sont plus élevées ; l'une atteint 90 pieds. A Boulogne, les sables occupent un petit espace ; la hauteur est de 5 à 8 mètres. Les ingénieurs peuvent, pour protéger le port, les fixer provisoirement avec des plantations de hoyia et une légère couche d'argile. On peut mettre ce port à l'abri, ainsi que tous ceux de la Manche et de la mer du Nord, au moyen d'un barrage quelconque d'un mètre et demi de hauteur. L'expérience prouve qu'un mur élevé d'aplomb au-dessus des vives eaux suffit pour arrêter les sables sortant d'une plage quelconque. Ces sables, que les vents enlèvent de cette plage lorsque la mer est basse, sont arrêtés par ce mur et emportés ou au moins régalés lorsque les eaux viennent les mouiller et battre contre.

Partout où les hoyia sont en abondance les dunes acquièrent une certaine élévation. On en trouve près d'Ambleteuse qui ont jusqu'à 100 pieds de hauteur ; leur surface présente des déchirures, des cavités, des coupures brusques faites par les ouragans contre lesquels la résistance des hoyia n'a pas été suffisante. Les dunes non couvertes de hoyia présentent une surface plus régulière ; leurs sommets sont arrondis, leurs rampes unies et moins rapides.

Des parties de dunes depuis longtemps en culture et formant de bonnes prairies ont été recouvertes à la suite d'un orage du 4 au 6 nivôse an XII. Les herbes sont donc insuffisantes et il faut aussi repousser les feuillus, même les aulnes et les saules qui paraissent s'y plaire ; on doit préférer des résineux.

Exécution des travaux. — Établir un cordon de 2 ou 3 pieds de hauteur sur le bord de la mer à quelque distance de la laisse des plus hautes marées. Entre le cordon et le pied des dunes, semis à la pelle. Une femme, munie d'une petite pelle ou spatule armée d'un manche, soulève le sable, pose deux, trois ou quatre grains au-dessous à quelques pouces de distance les unes des autres, puis laisse retomber le sable sur les graines qui sont ainsi recouvertes d'un ou de deux pouces de terre. Elle recommence une autre fouille à un pied de distance et ainsi de suite en suivant un alignement. On laisse entre chaque sillon 8 ou 10 décimètres d'intervalle. On sème sur le tout à la volée des graines de genêt mêlées à du sable ; 4 décagrammes (1 once) ou 6 décagrammes (1 once 1/2) suffisent pour un journal ou un arpent. On se sert des couvertures sur les plateaux et les pentes ; on y a recours rarement dans les vallons et les plaines ; on établit aussi un deuxième cordon au pied des dunes.

Évaluation de la dépense. — Les deux tiers des dunes étant couvertes de hoyia, cette plante tiendra lieu souvent de cordon ou de couverture ; on sèmera les graines de pin entre les pieds de hoyia. La partie dénudée des dunes, évaluée au dixième de la contenance totale, exigera seule les moyens dispendieux indiqués ci-dessus.

Pour les parties peuplées de hoyia, la dépense ne dépassera pas, y compris la fourniture des graines, 6 à 8 francs l'arpent (34 ares). Lorsque les plantations de hoyia paraîtront pouvoir être adoptées comme couverture, la dépense sera de 39 francs, et enfin de 98 fr. 50 en employant les procédés des dunes de Gascogne.

Surface des dunes depuis l'Escaut jusqu'à la Somme.

	LONGUEUR.	LARGEUR.	TOISES CARRÉES.
Des bouches de l'Escaut à Nieuport.	32,000	300	9,600,000
De Nieuport à Dunkerque.......	14,500	650	9,425,000
De Dunkerque à Gravelines.....	9,300	400	3,720,000
De Gravelines à Calais..........	10,000	400	4,000,000
De Calais au cap Gris-Nez.......	8,500	200	1,700,000 [1]
De Gris-Nez à Ambleteuse.......	1,000	300	300,000 [2]
D'Ambleteuse à la rivière de Vimereux.....................	2,000	650	1,300,000
De Vimereux à Boulogne (3,500 t.)	″	″	″
De Boulogne à Étaples..........	9,000	1,900	17,100,000 [3]
D'Étaples à l'embouchure de l'Authie....................	8,000	1,300	10,400,000
De l'embouchure de l'Authie à celle de la Somme..............	8,200	1,200	9,840,000
TOTAL...............			67,385,000

Le 1/10 de cette surface est formé de sables absolument dénudés et il faut y avoir recours aux couvertures et à la plantation préalable d'hoyia. Sur les 9/10 couverts de hoyia, de plusieurs plantes et d'arbustes, il suffira de semer des graines ; la dépense sera de 10 francs par arpent, soit pour 67,385 arpents, 673,850 francs. Pour le premier 1/10 il faudra dépenser 39 × 7,487 arpents, soit 291,993 francs, plus 64,157 francs pour baraques, entretien, gardes, etc.

Au total 1,030,000 francs. Dans le cas où il faudrait avoir recours aux couvertures, la somme de 261,993 francs serait remplacée par celle de

[1] La longueur est de 11,500 toises, dont 3,000 en falaises. — [2] La longueur est de 3,600 toises, dont 2,600 en falaises. — [3] La longueur est de 13,000 toises, dont 4,000 en falaises.

7,487 × 98 fr. 5o = 737,370 francs, et la dépense totale serait portée à 1,475,377 francs.

En n'employant que 5o,ooo francs par an aux travaux, à partir de la cinquième année, on pourrait avoir sur place des branchages pour couverture, et le prix par arpent descendrait à 3o francs. La dépense totale serait donc de 1 million et les travaux seraient terminés en vingt ans, à raison de 5o,ooo francs par an.

Surface des dunes entre la Somme et la Gironde.

	LONGUEUR.	LARGEUR.	TOISES CARRÉES.
Entre la Dive et l'Orne	5,ooo	45o	2,25o,ooo
Au sud de l'Orne	5,ooo	3oo	1,5oo,ooo
Anse de Vauville	3,ooo	3oo	9oo,ooo
Sables de Baubigny (à 8,ooo toises au sud de Vauville)	3,ooo	35o	1,o5o,ooo
Du fort Port-Bail à Corneville	7,ooo	3oo	2,1oo.ooo
Dunes au nord de Saint-Michel . . .	2,5oo	2oo	5oo,ooo
De Saint-Pol-de-Léon à l'embouchure de la Cervose, en 5 parties	4,9oo	3oo	1,47o,ooo
De Port-Louis à Quiberon, en 5 parties	8,2oo	35o	2,87o,ooo
Au Sud de Guérande	1,2oo	4oo	48o,ooo
Au nord-ouest de Saint-Gilles	3,5oo	4oo	1,4oo,ooo
Sables-d'Olonne	4,5oo	3oo	1,35o,ooo
Au sud de Talmont, en 3 parties. .	6,ooo	4oo	2,4oo,ooo
Pertuis Breton	9,ooo	3oo	2,7oo,ooo
Côte d'Arvers	6,ooo	1,35o	8.1oo,ooo
Isle de Noirmoutiers et rétablissement de plusieurs parties omises.	″	″	14,ooo,ooo
Isle de Ré, en 2 parties	8,ooo	2oo	1,6oo,ooo
Isle d'Oléron	4,5oo	1,5oo	6,75o,ooo
TOTAL			51,42o,ooo
Côtes de Méditerranée, environs de Cette			2,58o,ooo
TOTAL			54,ooo,ooo [1]

[1] Ou 6o,ooo arpents de Paris (9oo t. q.).

RÉCAPITULATION.

(Dunes des côtes de France.)

Des frontières de la Hollande à l'embouchure de la
Seine... 67,385,000 t. q.

De l'embouchure de la Seine à celle de la Gironde, îles
comprises... 51,420,000

Entre la Gironde et l'Adour (1ᵉʳ mémoire)......... 300,000.000

Côtes de la Méditerranée............................ 2,580,000

TOTAL............ 421,385,000

Le 1/5 des 54,000,000 t. q. reviendra, à raison de 30 francs par arpent,
à 12,000 × 30 = 360,000 francs. Le reste, en plaine ou déjà préparé par
les hoyia ou par les autres plantes, coûtera 10 francs par arpent, soit
480,000 francs, plus 60,000 francs pour baraques, entretien, gardes et
autres dépenses, total : 900,000 francs. Ces sables ont paru plus arides et
plus dénudés à mesure que l'on s'avançait vers le sud ; pour ce motif on a
remplacé 1/10 par 1/5.

RÉCAPITULATION.

(Dépense de fixation de toutes les dunes de France.)

	LIEUES de 2,000 t. q.	HECTARES.	DÉPENSE.	PRODUIT PRÉSUMÉ.
Entre l'Escaut et la Seine..........	16 1/2	25,055	1,030,000	550,000
Entre la Seine et la Gironde, îles comprises.........	12 3/4	20,400	900,000	450,000
Côtes de la Méditerranée..........	1/2			
Entre la Gironde et l'Espagne.......	75	113,887	5,000,000	4,000,000 [1]
TOTAL.......	104 3/4	159,342	6,930,000	5,000,000

[1] Mention pour mémoire. Un décret du 13 messidor an IX a alloué un crédit annuel de 50,000 francs pour ces travaux.

Avantages résultant des travaux. — 1° Plus de 100 lieues carrées de sable envahissant chaque jour les terrains précieux seront fixés et mis hors d'état de nuire ; 2° ces déserts seront convertis en forêts productives ; 3° les chaînes de dunes fixées protégeront les plaines contre les intempéries ; 4° plus de 40 lieues carrées d'étangs ou marais pourront être desséchés en ouvrant des canaux avec l'aide du vent ; 5° la mer, qui formait souvent, dans les départements du Nord et de la Lys, des brèches dans les dunes, ne les franchira plus quand elles seront consolidées ; les cultures ne seront plus submergées ; 6° les ports seront à l'abri des sables ; 7° les dunes fixées deviendront des balises naturelles ; 8° on pourra introduire le sapin, ce qui procurera des ressources au Gouvernement pour l'armement de ses navires ; 9° nous avons établi que, pour les dunes du golfe de Gascogne, les avances effectives à faire par l'État seraient de 2 millions, soit 2/5 de la dépense totale, que les travaux pourraient être terminés en 35 ou 40 ans, et qu'à cette époque les produits cumulés atteindraient 3 millions, pour la résine seulement. Dans les dunes du Nord, la résine sera moins abondante mais le bois aura une valeur appréciable, de sorte que l'évaluation du produit peut être la même.

1804 (22 JUIN). 3 MESSIDOR AN XII. — *Extrait du registre des arrêtés du préfet de la Gironde.*

Vu la lettre du président de la Commission des travaux des dunes, du 29 du mois dernier ;

Vu l'extrait du procès-verbal de visite des ateliers d'Hourtin et Lacanau, du 15 du même mois,

LE PRÉFET DU DÉPARTEMENT DE LA GIRONDE,

Considérant que les conditions auxquelles il avait été sursis à l'arrêté du 22 brumaire dernier n'ont point été observées et que les précautions nécessaires pour préserver les semis des dégâts qu'y occasionnaient les bestiaux n'ont pas été prises ;

Considérant qu'il est urgent de mettre un terme aux désordres qui sont notés dans le rapport de l'inspecteur des travaux des dunes, et de préserver les semis des atteintes qui leur sont portées et qui peuvent les détruire et par

là rendre nulles les dépenses que fait le Gouvernement pour l'ensemencement
des dunes,

ARRÊTE :

L'arrêté du 22 brumaire dernier, portant que les habitants des communes
d'Hourtin, Lacanau, Carcans et le Porge seront tenus de faire parquer leurs
bestiaux, recevra son exécution à la diligence des maires desdites communes.

Expédition du présent sera adressé auxdits maires, ainsi qu'au sous-préfet
de Lesparre et à l'ingénieur en chef.

1806 (16 JANVIER). — *Extrait du registre des arrêtés du préfet de la Gironde.*

Vu la délibération de la commission pour l'ensemencement des dunes du
golfe de Gascogne, du 1ᵉʳ brumaire an XIV,

LE CONSEILLER DE PRÉFECTURE, PRÉFET PAR INTÉRIM,

Considérant que, quoique les plantes dites *Elymus arenarius*, appelées
gourbets dans le pays, et autres qui croissent spontanément sur les dunes
soient insuffisantes pour arrêter complètement le cours des sables, cependant
leur multiplication en retarde les progrès ;

Que les habitants se permettent de les couper, même de les arracher complètement, ce qui rend les sables à leur mobilité naturelle et les abandonne
à l'action des vents ;

Que les personnes éclairées du pays désirent que l'Administration arrête
cette destruction, en défendant à qui que ce soit de faire pâturer des bes- .
tiaux dans les dunes et lèdes, et d'y aller couper ou arracher des gourbets
ou autres plantes, vœu spécialement manifesté et d'après les mêmes motifs
par la délibération du Conseil municipal de Soulac, du 26 ventôse an IX,

ARRÊTE :

ART. 1ᵉʳ. Défenses sont faites à qui que ce soit de laisser errer ou faire
pacager les bestiaux dans toute l'étendue des dunes, lèdes et sables, depuis
la pointe du Verdon jusqu'à sa limite vers le sud du territoire de Soulac, et
à la distance de 150 mètres du pied des dunes, du côté des terres.

ART. 2. Défenses sont faites pareillement de faire brûler sur les lieux, de couper et arracher les gourbets et autres plantes.

ART. 3. Le garde des semis du Verdon et le garde champêtre de Soulac maintiendront l'exécution du présent arrêté contre les délinquants, en saisissant et conduisant au parc de justice les bestiaux qui seront trouvés dans l'intérieur des limites ci-dessus fixées ; ils pourront même tirer à coups de fusil sur les bestiaux errants et sans conducteurs, ainsi que les gardes des autres semis y sont autorisés par des arrêtés.

ART. 4. Les dispositions du présent arrêté deviendront communes à tous les endroits qui seront désignés à l'avenir par le préfet, sur la demande de la Commission des dunes.

ART. 5. Expédition du présent arrêté sera adressée tant au président de la Commission des dunes qu'au maire de Soulac.

1806 (5 ET 19 FÉVRIER). — *Rapport sur les mémoires de Brémontier, lu à la Société d'agriculture du département de la Seine, dans les séances des 5 et 19 février 1806, par MM. Gillet-Laumont et Tessier, commissaires, et Chassiron, rapporteur.* (Extraits.)

Dans un mémoire qu'on vient de traduire et d'imprimer sur les moyens de fixer et de planter les plaines de sable (et ce ne sont pas des dunes dont il s'agit ici) par MM. Hartig et Burgsdorff, grands-maîtres des forêts en Prusse, on lit que, pour fixer un arpent de sable, il faut quarante-trois charretées de ramilles, huit fort pieux et un tiers de charretée de ramilles par verge de longueur. (*Annales de l'agriculture*, t. XXVI, avril 1806.)

Brémontier avait remarqué que le sommet des dunes était plus humide, plus lié que la base. L'humidité de l'air se fixe sur les surfaces dures, polies et peu poreuses ; près des sables des dunes l'air est toujours chargé d'humidité. Le sommet des dunes est plus exposé que la base à l'action des vents chargés d'eau et de sel.

Pour fixer tout d'abord l'espace de 200 mètres compris entre le pied des premières dunes et la laisse des hautes mers, il faut semer des graines de pin et de genêt ordinaire et épineux. L'auteur essaya par des cordons de fascines parallèles de retenir les sables. Enfin, il tenta de recouvrir les semis de branches d'arbres verts retenues par des crochets enfoncés dans le sable. Ce procédé a réussi. Pour les dunes, il faut agir de même ou diviser le terrain par des clayonnages.

Les seuls revenus des plantations donneront, au bout de soixante à soixante-dix ans, un revenu annuel de près de 4 millions.

« C'est, dit très bien dans son rapport M. Duplantier[1], la première fois peut-être que, dans un grand plan et une vaste entreprise, l'expérience a prouvé plus avantageusement que la théorie. »

Plantes qui croissent dans les dunes et se propagent d'elles-mêmes : *Pinus maritima, Quercus suber, ilex, robur, pedunculata, Cupressus sempervirens, Pinus abies, Pinus larix, Spartium scoparium, Ulex europæus, Tamarix gallica et germanica, Arbuti, Rhamni, Phyllireæ, Daphne mesereum, Mespilus vulgaris, Prunus sylvestris, Loniceræ, Ericæ, Plantagines, Hiperica, Bellides, Elymus arenarius, Arundo arenaria, Hyeracium lanuginosum.*

Les sables proviennent des érosions de la mer depuis Ouessant jusqu'au cap Ortegal.

La longueur des dunes est de 234 kilomètres, la largeur réduite de 5 kilomètres et la hauteur réduite de 17 mètres.

La vigne croît dans les dunes. Si les gelées du printemps emportent les premières pousses, on déchausse, on retaille plus bas et les nouveaux nœuds donnent d'abondantes récoltes.

L'Océan travaille sans cesse à combler le golfe de Gascogne aux dépens des côtes et des promontoires plus avancés.

L'auteur propose aussi d'ouvrir des canaux des étangs à la mer ; il pense que le vent se chargerait du travail en laissant des espaces vides entre les massifs.

L'île de Cordouan, qui tenait à la terre ferme, est déjà loin du rivage.

Le fort Cantin, construit en 1754 à plus de 200 mètres de la mer, est aujourd'hui enseveli sous les eaux.

----

[1] Président de l'Administration centrale du département de la Gironde.

1806 (2 AVRIL). — *Deuxième rapport sur les mémoires de Brémontier, lu à la Société d'agriculture de la Seine dans la séance du 2 avril 1806.* (Extraits.)

Travaux des dunes de Hollande. — 1° Plantations intérieures sur les terres même qui longent les sables; 2° Plantation de genêts, qui, par leur racines et leurs fruits, sont propres à fixer les sables; 3° Pour fixer les genêts eux-mêmes, emploi de petites bottes de paille fixées par des piquets de 0 m. 66 de long, plantés soit séparément soit conjointement avec les genêts [1].

Dunes de Gascogne. — Composition des sables :

PROVENANCES.	COULEUR.	QUARTZ BOULÉ.	MICA.	FER.	DÉBRIS de COQUILLES.	OBSERVATIONS.
Sables pris à 4,000 mètres de Royan.	Gris.	Très fin.	Assez abondant, très divisé.	En petits grains noirs, bruns, en partie attirables.	Assez abondants.	C'est le sable le plus fin, le plus abondant en fer, dont les grains sont noirs ou bruns, ternes et opaques.
Sable du Verdon, pris à 5,000 mètres de la pointe de Grave.	Gris jaunâtre.	Fin.	Peu.	Grains très fins, moins abondants.	Quelques fragments.	"
Sable des dunes d'Hourtin et de Lacanau, à 72 kilomètres de la pointe de Grave.	Jaune.	Un peu plus gros.	Point.	Très peu.	Point.	C'est le sable le plus aride.
Sable des dunes de la Teste, à 108 kilomètres de la pointe de Grave.	Gris jaunâtre.	Fin.	Presque pas.	Très peu.	Point.	C'est le sable dans lequel les semis ont le mieux réussi, quoiqu'il ne soit presque que du quartz.
Sable de la grande dune de Saint-Julien, rive gauche du chenal, à 174 kilomètres de la pointe de Grave.	Jaune pâle.	Plus gros.	Presque pas.	Très peu.	Quelques fragments.	Ici les sables commencent à augmenter de volume.
Sable des dunes près de l'Adour, à 234 kilomètres de la pointe de Grave.	Gris mêlé.	Mêlé, fin et gros.	Presque pas.	Beaucoup en grains en partie attirables.	Plusieurs reconnaissables.	Le fer est en grains fins et ternes.
Sable des monticules d'Anglet, à 4 kilomètres de l'embouchure de l'Adour, et à 238 kilomètres de la pointe de Grave.	Jaunâtre.	Mêlé, plus gros et anguleux.	Presque pas.	Presque pas.	Plusieurs assez gros.	On cultive la vigne.

[1] Publication à Leyde, en 1778 et 1779, de la commission nommée pour examiner l'état des dunes et les moyens propres à avancer leur fertilisation.

1808 (12 JUILLET). — *Décret relatif aux dunes.*

Bayonne, le 12 juillet 1808.

NAPOLÉON, Empereur des Français, Roi d'Italie, Protecteur de la Confédération du Rhin, Médiateur de la Confédération suisse, Nous avons décrété et décrétons ce qui suit :

. . . .

CHAPITRE VI. — *Plantation des dunes.*

ART. 22. Il sera établi dans le département des Landes une commission pour la plantation des dunes.

Cette commission sera organisée de la même manière que celle qui a été établie à Bordeaux en exécution de notre décret du 13 messidor an IX.

ART. 23. Il sera nommé par le préfet un inspecteur et un garde forestier qui résideront à la proximité des travaux. Le traitement de l'inspecteur sera de 800 francs et celui du garde de 400 francs.

ART. 24. L'état des dépenses sera dressé par la Commission et acquitté sur les ordonnances du préfet.

ART. 25. Chaque année, au mois de décembre, la Commission des Landes se réunira à celle de Bordeaux, sous la présidence du préfet de la Gironde.

Le compte général des dépenses sera dressé. L'état des travaux de la campagne, ceux projetés pour la campagne suivante et les observations des Commissions réunies seront transmis, ainsi que ledit compte général, à nos Ministres de l'intérieur et des finances.

ART. 26. Toutes demandes en concession de dunes qui viendraient à être faites par des communes ou des particuliers seront adressées à l'une ou l'autre commission, lesquelles donneront leur avis, qui sera remis au préfet et transmis au Ministre des finances.

ART. 27. La demande en concession adressée au préfet des Landes par le sr Bourgeois, enseigne de nos vaisseaux et pilote-major de la barre de Bayonne, est accueillie.

En conséquence, nous lui avons concédé et concédons gratuitement 50 hectares de dunes, situées au territoire de Tarnos et désignées au plan annexé au présent décret.

A la charge par le s^r Bourgeois d'en faire le semis à ses frais dans le délai de deux années, suivant les procédés du s^r Brémontier, inspecteur divisionnaire des Ponts et Chaussées, et d'entretenir les plantations en bon état.

Ladite concession ne sera assujettie qu'au droit fixe d'un franc.

1808 (18 octobre). — *Circulaire du directeur général des Ponts et Chaussées* (*comte de Montalivet*) *aux préfets.*

Le Gouvernement a déjà fait faire, sur plusieurs points des côtes maritimes de l'Empire, quelques essais pour chercher à fixer les sables qui règnent sur les bords de la mer, et dont la mobilité devient une source de calamités publiques, soit sous le rapport de l'agriculture, dont ils envahissent insensiblement les domaines, soit sous celui de la navigation dans les ports maritimes, où ils forment des encombrements successifs auxquels il faut opposer souvent de vains et dispendieux efforts.

Ces essais, parmi lesquels je ne comprends point ceux que l'on fait en grand dans les départements des Landes et de la Gironde, consistent en plantations de diverses espèces d'arbrisseaux ou herbes vivaces et aréneuses propres aux localités, tels qu'oyats ou roseaux des sables, tamaris, genêts, chiendents, ou toutes autres plantes qui, croissant très vite sur les terrains sablonneux et poussant en peu de temps une grande quantité de racines et de petits rameaux, recouvrent le sol, affaiblissent l'action des vents et fixent les sables.

Les résultats précieux qu'offrent déjà ces plantations faciles et dont on peut augmenter annuellement l'étendue, en raison des ressources que l'on y peut destiner, me font désirer de les multiplier partout où il sera avantageux et possible d'étendre ce bienfait. Je suis bien convaincu que vous me seconderez de tous vos moyens pour y faire participer le département confié aux soins de votre administration.

Je vous invite, en conséquence, à demander à M. l'Ingénieur en chef une carte, sinon de la totalité des dunes de votre département, du moins des parties dans lesquelles il serait plus utile de commencer cette opération. Une première recherche, dont il sera ensuite convenable de s'occuper, est le choix de l'espèce qui réussit le mieux d'après la nature du sol et le climat de votre département. Vous jugerez sans doute convenable de vous adjoindre, pour cette recherche, un ou plusieurs agriculteurs instruits, dont les lumières, jointes à celles de M. l'Ingénieur en chef, vous procureront toutes les notions que vous pourrez désirer à ce sujet.

M. l'Ingénieur en chef dressera, d'après ces premiers éléments, un état estimatif que vous voudrez bien soumettre à mon approbation, en y joignant un arrêté dans lequel vous prescrirez toutes les mesures réglementaires de police pour assurer la conservation des semis et plantations, soit pour en interdire soigneusement l'accès aux troupeaux de gros ou de menu bétail, soit pour les défendre contre les malveillants, soit enfin pour en régler les coupes, de manière qu'elles soient constamment subordonnées à votre autorisation, et que, dans aucun temps, elles ne puissent porter préjudice aux plantations, dans le cas même où elles appartiendront à des particuliers.

Je ne crois point avoir besoin de recommander à toute votre sollicitude un objet qui intéresse, d'une manière aussi essentielle, la prospérité de votre département, et dont vos administrés peuvent retirer bientôt les plus précieux avantages.

J'adresse directement une ampliation de cette lettre à M. l'Ingénieur en chef, afin qu'il dispose le travail qui le concerne.

1810 (9 avril). — *Rapport de l'ingénieur en chef adopté par la Commission des dunes de la Gironde dans la séance du 9 avril 1810.*

Il paraît que les dunes en général n'appartiennent au Gouvernement que comme lais et relais de la mer ou par l'abandon que sont censés en avoir fait les propriétaires qui ont cessé d'en payer les contributions, toute espèce de produit territorial ayant cessé par l'envahissement des sables.

Il est nécessaire cependant que la législation prononce quelque chose à cet égard. Il y a à la Teste un particulier qui se prétend propriétaire de portions très étendues qu'il ne fait pas ensemencer et qu'il ne veut pas laisser ensemencer. D'autres parties, qui étaient il y a huit ou neuf ans en nature de prés, de vignes, etc., ont été subitement recouvertes par les sables. Elles ont été abandonnées par les propriétaires. On les a fait ensemencer aux frais du Gouvernement et elles forment partie de la grande propriété nationale. Mais si les propriétaires avaient mis obstacle à l'ensemencement, la ville de la Teste serait couverte par les sables.

On conçoit que si, après que le Gouvernement a fait les frais de l'ensemencement, ils venaient à revendiquer la propriété du sol, le Gouvernement perdrait le fruit de ses avances. Il est certain que les dunes, dans leur progrès, ont envahi une superficie immense de propriétés particulières. Des preuves s'en font remarquer avec évidence et la tradition en a conservé le souvenir à la Teste, à Mimizan, au Vieux-Soulac, etc. Quelque trace qu'il en existe, les propriétaires, dont plusieurs ont dû en conserver les titres, seraient-ils fondés à les revendiquer lorsqu'ils seront ensemencés? Plusieurs, dit-on, paraissent disposés à le faire.

Il y a, en outre, au milieu même des dunes, des espaces appelés lèdes dans ces contrées et qui, sans être absolument des sables mobiles, ne doivent pas en être détachés, leur culture exigeant un parcours perpétuel à travers les semis. De vastes communaux sont parsemés de mamelons qui sont fréquemment déplacés par les vents. Il convient de les fixer pour assurer la conservation du tout, et, pendant le temps que doit durer l'opération et jusqu'à ce que les semis soient devenus défensables, toutes pâture, coupe et extraction d'herbes doivent y être interdites.

C'est à ces difficultés que la législation doit pourvoir; elle saura allier au droit sacré de la propriété des principes qui protègent la conservation des travaux et en assurent les revenus, et qui, en même temps, s'opposent à ce qu'un esprit de résistance mal entendue arrête l'effet des intentions bienfaisantes du Gouvernement.

La législation sur les marais qui avait à fixer des règles pour les dessèchements, telles que nul individu ou communauté ne pût arrêter des opérations dont l'utilité est si généralement et si universellement reconnue, et fût au contraire tenu d'y contribuer, a établi pour principe, dans la loi du 16 septembre 1807, article 1er : «La propriété des marais est soumise à des règles particulières». Le texte de la loi en est la suite et le développement.

Nul doute qu'il ne doive en être de même de tout ce qui concerne l'ensemencement des dunes.

Nous avons donc l'honneur de proposer aux deux commissions réunies de vouloir bien délibérer sur les articles suivants d'un projet de loi que M. le Préfet sera prié de vouloir bien adresser au Gouvernement :

ART. 1er. La propriété des dunes et terrains ensablés bordant la mer est soumise à des règles particulières.

ART. 2. Toutes portions de terrain, ou couvertes de dunes élevées, ou d'une nature sablonneuse, à raison desquelles il n'est payé aucune contribution, sont censées n'appartenir à personne et faire partie du domaine impérial.

Art. 3. Lorsqu'il y aura lieu à commencer un ensemencement sur une commune, le maire en sera averti, et il fera afficher à la porte de l'église que les personnes qui se prétendraient propriétaires d'une partie de dune quelconque ou d'un terrain ensablé à ensemencer aient à justifier de leur propriété dans un délai de....

Art. 4. Le maire adressera les réclamations avec les pièces au préfet, qui les enverra à la Commission pour avoir son avis et qui prendra également l'avis du Domaine.

Art. 5. La propriété étant bien reconnue appartenir au réclamant, s'il est nécessaire qu'elle soit ensemencée, il lui sera fait sommation de contribuer aux frais de l'ensemencement général, si mieux il n'aime le faire lui-même d'après les procédés employés par la Commission. Faute de quoi, sa propriété sera réunie à celle du Gouvernement; la valeur lui en sera remboursée suivant l'instruction qui en sera faite conformément aux règles ordinaires.

Art. 6. Il en sera de même lorsqu'une superficie de terrain aura été envahie par les sables et qu'elle aura été mise hors d'état d'être cultivée.

Art. 7. Les mêmes règles seront observées à l'égard des communaux lorsque les communes justifieront qu'elles en sont propriétaires; alors la Commission des dunes les fera ensemencer, et, lorsque les semis seront défensables, la pâture sera permise aux habitants en se conformant aux règles à établir, mais les communes n'auront aucun droit au produit des résines et autres récoltes.

Art. 8. Il sera fait un règlement d'administration publique sur la proposition de MM. les préfets, l'Administration des forêts entendue, pour régler le mode de jouissance et assurer la conservation des propriétés particulières qui se trouveront enclavées dans les semis faits aux frais du Gouvernement, de quelque origine qu'elles proviennent.

Art. 9. Il sera fait défense expresse à tous propriétaires de dunes ensemencées de faire une coupe générale des pins ou autres arbres, arbustes ou buissons, et d'arracher les plantes et herbes qui recouvrent le sol, de manière à donner prise à l'action des vents.

1810 (11 avril). — *Extrait du procès-verbal de la séance du 9 avril 1810 des commissions des dunes réunies.*

L'assemblée délibère ensuite sur la proposition faite par la Commission de la Gironde, dans le dernier rapport, d'un projet de loi concernant les droits que certains particuliers pourraient réclamer sur la propriété des terrains ensemencés et à ensemencer, et sur les règles auxquelles les propriétaires devront être assujettis dans la jouissance des portions de forêt qu'ils posséderont au milieu de la vaste étendue des dunes.

Après une discusssion qui fut fixée et sur les principes qui font la base de ce projet de loi et sur chaque article en particulier, et après quelques légers amendements, l'assemblée a adopté les propositions de la Commission de la Gironde et elle a prié M. le Préfet de vouloir bien les transmettre à S. E. le Ministre des finances.

1810. — *Rapport du Ministre de l'intérieur relatif au décret du 14 décembre 1810.*

Sire, depuis quelques années, l'Administration des ponts et chaussées s'est occupée d'étendre et de multiplier les plantations propres à fixer les sables qui règnent sur plusieurs points des côtes maritimes, et qui, fréquemment déplacés par les vents, deviennent très funestes, tantôt à l'agriculture, dont ils envahissent le domaine sur une étendue considérable et toujours croissante, tantôt aux ports, où ils forment des encombrements successifs auxquels l'art oppose des efforts souvent inutiles.

Des circulaires ont été adressées, à cet effet, aux préfets et ingénieurs des départements maritimes, pour qu'ils indiquassent les points sur la côte que l'on pourrait utilement planter, et l'espèce d'arbres ou de plants qui y réussiraient le mieux d'après la nature du sol et du climat.

Ces recherches ont déjà produit quelques heureux résultats dans les départements du Nord, du Finistère, du Gard et de l'Hérault.

Dans plusieurs autres départements, on lève les plans des dunes où des plantations de même nature présentent des avantages certains.

Ces plantations des dunes, qu'il ne faut pas confondre avec celles qui s'exécutent plus en grand sur les côtes de Gascogne et par les soins de l'Administration forestière, consistant en oyats, espèces de roseau maritime, tamaris, genêts, pins, chiendents et autres végétaux qui, croissant dans les terrains sablonneux, et poussant en peu de temps une grande quantité de racines et de petits rameaux, affaiblissent l'action des vents et arrêtent les sables.

Quelques-uns de MM. les préfets ont déjà pris des arrêtés pour la conservation de ces précieux végétaux, et pour en interdire l'accès aux troupeaux de gros et de menu bétail.

Ces mesures, qui ne renferment que des dispositions de simple police, ne sont pas de nature à être soumises à Votre Majesté pour être converties en décrets impériaux, mais il est nécessaire que quelques dispositions générales prescrivent la plantation de toutes les dunes.

C'est l'objet du décret que j'ai l'honneur de proposer ci-joint à Votre Majesté.

1810 (14 décembre). — *Décret relatif à la plantation des dunes.*

Napoléon, etc.,

Sur le rapport de notre Ministre de l'Intérieur, notre Conseil d'État entendu, avons décrété et décrétons ce qui suit :

Art. 1er. Dans les départements maritimes, il sera pris des mesures pour l'ensemencement, la plantation et la culture des végétaux reconnus les plus favorables à la fixation des dunes.

Art. 2. A cet effet, les préfets de tous les départements dans lesquels se trouvent des dunes feront dresser, dans leurs départements respectifs, par les ingénieurs des Ponts et Chaussées, un plan des dunes qui sont susceptibles d'être fixées par des plantations appropriées à leur nature; ils feront distinguer, sur ce plan, les dunes qui appartiennent au Domaine, celles qui appartiennent aux communes et enfin celles qui sont la propriété des particuliers.

Art. 3. Chaque préfet rédigera ou fera rédiger, à l'appui de ces plans, un mémoire sur la manière la plus avantageuse de procéder, suivant les localités, à l'ensemencement et à la plantation des dunes; il joindra à ce rapport un projet de règlement, lequel contiendra les mesures d'administration publique les plus appropriées à son département, et qui pourront être utilement employées pour arriver au but désiré.

Art. 4. Les plans, mémoires et projets de règlements, levés et rédigés en exécution des articles précédents, seront envoyés par les préfets à notre Ministre de l'intérieur, lequel pourra, sur le rapport de notre directeur général des Ponts et Chaussées, ordonner la plantation, si les dunes ne renferment aucune propriété privée, et, dans le cas contraire, nous en fera son rapport, pour être par nous statué en Conseil d'État, dans la forme adoptée pour les règlements d'administration publique.

ART. 5. Dans les cas où les dunes seraient la propriété de particuliers ou de communes, les plans devront être publiés et affichés dans les formes prescrites par la loi du 8 mars 1810 ; et si lesdits particuliers ou communes se trouvaient hors d'état d'exécuter les travaux commandés, ou s'y refusaient, l'Administration publique pourra être autorisée à pourvoir à la plantation à ses frais ; alors elle conservera la jouissance des dunes, et recueillera les fruits des coupes qui pourront y être faites, jusqu'à l'entier recouvrement des dépenses qu'elle aura été dans le cas de faire et des intérêts ; après quoi, lesdites dunes retourneront aux propriétaires, à charge d'entretenir convenablement les plantations.

ART. 6. A l'avenir, aucune coupe de plants d'oyats, roseaux de sable, épines maritimes, pins, sapins, mélèzes et autres plantes aréneuses conservatrices des dunes, ne pourra être faite que d'après une autorisation spéciale du directeur général des Ponts et Chaussées, et sur l'avis des préfets.

ART. 7. Il pourra être établi des gardes pour la conservation des plantations existant actuellement sur les dunes, ou qui y seraient faites à l'avenir ; leur nomination, leur nombre, leurs fonctions, leur traitement, leur uniforme seront réglés d'après le mode usité pour les gardes des bois communaux.

Les délits seront poursuivis par les tribunaux et punis conformément aux dispositions du Code pénal.

ART. 8. N'entendons rien innover, par le présent décret, à ce qui se pratique pour les plantations qui s'exécutent sur les dunes du département des Landes et du département de la Gironde.

ART. 9. Nos Ministres de l'intérieur et des finances sont chargés, chacun en ce qui le concerne, de l'exécution du présent décret.

———

1811 (11 février). — *Circulaire.* — *Ministère de l'intérieur.* — *Plantation des dunes.* — *Le directeur général des Ponts et Chaussées (comte Molé) aux préfets des départements maritimes.*

J'ai l'honneur de vous adresser, à la suite de la présente circulaire, l'ampliation du décret du 14 décembre dernier, qui ordonne l'ensemencement, la plantation et la culture des végétaux les plus favorables à la fixation des dunes qui existent sur toutes les côtes maritimes de la France, soit qu'elles dépendent du domaine public, soit qu'elles appartiennent à des communes ou à des particuliers.

Une circulaire de mon prédécesseur, du 18 octobre 1808, avait déjà prescrit d'utiles mesures pour la multiplication de ces précieux végétaux, et pour reculer annuellement l'envahissement des sables.

Il est peu de départements où ces instructions aient été complètement remplies.

Dans un plus grand nombre, elles n'ont encore obtenu aucun résultat fructueux.

Je ne doute pas que, connaissant aujourd'hui tout l'intérêt que le Gouvernement attache à une opération qui se lie aussi particulièrement à la prospérité de l'agriculture, vous ne mettiez tous vos soins à concourir avec moi à l'exécution de ses instructions paternelles.

Un premier travail dont l'ingénieur en chef doit s'occuper, c'est la formation d'un plan général des dunes plantées, ou susceptibles de l'être, sur toute l'étendue de la côte maritime de votre département.

Vous êtes prié de me l'adresser le plus tôt possible, appuyé : 1° d'un mémoire sur la manière la plus avantageuse de procéder, suivant les localités, à leur ensemencement et à leur plantation; 2° d'un projet contenant les mesures d'administration les plus appropriées à votre département.

Afin de mettre de l'uniformité dans ce travail, le plan sera dressé sur une échelle de deux centimètres et demi pour cent mètres, sauf à fournir des plans de détail sur une échelle plus étendue pour les parties qui en paraîtront susceptibles. Le mémoire sera mis au net sur du papier de trente-cinq centimètres de hauteur, sur vingt-cinq de largeur, et on laissera des marges suffisantes dans les deux sens pour qu'on puisse faire relier le tout.

J'appelle votre attention particulière sur le dernier paragraphe de l'article 4 et sur l'article 5 du décret, qui prévoient le cas où les portions de dunes à planter étant des propriétés privées, les communes ou particuliers auxquelles

elles appartiennent se trouveraient hors d'état d'exécuter les travaux commandés ou s'y refuseraient.

Comme, dans cette circonstance, l'Administration publique aura à prendre
et à exercer une jouissance provisoire et momentanée de ces dunes, il est
prudent de s'assurer d'avance de toute les probabilités du succès; vos propositions devront être, en conséquence, accompagnées, indépendamment des devis et détails estimatifs du travail à faire, d'un rapport motivé du directeur
des Domaines et de l'Enregistrement, sur les avantages que peut promettre
la plantation projetée et sur l'aperçu des produits comparé avec la dépense
de premier établissement.

L'article 6 me réserve le droit d'autoriser à l'avenir toutes coupes de plants
d'oyats, roseaux, épines, pins, mélèzes et autres plantes résineuses conservatrices des dunes.

Je vous invite à veiller soigneusement à ce que cette précaution, sans laquelle tous nos efforts seraient nuls et manqueraient le but désiré, soit ponc-
tuellement observée.

Cette disposition du décret devra, en conséquence, être signifiée sans
retard à tout propriétaire ou détenteur de plantations de cette nature.

Vous voudrez bien me faire connaître s'il existe dans votre département des
plantations de dunes où cette disposition du décret soit dans le cas de recevoir
dès à présent son application.

J'adresse un exemplaire de la présente circulaire à l'ingénieur en chef afin
qu'il s'y conforme en ce qui le concerne.

1817 (5 FÉVRIER). — *Ordonnance relative à la fixation et à l'ensemencement
des dunes dans les départements de la Gironde et des Landes.*

LOUIS, par la grâce de Dieu roi de France et de Navarre, à tous ceux qui ces
présentes verront, SALUT.

Vu les arrêtés du gouvernement en date des 2 juillet et 20 septembre 1801,
sur l'ensemencement des dunes de Gascogne dans les deux départements de la
Gironde et des Landes;

Voulant rendre à cette belle et utile entreprise, commencée sous le règne du
Roi notre très honoré seigneur et frère, l'activité que permet l'état actuel des
finances, et établir dans le mode d'administration l'ordre et l'unité qui peuvent
seuls en assurer le succès;

Sur les rapports de nos Ministres secrétaires d'État aux départements de l'intérieur et des finances, notre Conseil d'État entendu, nous avons ordonné et ordonnons ce qui suit :

ART. 1er. Les travaux de fixation et d'ensemencement des dunes, dans les départements de la Gironde et des Landes, seront repris en 1817.

Ces travaux seront, à compter de cet exercice, dirigés par notre directeur général des Ponts et Chaussées, sous l'autorité de notre Ministre de l'intérieur.

ART. 2. Les fonds nécessaires pour cette opération seront imputés sur le budget des ponts et chaussées; le crédit annuel ne pourra être au-dessous de 90,000 francs pour les deux départements.

ART. 3. Les travaux seront exécutés, les dépenses faites et les comptes rendus d'après le mode adopté pour le service des Ponts et Chaussées.

ART. 4. A mesure que les semis atteindront un âge qui sera ultérieurement fixé, ils cesseront d'être confiés à la Direction des Ponts et Chaussées, qui en fera la remise à l'Administration générale des Forêts.

ART. 5. L'Administration générale des Forêts fournira gratuitement à la Direction des Ponts et Chaussées les graines, jeunes arbres et branchages provenant des forêts qu'elle administre, qui seront nécessaires pour la fixation et l'ensemencement des dunes.

ART. 6. Les ingénieurs des Ponts et Chaussées sont autorisés à requérir l'assistance des agents et gardes forestiers dans les tournées qu'ils auront à faire sur toute l'étendue des dunes.

ART. 7. Il sera ultérieurement statué sur les mesures spéciales à prendre pour prévenir et réprimer les délits qui tendraient à détruire ou à détériorer les travaux d'ensemencement des dunes.

ART. 8. Un règlement de notre directeur général des Ponts et Chaussées, approuvé par notre Ministre secrétaire d'État de l'intérieur, déterminera la marche des travaux, leur portée et leur surveillance.

ART. 9. Les arrêtés des 2 juillet et 20 septembre 1801 sont abrogés, ainsi que toutes autres dispositions contraires à la présente ordonnance.

ART. 10. Notre Ministre secrétaire d'État de l'intérieur est chargé de l'exécution de la présente ordonnance.

1817 (7 OCTOBRE). — *Règlement relatif aux travaux des dunes,*
approuvé le 7 octobre 1817 par le Ministre de l'intérieur.

LE CONSEILLER D'ÉTAT, DIRECTEUR GÉNÉRAL DES PONTS ET CHAUSSÉES,

Vu l'ordonnance du Roi du 5 février dernier, relative à la reprise des travaux d'ensemencement des dunes dans les départements de la Gironde et des
Landes, et qui prescrit par l'article 8 la formation d'un règlement pour la
marche, la police et la surveillance desdits travaux,

ARRÊTE :

ART. 1er. L'administration des travaux à faire pour l'ensemencement des
dunes, dans l'étendue des départements de la Gironde et des Landes, fait
partie des attributions de MM. les préfets, suivant les mêmes formes que celles
observées pour le service des Ponts et Chaussées, et les ingénieurs de ce service,
dans leurs grades respectifs, y interviendront de la même manière.

ART. 2. Au 1er novembre de chaque année, au plus tard, l'ingénieur en
chef des Ponts et Chaussées adresse à M. le préfet de son département, avec
le projet de budget pour la campagne suivante, l'état détaillé des dunes et
parties de dunes à ensemencer pendant la campagne suivante. Cet état est
appuyé : 1° d'un compte raisonné des travaux de l'exercice précédent et de
leur résultat; 2° d'un rapport exposant les motifs et les diverses circonstances
qui ont déterminé le choix des parties des dunes à ensemencer.

ART. 3. Ce travail, dressé ainsi qu'il vient d'être dit, est transmis par M. le
préfet de chaque département, comme il est d'usage pour tous les travaux du
service des Ponts et Chaussées, à l'inspecteur de la 10e division, qui l'adresse,
avec son avis particulier, à M. le directeur général, pour être, par lui, statué
définitivement sur les propositions des ouvrages à faire pendant la campagne.

. . . .

ART. 14. Afin de constater avec précision les superficies ensemencées chaque
année, il en est dressé une carte, composée d'autant de feuilles particulières
qu'il est nécessaire pour qu'on puisse reconnaître facilement la contenance,
l'âge et la situation de chaque partie ensemencée. La réunion de ces feuilles,
y compris celle des dunes déjà ensemencées par la Commission, forme une
collection à la manière de celle du cadastre.

Art. 15. La minute de la carte des semis est déposée dans les bureaux de l'ingénieur en chef, qui en adresse une copie certifiée : 1° à M. le préfet; 2° à M. l'inspecteur de la 10° division; 3° à M. le directeur général, avec le compte raisonné mentionné à l'article 2.

. . . .

1818 (28 septembre). — *Lettre du conseiller d'État, directeur général des Ponts et Chaussées et des Mines, au préfet de la Gironde.*

J'ai examiné le rapport que vous m'avez adressé, avec votre lettre du 24 juin dernier, dans lequel M. l'ingénieur en chef de votre département propose de fixer l'âge auquel les semis des dunes doivent être remis à l'Administration des Forêts. Je vous annonce que j'ai arrêté ainsi qu'il suit les conditions de cette remise :

1° Chaque partie des dunes, à faire remettre successivement par l'Administration générale des Ponts et Chaussées à l'Administration des Forêts, ne pourra contenir moins de 1,500 hectares en superficie;

2° Les semis contenus dans l'étendue à remettre ne devant pas tous être du même âge, il pourra s'y en trouver de vingt jusqu'à vingt-cinq ans, mais les plus jeunes de tous ceux faits dans cette étendue ne pourront avoir moins de sept ans;

3° La masse à remettre devra toujours être nécessairement démarquée par des limites naturelles bien déterminées;

4° L'emplacement de la superficie à remettre à l'Administration forestière sera très exactement établi et séparé sur la carte des semis, avec une note indicative de la contenance et de la date du procès-verbal de remise.

Je vous invite, Monsieur, à recommander à M. l'ingénieur en chef de satisfaire à ce qui est prescrit articles 14 et 15 du règlement approuvé par mon prédécesseur relativement à la carte des semis des dunes.

1819 (17 juin). — *Extrait du registre des arrêtés*
du préfet de la Gironde.

Le Préfet du département de la Gironde,

Vu la lettre de M. l'ingénieur en chef des Ponts et Chaussées, du 10 du
courant, par laquelle il propose de défendre la coupe des bois et broussailles,
et le pacage dans les leydes, près des dunes de la commune de Lège;

Vu les articles 11, titre 27, 12 et 14, titre 32, de l'ordonnance royale
du 13 août 1669;

Vu la loi du 29 septembre 1791;

Considérant que les bois et broussailles qui croissent sur ces leydes servent
à former les fagots qu'on emploie pour couvrir les semis des dunes;

Considérant que les habitants de la commune de Lège se permettent de
couper ces bois et broussailles et de les faire brouter par leurs bestiaux;

Considérant que, pour conserver cette utile ressource pour les travaux des
dunes, il est nécessaire d'interdire l'accès d'une certaine étendue de leydes,

Arrête :

Art. 1er. Il est défendu de couper les bois, épines et broussailles sur les
leydes qui avoisinent les dunes dites Laurent, le Grand Coin, le Touquet, le
Sanglier et Caparon, dans la commune de Lège, à une distance de 2,000 mètres du pied desdites dunes.

Art. 2. Il est également défendu de faire pacager les bestiaux sur cette
étendue de terrain et de la parcourir avec des voitures.

Art. 3. Il sera placé des piquets de distance en distance, en présence de
M. le maire de Lège, par l'agent que désignera M. l'ingénieur en chef des
Ponts et Chaussées, à l'effet de déterminer l'étendue du terrain où la coupe des
bois et le pacage sont interdits par les articles précédents.

Art. 4. Les contraventions aux articles 1 et 2 du présent seront constatées
par M. le maire de Lège et les agents des Ponts et Chaussées chargés de la direction des travaux d'ensemencement des dunes, et punies conformément aux
dispositions des articles 11 titre 27, et 12 et 13, titre 32, de l'ordonnance
royale du 13 août 1669.

Art. 5. Le présent arrêté sera imprimé, publié et affiché dans la commune de Lège et dans les communes voisines.

Art. 6. M. le maire de Lège et M. l'ingénieur en chef des Ponts et Chaussées demeurent chargés d'en assurer l'exécution.

1821 (21 août). — *Extrait du registre des arrêtés du préfet de la Gironde.*

Le Préfet de la Gironde,

Vu une lettre de M. l'ingénieur en chef des Ponts et Chaussées, du 16 du courant, par laquelle il nous propose d'interdire le pacage et la coupe des herbages sur la partie des lèdes située à l'ouest du cours d'eau des étangs jusqu'à la mer, et à 2,000 mètres au nord de la dune dite *de Passe-Cazeaux*, dans la commune de Lège;

Considérant que ces herbages sont employés à la couverture des semis des dunes, et qu'il importe d'en assurer la conservation,

Arrête :

Art. 1er. Il est défendu de faire pacager les bestiaux dans la partie des lèdes située dans la commune de Lège, à l'ouest du cours d'eau des étangs jusqu'à la mer, et à 2,000 mètres au nord de la dune dite *de Passe-Cazeaux;* ceux qui y seront trouvés seront saisis et mis en fourrière.

Art. 2. Il est également défendu de couper des herbages dans toute l'étendue des lèdes ci-dessus désignées.

Art. 3. Les contraventions aux articles précédents seront constatées concurremment par M. le maire de Lège et par le conducteur des semis des dunes de cette commune; les procès-verbaux qu'ils dresseront nous seront transmis pour y être donné telle suite que de droit.

Art. 4. Le présent arrêté sera imprimé et affiché.

1839 (31 JANVIER). — *Ordonnance relative à l'exploitation des pins maritimes des dunes de Gascogne.*

Vu la délibération du Conseil d'administration des Forêts sur le système d'aménagement et d'exploitation qu'il convient d'appliquer aux pins maritimes dont les dunes de Gascogne ont été peuplées aux frais de l'État :

ART. 1er. L'Administration forestière est autorisée à mettre en adjudication la résine à extraire des 7,540 hectares de dunes boisées déjà soumises au régime forestier, et des autres portions des mêmes dunes qui lui seront ultérieurement remises par l'Administration des Ponts et Chaussées.

ART. 2. Cette extraction sera effectuée dans tous les cantons où l'âge et la grosseur des pins maritimes le permettront, au moyen de baux à ferme dont l'Administration fixera la durée et les conditions.

ART. 3. Les éclaircies tendant à favoriser l'accroissement des bois et à hâter leur mise en rapport seront opérées par les soins de l'Administration des Forêts aux époques les plus convenables.

ART. 4. La coupe des pins maritimes sera faite dès qu'il y aura épuisement des sucs résineux, et l'Administration des Forêts prendra alors les mesures propres à assurer le repeuplement du terrain par le semis naturel.

1840 (17 AOÛT). — *Rapport de la Commission mixte spéciale créée par décisions de 1838 des Ministres des finances et des travaux publics.* (Extraits[1].)

... La loi du 16 septembre 1807 et le décret du 12 juillet 1808 ont autorisé le Gouvernement à concéder, aux conditions qui auraient été réglées,

---

[1] MM. Bouton et Coincy avaient demandé au Gouvernement la concession perpétuelle des dunes et semis de Gascogne, à charge de fixer toutes les dunes et sous la condition d'une subvention annuelle pendant la durée des travaux. La Commission chargée d'étudier la question comprenait M. de Silguey, ingénieur en chef des Ponts et Chaussées, M. Simon, inspecteur des Domaines à Bordeaux, et M. d'Houdouart, inspecteur des Forêts à Montluçon. Par décision du 5 mai 1840, M. Lorentz, ancien sous-directeur des Forêts, avait été adjoint à la Commission.

diverses dépendances du domaine public, et notamment les dunes, qui sont le sol des lais et relais maritimes. L'État doit rester maître du littoral; aliéner les dunes, qui en sont une dépendance, serait une faute...

Des particuliers, ou des compagnies, n'exécuteraient pas la digue littorale, reconnue cependant nécessaire pour recevoir les sables vomis incessamment par la mer et les arrêter dans leur course pour les empêcher d'envahir les dunes déjà ensemencées.....

Deux instances furent engagées sur la prise de possession par l'État : l'une, par la Compagnie dite *des landes de Gascogne*, représentée par M. Balguerie, comme concessionnaire de 4,125 hectares de landes, prairies et lettes provenant de la famille de Marbotin, par contrat passé devant Me Maillères, notaire à Bordeaux, le 30 septembre 1824, et l'autre, par les sieurs Jougla, Bellanger et consorts, de la Teste, représentés aujourd'hui par les habitants de Lège, en vertu d'un acte passé devant Me Soulier, notaire à la Teste, le 23 janvier 1832, comme concessionnaires de 1,060 brasses de terrains au mont de Lège, par acte du 18 août 1584.

Deux jugements, rendus par le tribunal civil de Bordeaux le 9 août 1827 et confirmés par deux arrêts de la Cour des 16 juin et 28 juillet 1828, ont souverainement jugé que « les lettes sont les espaces que les dunes laissent entre elles en s'avançant dans les terres, et qu'elles ne sont pas le produit des eaux, ni des lais et relais de la mer ». Il faut remarquer, d'ailleurs, que ces décisions judiciaires sont basées sur l'existence de titres. Ainsi, l'arrêt du 28 juillet 1828 dit : « Attendu que le procès ne touche en aucun point la propriété des dunes; que dans la vente faite à la Compagnie des landes le terrain qu'on lui vend est dit confronter aux dunes de l'État, formellement exceptées de la vente; que la compagnie ne réclame aucun droit sur ces dunes; qu'elle demande le délaissement des lettes et des landes qui existent entre les dunes et qu'elle prouve être sa propriété par une série d'actes qui remontent à 1584 [1]. »

Le décret du 14 décembre 1810 n'a pas pris l'initiative dans les mesures de plantation et d'ensemencement des dunes; il n'est, en quelque sorte, qu'un règlement administratif qui statue sur la nécessité des plantations déjà proclamée et détermine les moyens de culture à appliquer suivant les localités. L'expression « dunes » comprend l'ensemble des terrains ensablés, c'est-à-dire les dunes et les lettes.

Par leur disposition au milieu des dunes, les lettes sont variables comme

---

[1] Il s'agissait, en réalité, de lettes extérieures.

les sables qui les entourent. Les dunes les couvrent et les découvrent périodiquement, de sorte que ces terrains rentrent dans la classe des objets qui ne
sont plus dans le commerce et qui sont assimilés aux possessions du domaine
public. Peut-on vendre une propriété qui sera dans quelques mois, dans quelques jours, soumise à la destruction et dont on ne pourra reconnaître les
limites? Évidemment non. Elles sont, par leur position, comme le rivage
de la mer que les marées couvrent et découvrent tous les jours, comme
le lit d'un fleuve qui varie continuellement, comme tous les objets utiles
ou nuisibles à tous; elles ne sont pas susceptibles d'être possédées privative-
ment.

La Commission, après avoir examiné les jugements rendus, a reconnu que
les tribunaux n'avaient eu qu'à appliquer des titres de propriété réguliers, et
qu'en l'absence de titres la solution eût été différente. Ces jugements laissent
d'ailleurs entières les dispositions de l'article 539 du Code civil, qui attribue à
l'État tous les biens vacants et sans maîtres connus, et l'on peut dire que la
plus grande partie des lettes est dans cette catégorie.....

Les communes ne possèdent dans les lettes que des droits d'usage pour le
parcours et le pâturage du bétail, et cela est si évident que, dans la plupart
des circonstances, ces terrains sont entièrement circonscrits par des dunes
mobiles dont la propriété n'est pas contestée à l'État : il n'existe souvent aucun passage pour y aboutir, de sorte que, lorsque les dunes auront été fixées,
il sera impossible d'y arriver sans traverser les semis non défensables.

Si les lettes eussent dû être attribuées aux communes par les lois de 1791,
1792 et 1793, ces lois auraient spécifié ces biens dans la longue énumération
qu'elles contiennent; mais il est bien reconnu qu'elles ont exempté de la donation tous les biens dont les seigneurs pourraient prouver la propriété.

Dans le cas qui nous occupe, le silence des lois à l'égard des dunes et des
lettes, d'un côté, et, de l'autre, la propriété incontestée de l'État sur le rivage
de la mer et sur les lais et relais qui s'échappent incessamment de son sein,
combattent puissamment en faveur de la domanialité de ces terrains.

Si les communes avaient eu de tout temps des prétentions de propriété,
elles auraient nécessairement interrompu la prescription que l'État pourrait
invoquer plus tard à défaut d'autres titres. L'ordonnance du Roi, du 23 juin
1819, prescrit en effet aux autorités locales de s'occuper de la recherche et de
la reconnaissance des terrains usurpés sur les communes depuis la promulgation de la loi de 1793, et assure les poursuites nécessaires dans le cas où les
détenteurs des biens usurpés se refuseraient à payer à la commune propriétaire une subvention dont elle règle les bases.

L'État, au contraire, a agi de tout temps comme propriétaire; il a planté les dunes et les lettes depuis 1801 jusqu'à nos jours; il y a établi des gardes dont la surveillance doit tendre à la conservation des semis et empêcher l'usurpation des biens domaniaux plantés ou non plantés. Les anciens règlements, le Code civil, la loi du 16 septembre 1807 lui attribuent la propriété des lais et relais et lui réservent l'exercice du droit de concession; enfin, dans le cas d'une plantation faite par les particuliers par suite de cette concession, l'article 225 du Code forestier exempte cette propriété d'impôt pendant vingt années.

Tous ces faits tendent à prouver que les communes ne peuvent avoir aucun droit de possession sur les dunes et, par suite, sur les lettes; l'hypothèse contraire ne peut venir que de ce que l'on a confondu des droits d'usage avec des droits de propriété, et aussi parce que l'on a supposé que l'emplacement actuel des dunes recouvre le sol appartenant anciennement aux communes.

Il est présumable, au contraire, que la mer occupait anciennement cet emplacement; qu'elle s'est continuellement reculée au droit du centre du golfe. La comparaison d'une carte de Blaw, de 1638, avec nos cartes actuelles, donne l'idée de l'accroissement que le rivage a successivement éprouvé. Ce fait est en désaccord avec les idées de Brémontier sur les dunes et avec les observations faites à Saint-Jean-de-Luz, à la pointe de Grave, à la Teste même; mais ce ne sont là que des affouillements locaux sans importance qui ne peuvent faire repousser le fait de l'atterrissement général du centre. On accordera facilement que, si la pointe de Grave se détruit, elle n'éprouve cette destruction que jusqu'à une certaine distance au sud, et que là, il y a plutôt apport qu'affouillement; on nous accordera aussi qu'il n'est pas étonnant que partout où il y a escarpement ou accore, il y a aussi affouillement local et même formation de falaises jusqu'à ce que les débris entassés au pied des accores puissent détruire tous les efforts de la mer.

Le centre du golfe de Gascogne se comble aux dépens des parties escarpées de la côte d'Espagne et des côtes de la Charente et de la Bretagne, et la mer prend là les matériaux des dunes au pied des accores, pour les réduire, les triturer et les jeter ensuite sur les plages.

1846 (9 février). — *Jugement du tribunal civil de Bordeaux relatif à la propriété des dunes de la Teste.* (Extrait.)

Attendu qu'il est notoire, en effet, que, depuis 1787, l'État s'est mis publiquement en possession des dunes; qu'il les a plantées, ensemencées, administrées; qu'elles ont été l'objet de mesures administratives qui, dans leur ensemble, embrassaient toute l'étendue des côtes du golfe de Gascogne;

Que vainement on invoque contre l'État la maxime : *tantum prescriptum quantum possessum*, pour prétendre que, dans tous les cas, la possession ne serait utile que pour les dunes plantées depuis plus de trente ans;

Attendu que l'ensemencement des dunes n'est pas le seul fait caractéristique de la possession de l'État;

Attendu que, si l'individu isolé qui veut faire prévaloir le fait contre le droit, doit prouver un fait qui renverse le droit, qu'il doit posséder *corpore et facto*, l'État, qui agit au nom et dans l'intérêt de tous, en vertu de la puissance publique, possède par des actes généraux; il possède *animo et affectione*, et cette condition suffit pour généraliser sa possession et lui imprimer un caractère absolu de réalité;

Attendu que la publicité donnée à ces actes manifeste hautement, et porte à la connaissance de tous, les droits qu'il prétend lui appartenir et sa volonté de les exercer;

Que, par un décret du 13 messidor an IX, il fut ordonné qu'il serait pris des mesures pour continuer de fixer et de planter en bois les dunes des côtes de la Gascogne, sans exception, à commencer par celles de la Teste, d'après les plans présentés par Brémontier et le préfet de la Gironde;

Que les mémoires et les plans de Brémontier, les mesures prises par l'Administration comprennent l'ensemble des dunes en litige;

Que, dès lors, il est démontré que l'État était de fait en possession, dès 1787, de tous les terrains qu'il déclarait faire partie de son domaine, et qu'enfin cette possession s'est continuée sans interruption et sans trouble;

Attendu qu'on n'est pas mieux fondé à prétendre que le décret du 14 décembre 1810 porte avec lui la preuve que, même pour les dunes ensemencées, l'État ne possédait pas *animo domini*;

Qu'on serait dans le vrai si l'on se bornait à dire que l'État ne possédait qu'à titre précaire les dunes reconnues communales ou privées que les communes ou particuliers n'avaient pu ou voulu ensemencer; que, dans ce cas,

l'État ne prenait et ne gardait la possession que par mesure d'utilité publique
et jusqu'au remboursement de ses avances avec les intérêts ;

Attendu que les dunes en litige n'avaient jamais été reconnues communales
ou privées : l'État en avait pris possession comme de biens vacants et sans
maîtres, ou comme abandonnés par inexécution des conditions de la part des
concessionnaires[1] ;

Que l'État a si bien agi et possédé *animo domini* qu'il a payé les contributions; qu'il figure au cadastre comme propriétaire; qu'il a fourni aux frais
d'ensemencement et d'exploitation à l'aide des fonds spéciaux portés au budget, perçu et vendu les produits sur enchères publiques;

Qu'ainsi sa possession réunit les trois conditions qui caractérisent la possession utile pour prescrire : la durée, la publicité, l'esprit de non-pré-
carité...

1848 (31 août).— *Arrêt de la Cour d'appel de Bordeaux*
relatif à la propriété des dunes de la Teste.

Attendu que la vente, consentie le 23 août 1713 par Henri de Foix de Candalle à Jean Amanieu de Ruat, transféra à ce dernier la terre et captalat
de Buch, avec droits de haute, moyenne et basse justice, dans l'étendue
des paroisses de la Teste, Gujan et Cazeaux; mais que, parmi les droits nombreux que cet acte énumère comme attachés à la seigneurie, on ne trouve
rien qui soit relatif aux dunes et leytes ;

Qu'à la vérité l'appelante fait remarquer que ces dunes et leytes ayant le
le caractère de biens vacants appartenaient de droit au seigneur féodal ou haut
justicier dans la mouvance duquel elles étaient enclavées, mais que les lois
abolitives de la féodalité, notamment les articles 7, 8 et 9 de la loi du
13 avril 1791, 1er de la loi du 25 août 1792, 9 de la loi du 28 août même
année, et l'article 1er, section IV, de la loi du 10 juin 1793 ne lui permettent
pas d'invoquer aujourd'hui cette maxime du droit féodal contre l'État, possesseur des dunes dont il s'agit et qui seul les a plantées et mises en valeur ;

Que les dunes offrent d'ailleurs des caractères tout particuliers qui les distinguent des terres vaines et vagues en général, qu'elles sont formées de
sables, vomis par l'Océan, que le vent agglomère et pousse devant lui, qui,
sous ce rapport, participent à quelques égards des lais de la mer; que, d'un

[1] Voir l'arrêt de concession du 23 mars 1779.

autre côté, avant qu'elles n'eussent commencé à s'arrêter sous la main de Brémontier et à la suite de longs travaux exécutés par l'État, elles n'avaient point d'assiette et de forme constantes, mais s'avançaient progressivement, couvrant dans leur marche irrégulière les champs cultivés et jusqu'à des villages entiers, en sorte qu'elles ne semblaient pas susceptibles d'occupation suivie et qu'en tout cas elles auraient appartenu non au seigneur féodal ou haut justicier, mais aux divers particuliers dont elles auraient respectivement envahi les héritages ; que, si on les considère comme des vacants, le domaine utile en était, longtemps avant la vente consentie à Amanieu de Ruat, sorti des anciens captaux de Buch ; qu'on voit, en effet, par une baillette du 23 mai 1550, que tous les padouans et vacants des paroisses de la Teste, de Gujan et de Cazeaux avaient été cédés puis transportés à perpétuité par le mandataire de Frédéric de Foix, captal de Buch, aux habitants des trois paroisses ; que cet acte ne confère pas, comme on l'a dit, un simple droit d'usage, mais emporte dessaisissement des padouans et vacants en faveur des habitants qui en sont établis vrais seigneurs, etc. . . . ;

Attendu au surplus que François de Ruat, fils d'Amanieu et père de l'appelante, a lui-même reconnu qu'il n'avait point titre suffisant à la propriété des dunes et qu'elles formaient une dépendance du domaine royal, puisqu'on le voit, en 1779, s'adresser au Roi afin d'obtenir de lui la concession des dunes à titre d'accensement et de propriété incommutable, aux offres d'y faire les plantations nécessaires pour en arrêter les progrès et de payer au domaine tel cens qu'il plaira à Sa Majesté de fixer ;

Attendu que, sur cette requête, intervint, le 23 mars 1779, un arrêt du Conseil qui fit concession au suppléant des dunes situées dans l'étendue des terres de la Teste, Gujan et Cazeaux, à titre d'accensement et à charge de les planter en pins ou autres arbres en quantité suffisante pour les contenir et en arrêter les progrès. . . de payer au domaine un cens annuel et perpétuel de deux livres de blé par arpent, et avec cette condition que le suppliant, avant de se mettre en possession, ferait enregistrer l'arrêt au bureau des finances de Bordeaux ;

Qu'à la vérité le sieur de Ruat ne se tint pas longtemps pour satisfait de l'arrêt qu'il avait obtenu conformément à sa propre demande, et présenta au Roi, en 1782, une nouvelle requête ; il se prétendait, cette fois, propriétaire des dunes à la suite des anciens captaux de Buch, et demandait, au principal, outre l'annulation de la concession faite en 1550 par Frédéric de Foix, la rétractation de l'arrêt de 1779 et sa radiation des registres, puis, subsidiairement, que l'accensement qui lui avait été fait fût converti en une inféodation et le cens auquel il était soumis en une redevance noble et féodale d'une paire d'éperons dorés; mais que l'arrêt qui statua sur cette nouvelle demande maintint les principales dispositions de l'arrêt de 1779 et admit seulement les conclusions subsidiaires de la requête en transformant l'accensement en inféodation; qu'ainsi, en vertu de deux décisions souveraines, la première conforme aux conclusions du sieur de Ruat lui-même, il demeure définitivement établi que les dunes forment une propriété domaniale dont le domaine utile est transféré au sieur de Ruat, mais sous certaines conditions;

Attendu que la première condition qui lui était imposée, soit par ces arrêts, soit par le droit public alors en vigueur, était, avant toute prise de possession, de la faire enregistrer au bureau des finances, ainsi qu'au Parlement de Bordeaux; qu'il n'apparaît pas, qu'il n'est pas même allégué que cette double formalité ait été remplie, ce qui suffit pour que la concession demeure comme non avenue;

Attendu qu'elle se trouverait encore révoquée par l'article 4 de la loi du 14 ventôse an VII sans que l'appelante puisse se prévaloir de l'exception établie par l'article 5, n° 3, de la même loi : premièrement, parce que, faute d'avoir été enregistrée comme il vient d'être dit, l'aliénation faite à son auteur n'avait pas été revêtue des formes prescrites par les règlements en usage; secondement, parce que aucune partie des dunes comprises dans la demande n'avait été ensemencée par lui ni mise en valeur; qu'elle ne saurait non plus invoquer la prescription établie par l'article 9 de la loi du 12 mars 1820 en faveur des possesseurs actuels des domaines engagés ou aliénés, parce que, au moment de la promulgation de cette loi, les dunes dont il s'agit étaient depuis longtemps en la possession de l'État, qui avait, dès 1787, commencé les grands travaux d'ensemencement destinés à préserver cette partie du littoral de l'envahissement progressif des sables; que, si, dans la lettre qu'on a invoquée, Brémontier, qui n'avait assurément pas qualité pour compromettre les droits du Domaine, suppose que les premiers essais sont tentés sur la possession d'Amanieu de Ruat, on voit bientôt après, notamment à partir de 1791, l'État agir en maître, secondé en cela par le concours des administrations locales et des propriétaires circonvoisins, dont plusieurs se désistent en sa faveur des droits qu'ils peuvent avoir dans certaines parties des dunes; qu'une longue série d'actes indiquent qu'ils le considèrent dès lors comme propriétaire; que, bien avant 1820, il figure à ce titre comme propriétaire à la matrice cadastrale; que, d'une autre part, Amanieu de Ruat, auquel revient l'honneur d'avoir conçu la salutaire pensée réalisée en grand par l'État, semble ainsi que ses héritiers avoir dès lors abdiqué toute prétention sur les dunes;

que dans la déclaration de succession faite après son décès, survenu en 1803, on ne trouve aucune mention de ce droit de propriété qui se serait étendu sur plusieurs milliers d'hectares ; qu'un peu plus tard, en 1809, les immeubles composant sa succession bénéficiaire sont, à la requête de l'appelante, visités par expert, estimés et vendus, sans qu'il soit fait mention des dunes, ni qu'on trouve aucune réserve à ce sujet dans les actes qui précèdent ou consomment l'adjudication ; que la prétention soulevée en 1845 par la demanderesse est donc de date récente ; qu'elle ne repose sur aucun titre formel antérieur aux arrêts de 1779 et 1782 et viendrait en tout cas échouer devant ces arrêts, devant toute la législation qui a suivi et la longue possession de l'État :

Par ces motifs, et sans qu'il soit besoin d'examiner l'exception de prescription subsidiairement proposée par l'État :

La Cour met à néant l'appel interjeté par de Ruat de Buch du jugement rendu par le tribunal civil de Bordeaux le 9 février 1846 ; en conséquence, ordonne que ce jugement sera exécuté selon sa forme et teneur, condamne l'appelante à l'amende et aux frais.

1858 (20 février). — *Consultation pour la commune de Lacanau par MM. Henri Brochon, Guimard et Ch. Chevalier.*

Vu un acte du 16 septembre 1659, retenu par M. Lhéritier, notaire à Bordeaux, portant vente par le duc d'Épernon à M. de Caupos de la terre de Lacanau ;

Vu les baux à fief consentis à divers par M. de Verthamon, agissant comme mari de Mlle de Caupos, les 13 avril 1772 et 27 juillet 1784, retenus par Mes Bernon et Jaulard, notaires à Castelnau ;

Vu les baux à fief consentis à divers par M. de Caupos, les 11 et 16 juin 1772, retenus par Me Constantin, notaire à Castelnau ;

Vu l'acte administratif du 24 messidor an IV, portant partage des biens ayant appartenu à Mme de Verthamon ;

Vu l'acte du 11 novembre 1806, retenu par Mes Mathieu et Faugire, notaires à Bordeaux, portant vente par M. et Mme Coudol à MM. Dupuy, Damas et Maizonnobe de la propriété et terre de Lacanau ;

Vu une délibération du Conseil municipal de Lacanau prise le 5 avril 1855,

Les jurisconsultes soussignés délégués par M. le Préfet du département de la Gironde pour, conformément aux dispositions de l'arrêté du 22 frimaire

an vii, donner une consultation sur un projet de transaction proposé entre
la commune de Lacanau et MM. Tessier, Damas et Maizonnobe, sont d'avis des
résolutions suivantes :

La transaction projetée entre la commune de Lacanau et MM. Tessier et
consorts se trouve développée dans une délibération prise le 5 avril 1855
par le Conseil municipal de cette commune assisté des plus forts imposés.
Cette délibération est ainsi conçue : «Le maire expose qu'il a à entretenir le
Conseil du bornage des lèdes qui doit être opéré contradictoirement entre
l'État et MM. Tessier, Damas et Maizonnobe, en vertu de deux arrêtés de M. le
préfet des 13 février et 7 mars 1854. Il ajoute qu'il a été autorisé à se présenter devant les experts chargés d'opérer ce bornage, afin de maintenir les
droits de la commune sur ces lèdes; que cependant il serait préférable, selon
lui, qu'un arrangement intervînt au sujet de la propriété de ces lèdes, entre
la commune et MM. Tessier, Damas et Maizonnobe. Le Conseil, reconnaissant
l'avantage de cette proposition et MM. Tessier, Damas et Maizonnobe y ayant
adhéré, le projet de transaction suivant a été immédiatement arrêté : Article 1er :
Lorsque les experts auront procédé à la délimitation des lèdes, il sera tiré
une perpendiculaire sur l'Océan d'un point quelconque du littoral de l'étang,
de manière à partager lesdites lèdes en deux parties égales en contenance,
MM. Tessier, Damas et Maizonnobe déclarent abandonner à la commune, à titre
de cantonnement, la propriété exclusive des lèdes situées au sud de cette ligne,
celles situées au Nord devenant leur propriété exclusive. Article 2 : Si, par
suite du procès qui existe entre MM. de Nully frères et la commune de Lacanau, ces derniers venaient à être déclarés propriétaires des lèdes sur lesquels
ils ont émis des prétentions, MM. Tessier, Damas et Maizonnobe prennent
l'engagement d'avancer au nord la ligne séparative dont il vient d'être parlé
en l'article premier, afin de donner à la commune une contenance de lèdes
égale à la moitié de celles qui auraient été attribuées à MM. de Nully. Article 3 : MM. Tessier, Damas et Maizonnobe ayant promis à M. le préfet de
faire les avances des frais de bornage, la commune leur remboursera en 1866
la portion des frais à sa charge.»

Depuis que cette délibération a été prise, le procès entre MM. de Nully et
la commune de Lacanau a été souverainement jugé et les prétentions de
MM. de Nully ont été définitivement écartées, de sorte que la transaction a
aujourd'hui pour objet le partage en deux parts égales, entre la commune et
MM. Tessier, Damas et Maizonnobe, de toutes les lèdes en litige.

La commune de Lacanau n'excipe point de titres établissant ses droits à la
propriété des lèdes.

Elle reconnaît qu'elle ne s'est pas pourvue dans les délais prescrits par la loi du 14 septembre 1792 pour se faire remettre en possession de ces mêmes lèdes.

Elle prétend seulement qu'antérieurement à la loi du 14 septembre 1792 elle s'est mise en possession sans violence, et que depuis elle a continué cette possession par des actes de diverse nature exercés par les habitants de la commune tels que pâturage et soutrage.

Si la commune pouvait établir la preuve des faits qui viennent d'être exposés, à savoir la prise de possession des lèdes, sans violence et antérieurement à la loi du 14 septembre 1792, et l'exercice des droits de pacage et de soutrage depuis cette époque, il n'y a pas de doute qu'elle ne trouverait dans cette succession de faits des éléments puissants pour arriver à faire reconnaître la propriété des lèdes. Mais d'abord il serait assez difficile aujourd'hui de trouver des témoins qui pussent attester des faits établissant cette prise de possession sans violence, antérieurement à la loi du 14 septembre 1792.

Plus de soixante-six ans se sont écoulés depuis cette époque. Dans des communes où la population est très peu nombreuse, on trouverait peu de vieillards de quatre-vingts à quatre-vingt-dix ans, et comme ces vieillards seraient très probablement des habitants de la commune, leur témoignage n'obtiendrait peut être pas toute la confiance désirable.

Les faits de pacage et de soutrage invoqués à l'appui de cette prise de possession ne présentent pas en eux-mêmes, en général, surtout quand ils s'exercent sur d'aussi vastes espaces, ces caractères de fixité et de permanence qui doivent les distinguer d'actes de simple tolérance.

On le répète, la preuve à faire par la commune serait difficile, et les procédures que nécessiterait l'établissement de cette preuve exigeraient certainement des frais très considérables.

D'un autre côté, MM. Tessier, Damas et Maizonnobe opposent à la commune des titres authentiques qui tendraient à établir que leurs prédécesseurs avaient possédé les lèdes litigieuses pendant près de cent cinquante ans, antérieurement à la loi du 14 septembre 1792, et que cette possession n'émanait pas de la puissance féodale.

Un acte du 16 septembre 1659, retenu par Me Lhéritier, notaire à Bordeaux, constate la vente faite à M. de Caupos, par le duc d'Épernon, de la terre et baronnie de Lacanau, sauf la seule réserve de la côte de la grande mer et des droits en dépendant dans toute l'étendue de ladite terre et baronnie, comme droits de naufrage, ambre gris, pêche et autres.

La possession de M. de Caupos avait donc son origine dans un acte de vente et cette vente comprenait évidemment les lèdes qui s'étendent entre les terres élevées et le rivage de la mer, seul réservé.

Cette conséquence trouverait sa confirmation dans les baux à fiefs consentis par M. de Caupos en faveur de différents habitants de Lacanau, les 11 et 16 juin 1722, et dans ceux consentis par M. de Verthamon, mari de Mlle de Caupos, aussi en faveur des habitants de la même commune, les 13 avril 1722 et 17 juillet 1784.

Ces baux confèrent, en effet, aux preneurs le droit de faire paître et herbager tout leur bétail, gros et menu, dans les lèdes et montagnes. Ils établissent d'ailleurs, en faveur des anciens détenteurs, une possession continue, paisible, publique, et à titre de propriétaire, depuis l'acquisition de M. de Caupos jusqu'aux années qui ont précédé la Révolution de 1789.

Enfin, MM. Tessier, Damas et Maizonnobe présentent un acte de partage administratif du 24 messidor an IV, attribuant le domaine de Lacanau à Mme de Verthamon, épouse Coudol, et portant que le domaine ainsi attribué comprend tous les biens et fonds que la dame de Caupos, veuve de Verthamon, pouvait avoir dans les communes de Lacanau et d'Andernos.

Ils présentent aussi l'acte de vente qui leur a été consenti le 11 octobre 1806 par M. et Mme Coudol, énonçant que cette vente comprend tous les fonds, de quelque nature qu'ils soient et quelle qu'en soit la contenance, qui peuvent dépendre du domaine de Lacanau et d'Andernos, quoique non désignés dans l'acte et quelque part qu'ils soient situés.

Cette série d'actes, que MM. Tessier, Damas et Maizonnobe ont amiablement communiqués à M. le maire de Lacanau, militerait puissamment contre les prétentions de cette commune.

Le procès qui allait s'engager entre la commune de Lacanau et MM. Tessier, Damas et Maizonnobe présente évidemment des chances bien incertaines; il laisse, d'ailleurs, entrevoir des procédures multiples, longues et très onéreuses.

Dans une telle situation, une transaction qui offre à la commune des avantages sérieux doit être acceptée par elle.

1862 (29 AVRIL). — *Décret qui place le service des dunes dans les attributions du Ministre des finances.*

ART. 1er. Les travaux de fixation, d'entretien, de conservation et d'exploitation des dunes sur le littoral maritime sont placés dans les attributions de notre Ministre secrétaire d'État des finances et confiés à l'Administration des forêts.

Art. 2. Ces dispositions recevront leur exécution à partir du 1er juillet 1862.

Art. 3. Nos Ministres d'État, des finances et de l'agriculture, du commerce et des travaux publics sont chargés, chacun en ce qui le concerne, de l'exécution du présent décret, qui sera inséré au *Bulletin des Lois*.

1864 (3 août). — *Jugement du tribunal de Bordeaux relatif à la propriété des dunes de Lège.*[1].

Attendu que les articles 7, 8 et 9 de la loi du 13 avril 1791 dépouillèrent le seigneur justicier du droit de s'approprier les terres vaines et vagues, landes, biens hermes ou vacants, à moins qu'antérieurement à la publication des décrets du 4 août 1789 ils n'eussent pris possession, en les donnant à cens, à rente, à fief ou en les mettant en culture; qu'il résulte de ces dispositions que les seigneurs justiciers n'étaient pas propriétaires des terres vaines et vagues, landes et vacants avant de les avoir arrentés ou inféodés; que jusque-là ils avaient seulement le droit de le devenir;

Attendu que l'article 9 de la loi du 28 août 1792 attribue cette nature de biens aux communes à la condition d'intenter leur action devant les tribunaux dans le délai de cinq ans, sauf la preuve de leur droit de propriété que les seigneurs étaient autorisés à faire par titres ou par une possession de quarante ans; qu'enfin, aux termes des articles 8 et 9 de la loi du 10 juin 1793, la possession de quarante ans ne pouvait en aucun cas suppléer le titre légitime; qu'un acte émanant de la puissance féodale, ou consistant en la vente volontaire d'un fief à titre universel, ou ne remontant pas à quarante ans au-delà du 4 août 1789, n'était pas considéré comme un titre légitime;

Attendu que François de Marbotin n'était pas en mesure de satisfaire à ces exigences ni sous le rapport de la possession ni sous celui du titre de propriété; qu'avant les ensemencements de 1787 les dunes n'avaient été susceptibles ni d'accensement, ni d'inféodation, ni d'aucune appropriation exclu-

---

[1] Ce jugement a été confirmé par arrêt du 31 janvier 1866 de la Cour d'appel de Bordeaux.

sive; que l'acte du 16 août 1751, soit par sa date trop récente, soit par la vente volontaire d'un fief à titre universel qui y était constatée, était de tous points en opposition avec les prescriptions de la loi; qu'ainsi François de Marbotin n'a jamais été propriétaire des dunes et que le droit de se les approprier attaché à sa qualité de seigneur justicier s'est évanoui devant les dispositions législatives susmentionnées;

Attendu que, d'autre part, la commune de Lège n'a pas rempli la condition sous laquelle elle était déclarée propriétaire; que, dans ces circonstances, les dunes dont il s'agit ont fait retour à l'État substitué aux droits du Roi, seigneur féodal de la baronnie;

Attendu qu'il devient dès lors superflu d'examiner si la longue possession de l'État ne lui aurait pas acquis par prescription les terrains dont le délaissement lui est demandé;

Attendu que la vente annoncée par l'État a été volontairement ajournée par lui et qu'il n'apparaît aucun préjudice appréciable qui justifie la demande en dommages;

Attendu que les dépens suivent le sort du principal :

Par ces motifs, le tribunal, jugeant en premier ressort, après en avoir délibéré, déclare l'État propriétaire des vingt-deux dunes revendiquées contre lui par les héritiers de Marbotin, les déboute de leur demande, déclare n'y avoir lieu d'accorder des dommages, condamne les héritiers de Marbotin aux dépens.

1870 (25 JUILLET). — *Arrêt interlocutoire de la Cour d'appel de Bordeaux, relatif à la propriété des dunes du Porge*[1].

... Attendu qu'il n'est pas possible de considérer comme lieux vacants et sans maîtres les terrains litigieux, dont la propriété, depuis près d'un siècle, a été l'objet de nombreux contrats et de procès plus nombreux encore; qu'en présence des allégations respectives de la commune et de l'État, qui affirment l'un et l'autre avoir possédé les dunes, il y a lieu de rechercher quel est leur maître, mais qu'il n'est pas possible d'admettre qu'à un moment donné elles n'aient appartenu à personne;

[1] Par arrêt du 6 mai 1872 de la Cour de Bordeaux, la propriété des dunes du Porge a été attribuée à la commune.

Attendu que les dunes se classaient tout naturellement, à l'époque des lois révolutionnaires, parmi les terres vaines et vagues dont le sol, momentanément improductif, était susceptible d'être fertilisé le jour où des ressources suffisantes seraient affectées à cette entreprise qui ne pouvait tenter ni les particuliers ni les communes; qu'en supposant que la nature des dunes ne permît pas de les faire rentrer dans les termes nominativement désignés par l'article 1ᵉʳ, section IV, de la loi du 10 juin 1793, elles trouveraient incontestablement leur place dans la catégorie de ceux auxquels s'applique cette formule qui termine l'énumération : « ou sous toute autre dénomination quelconque » ;

Attendu que la commune du Porge est fondée à soutenir que la propriété des dunes qui couvrent une partie de son territoire lui a été attribuée par les lois de 1792 et 1793 et qu'il suffit d'établir qu'elle a rempli les conditions auxquelles cette attribution était subordonnée ;

Attendu que les dispositions combinées de ces lois imposaient aux communes qui voulaient en profiter l'obligation de former leur demande en revendication dans le délai de cinq ans, à moins que dans le même délai elles ne fussent en possession effective des terrains attribués ;

Attendu que la commune du Porge reconnaît qu'elle n'a pas revendiqué les terrains dont il s'agit, mais qu'elle offre de prouver que, dans les cinq ans qui ont suivi les lois susvisées, elle était en possession des dunes litigieuses ;

Attendu que cette preuve est admissible et que les faits articulés sont pertinents; que l'État prétend vainement que la commune ne pourra pas prouver une possession qui doit remonter à soixante-douze ans au moins et qui porte sur des terrains dont la stérilité ne se prêtait à aucun genre de possession; que la difficulté de trouver des témoins assez âgés pour déposer de faits aussi anciens ne constitue pas une impossibilité absolue et que le caractère des faits de possession varie nécessairement suivant la nature des terrains possédés; que le pouvoir d'apprécier les résultats d'une enquête reste toujours entier dans les mains du tribunal qui l'a ordonnée ;

Attendu que les présomptions les plus graves rendent vraisemblable la possession alléguée par la commune ;

Attendu, en effet, qu'il est certain que la commune du Porge a toujours eu la possession exclusive des lettes qui entourent les dunes; qu'il est difficile de concevoir la possession des leytes séparée de la possession des dunes; que les bergers et les troupeaux ne pourraient pas se rendre aux leytes sans passer par les dunes; que la mobilité des dunes avant leur ensemencement,

leur dépendance de la force et du caprice des vents, qui couvraient et découvraient successivement les diverses parties du territoire envahi, transformaient
les dunes en leytes et les leytes en dunes;

Que toutes ces circonstances, reconnues par l'État et invoquées par lui
comme rendant impossible, invraisemblable, la possession de la commune,
sont également invoquées par la commune, et avec plus de raison, comme
ayant facilité sa possession au lieu de la contrarier, puisque, en possédant
les leytes sans interruption, elle a nécessairement possédé les terrains occupés
par les dunes ;

Attendu que les prétentions de la commune empruntent un nouveau degré
de vraisemblance aux divers agissements de l'État, depuis l'époque où furent
décidés les travaux d'ensemencement qui devaient réaliser les idées bienfaisantes et les plans si bien conçus de Brémontier ;

Attendu, en effet, que tous les actes du Gouvernement, arrêtés, décrets ou
ordonnances qui ont réglé l'opération et la dépense des ensemencements, ré-
vélaient à l'envi la pensée unique et toujours la même de l'État, pensée de
protection libéralement accordée à toutes les portions du territoire menacées
par les envahissements des sables, mais non une prétention à la propriété des
sables ;

Attendu que l'arrêté du directoire du département de la Gironde, en date
du 21 juillet 1791, qui ordonne l'ensemencement des dunes de sable de la
Teste, invite toutes les parties intéressées à concourir à la dépense parce que
les propriétaires des terrains devront un jour en recueillir les fruits ;

Attendu que le décret de 1810 prévoyait..., etc., que la possession de
l'État, depuis le commencement des travaux, a été marquée d'un caractère de
précarité qui ne lui a pas permis de constater légalement les droits de propriété de tous ceux pour qui il a possédé..., etc.,

La Cour, avant de statuer sur l'appel..., etc., ordonne que devant
M. Bourgade, conseiller à ces fins commis, qui se transportera sur les lieux,
le maire du Porge, ès qualité qu'il agit, prouvera, suivant ses offres, tant
par titres que par témoins :

1° Que depuis un temps très reculé et notamment depuis les lois des
28 août 1792 et 10 juin 1793, dans les cinq ans qui ont suivi ces lois et
depuis cette époque, la commune du Porge a toujours eu, par elle ou ses habitants, la possession paisible, publique, continue, sans équivoque et à titre
de propriétaire, et à l'exclusion de l'État ou de tous autres, de l'ensemble
des terrains constituant les leytes et les dunes communales de son territoire,
et tant des dunes litigieuses elles-mêmes que du sol qu'elles occupaient et

découvraient successivement, le tout suivant l'état et la nature desdits terrains ;

2° Que cette possession s'est manifestée dans la même période par tous les actes que comportaient la nature du sol, notamment par le pacage, le parcours et le passage habituel des troupeaux, par la coupe et l'enlèvement des joncs, ajoncs, herbages et autres végétaux, par la construction et l'entretien des parcs pour les troupeaux, par la pêche du poisson et des sangsues dans les parties inondées et marécageuses, par le bornage et la délimitation avec les propriétaires limitrophes, par la perception d'indemnités ou de droits de pacage sur les troupeaux étrangers, ou sur l'opposition au passage ou au pacage de ces troupeaux ; qu'en un mot la commune en a perçu tous les produits et qu'elle y a exercé tous les actes qui peuvent caractériser le droit de propriété ;

La preuve contraire réservée à l'État..., etc.

———

1887 (9 DÉCEMBRE). — *Jugement du tribunal civil de Dax relatif à la propriété du marais de Douvre compris dans les dunes de Moliets.*

... Attendu que l'article 539 du Code civil attribue à l'État les biens vacants et sans maître, et qu'on peut comprendre dans cette catégorie, quand elles ne sont pas revendiquées par des communes ou des particuliers, les dunes, monticules de sable mouvant poussés vers l'intérieur par les vents d'ouest, considérées comme stériles et impropres à toute culture avant qu'elles eussent été ensemencées en pins ; que les communes qui n'ont pas de titres de propriété et qui ne peuvent justifier qu'elles se sont fait adjuger dans les cinq ans, à compter de la loi du 28 août 1792, les dunes, sortes de terres vaines et vagues et de vacants, dans le sens de cette loi, ou qu'elles étaient déjà en possession de fait à cette époque, sont tenues de prouver qu'elles ont la possession immémoriale, du moins trentenaire, réunissant toutes les conditions prescrites par l'article 2219 du Code civil ;

... Attendu qu'aux termes de l'article 5 du décret de 1810, dans le cas où les dunes auraient été la propriété de particuliers ou de communes, les plans devaient être publiés ou affichés dans les formes prescrites par la loi du 8 mars 1810 et l'Administration ne devait exécuter les travaux qu'au refus des particuliers ou des communes ;

Que non seulement il n'est pas justifié que l'Administration ait reconnu, en remplissant ces formalités de publication ou de mise en demeure, le droit de la commune de Moliets, mais que celle-ci ne l'a même pas allégué; que dans le plan annexé au cahier des charges de l'entrepreneur de l'année 1839 on voit figurer un bois et des lettes appartenant à la commune mais non le terrain en litige; que l'adjudication a dû être précédée de publications et d'affiches et que la commune a pu prendre connaissance des énonciations du plan et du cahier des charges, qui ne laissent aucun doute sur l'intention de faire porter les travaux sur le terrain de Douvre comme s'il était la propriété de l'État...;

Attendu que la mention en a été faite dans la matrice cadastrale au profit de l'État depuis un grand nombre d'années,

... Maintient l'État en possession et jouissance des terrains de Douvre qu'il détient depuis plus de trente ans.

1888 (16 MAI). — *Cahier des charges relatif aux travaux des dunes de Gascogne.*

ART. 1er. Les dunes seront fixées, d'après les indications du directeur des travaux, par semis avec couverture ou par plantation de gourbet, et les lettes par semis à découvert ou repiquages.

ART. 2. On emploiera par hectare de dunes :

1° Les quantités de graines de pin maritime, genêt ou ajonc et gourbet spécifiés au devis;

2° Un certain nombre de fagots de broussailles, ou bourrées, à déterminer également par le devis (700 à 1,000) et remplissant les conditions détaillées à l'article 9 ci-après.

Le repiquage des lettes se fera, à moins de stipulations contraires, avec 4 kilogrammes de graine de pin et 2 kilogrammes de graine de genêt et d'ajonc.

ART. 3. Dans les plantations de gourbet, les touffes seront disposées en quinconce, à une distance de o m. 50. L'espacement des touffes pourra toutefois, sur l'ordre du directeur des travaux, être réduit jusqu'à o m. 20 ou porté jusqu'à 1 mètre.

La mise en œuvre du gourbet se fera conformément aux indications de l'article 10.

Art. 4. On emploiera pour 100 mètres courants de palissade moyennement 500 planches de 1 m. 60 de longueur et de o m. o3 d'épaisseur; leur largeur sera comprise entre o m. 17 et o m. 22.

Les piquets pour cordons tressés recevront, suivant l'ordre des agents, une longueur pouvant varier de 2 m. 50 à o m. 75.

Pour 100 mètres courants de cordons tressés, on mettra en œuvre 200 piquets de 2 m. 50 et 80 bourrées; 200 piquets de 2 mètres et 80 bourrées; 200 piquets de 1 m. 75 et 80 bourrées; 200 piquets de 1^{m}50 et 80 bourrées; 200 piquets de 1 m. 25 et 60 bourrées; 200 piquets de 1 mètre et 40 bourrées; 200 piquets de o m. 75 et 20 bourrées et pour 100 mètres courants de cordons simples, 70 bourrées.

Art. 5. Les bourrées destinées au comblement des excavations seront mises en touffes convenablement découpées de o m. 40 à o m. 50 de tour, plantées à une profondeur de o m. 40 et espacées de o m. 30 à o m. 40 de circonférence à circonférence, d'après les indications du directeur des travaux. La hauteur variera, suivant le lieu d'emploi, de o m. 20 à o m. 60 au-dessus du sol.

Art. 6. Les trucs à écrêter seront piochés jusqu'à o m. 35 de profondeur, et l'on débarrassera ensuite le terrain de toute végétation et des débris quelconques pouvant arrêter la marche des sables.

Le gourbet vert et susceptible d'être replanté sera soigneusement arraché, mis en bottes et enterré ; le gourbet non utilisable et les débris de toute nature seront déposés dans les excavations les plus voisines.

Art. 7. Le gourbet, sur les points où il sera reconnu trop serré, sera éclairci conformément aux prescriptions du directeur des travaux. Les tiges surabondantes seront arrachées à la pioche et déposées aux endroits désignés par le surveillant de l'atelier.

Art. 8. Les bourrées et les piquets proviendront des lieux indiqués par les agents dans les forêts de l'État et situés à la distance moyenne portée au devis. A moins d'autorisation spéciale du chef de service, ils ne pourront être pris dans la zone dite *de protection*.

Les éclaircies seront dirigées par un préposé forestier et conduites de proche en proche sans interruption. Lorsqu'on les arrêtera sur un point, on devra régulariser la limite de la partie éclaircie par des lignes droites aussi longues que possible.

Si les broussailles et les piquets étaient en quantité insuffisante ou manquaient complètement dans les forêts domaniales, l'entrepreneur devrait s'en procurer à ses frais dans les bois particuliers, sans toutefois que la moyenne de la distance des transports puisse dépasser la distance spécifiée au devis.

Art. 9. Les broussailles et les piquets seront employés verts.

Les bourrées ne renfermeront pas de cônes ni de branches dont le diamètre serait supérieur à o m. o3 ; on emploiera pour leur confection le pin maritime, le genêt ou l'ajonc, à l'exclusion de la bruyère.

Les fagots de broussailles devront peser 20 kilogrammes du 1er septembre au 31 mai et 15 kilogrammes du 1er juin au 31 août ; ceux qui n'auront pas ce poids seront rebutés et immédiatement refaits sur l'atelier. Il ne sera tenu compte à l'entrepreneur d'aucun excédent pour les bourrées dont le poids dépassera le chiffre réglementaire.

Les piquets pour cordons tressés seront droits et auront au moins, ceux de 1 m. 5o à 2 m. 5o, o m. o6 de diamètre au petit bout, et ceux de 1 m. 25 et au-dessous, o m. o5.

Art. 10. Le gourbet à transplanter sera pris dans les endroits désignés par le directeur des travaux, à la distance moyenne indiquée au devis, et l'extraction en aura lieu par éclaircie, sauf sur les trucs à écrêter ; on le choisira dans les touffes les plus belles et les plus vigoureuses. On ne devra extraire chaque jour que la quantité qui pourra être employée le même jour ou le lendemain.

Les tiges de gourbet seront réunies en bottes du poids de 10 kilogrammes ; les bottes d'un poids inférieur ou qui renfermeront des bois morts ou du sable seront refaites ; il ne sera pas tenu compte de l'excédent pour les bottes pesant plus de 10 kilogrammes.

Le gourbet qui aura plus de trente-six heures d'arrachage sera rebuté.

A mesure que l'on confectionnera les bottes, on les posera debout et on les chaussera de sable sur o m. 25 ou o m. 3o de hauteur, afin d'entretenir la fraîcheur des racines, en les déposant sur le chantier ; on les traitera de la même manière jusqu'au moment de leur emploi.

Art. 11. Les planches pour palisssades seront débitées dans des pins âgés de cinquante ans au minimum, gemmés et non morts sur pied. Elles devront avoir plus de deux mois et moins de six mois de coupe et l'on n'y admettra pas de flaches.

Ces planches porteront, à o m. 20 au-dessous de leur extrémité supérieure, le millésime de l'année en chiffres arabes de o m. o5 de hauteur et seront régulièrement taillées en biseau à l'autre extrémité.

La réception en aura lieu à pied d'œuvre, avant emploi, et l'empreinte du marteau du directeur des travaux y sera apposée, à la partie supérieure, comme signe d'acceptation.

On emploiera également, sur l'indication des agents, pour la construction et l'entretien des palissades, les planches provenant des défenses similaires supprimées ou des lieux de dépôt. L'entrepreneur sera tenu de transporter ces planches après arrachage, le cas échéant, aux endroits désignés.

ART. 12. Les graines seront de première qualité; elles ne seront employées qu'après réception.

Sera rejetée la graine de pin provenant de cônes séchés au four, celle dont l'hectolitre pèsera moins de 56 kilogrammes et celle dont un quart surnagera après immersion dans l'eau.

Les graines de genêt et de gourbet proviendront du pays, et l'on n'admettra que celles qui auront été récoltées sous la surveillance des préposés l'année même des travaux ou l'année précédente.

L'entrepreneur devra fournir un certificat émanant d'un chef de brigade et constatant l'origine et l'époque du ramassage des graines à employer.

ART. 13. L'entrepreneur fournira les ouvriers qui lui seront demandés pour le mesurage et l'arpentage des travaux exécutés; il fournira également les piquets nécessaires pour tracer, s'il y a lieu, le cadre des ouvrages.

ART. 14. Les semis avec couverture s'exécuteront du 1er septembre au 1er juin, si cela est jugé nécessaire pour l'épuisement des crédits; mais on travaillera de préférence du 1er octobre au 1er avril.

ART. 15. Les branches que l'on emploiera pour les couvertures, quelle que soit leur essence, seront plates et disposées comme celles des arbres à rameaux opposés.

On abattra, à cet effet, avec un instrument tranchant, toutes les ramilles qui seraient au-dessus ou au-dessous, et qui empêcheraient les branches de poser bien à plat sur le sol.

Si la côte des branches était tortueuse ou courbe, on la redresserait au moyen d'entailles à mi-bois, faites avec un instrument bien tranchant.

ART. 16. Après leur pose, les broussailles seront recouvertes de sable par un jet de pelle. Ce sablage devra avoir moyennement o m. 06 d'épaisseur et être fait sans occasionner d'excavation.

ART. 17. Lors du repiquage des lettes, les fossettes destinées à recevoir

les graines seront distantes de o m. 5o l'une de l'autre ; on les ouvrira à la
pelle au moment même des semis, à une profondeur ne dépassant pas
o m. o3 et l'on introduira dans chacune d'elles trois graines de pin et une
quantité proportionnée de graines de genêt ou d'ajonc.

Les terres soulevées seront ensuite tassées avec le pied.

ART. 18. Chacune des touffes de gourbet à planter aura au moins cinq ou
six brins avec deux nœuds de reprise par brin; elles seront introduites dans
des trous de o m. 25 à o m. 3o de profondeur, et seront garnies de sable
fortement comprimé.

Cette plantation aura lieu du 1ᵉʳ septembre au 1ᵉʳ avril ; toutefois, selon les
circonstances atmosphériques, le chef de service pourra avancer cette époque
d'un mois.

ART. 19. La construction des palissades s'exécutera de la manière suivante :
lorsque l'alignement à suivre aura été déterminé, on ouvrira une tranchée
de o m. 4o de profondeur, dans le fond de laquelle on enfoncera encore les
planches de o m. 20, de manière qu'elles prennent une fiche de o m. 6o.
On ménagera entre elles un espace de o m. 02; puis on les chaussera avec
le sable provenant de la tranchée, et l'on régularisera leur surface de sorte
qu'elle soit parfaitement plane.

ART. 20. L'entrepreneur devra, pour l'entretien des palissades, relever les
planches renversées, exhausser ou déchausser, d'après les indications du directeur des travaux, les planches couronnées et remplacer les planches usées.

Le déchaussement des planches sera effectué ainsi qu'il suit; on fera tomber
le sable des deux côtés de la palissade, sur les pentes Est et Ouest de la dune
littorale, de façon à découvrir la palissade sur une hauteur de o m. 70 et à
former sur le sommet de la dune, de chaque côté de la ligne de défense, une
surface parfaitement horizontale. L'horizontalité de cette plate-forme sera véri-
fiée chaque jour, lors du métrage du travail exécuté, au moyen d'une équerre,
dont une branche de o m. 70 de hauteur, munie d'un fil à plomb, devra
s'appliquer contre la palissade, et l'autre, de 4 mètres de longueur, sur la surface de la dune.

ART. 21. Les cordons sur piquets s'exécuteront en donnant aux piquets une
fiche de o m. 5o. On clayonnera les piquets de 1 m. 25 et au-dessous, sur
toute leur hauteur, à partir du sol, et ceux de 1 m. 5o et au-dessus sur 1 mètre de hauteur; le surplus de ces derniers piquets sera tressé, quand la partie
inférieure se trouvera ensablée.

L'entrepreneur sera tenu de clayonner à nouveau, sur l'indication du directeur des travaux, les piquets démunis de broussailles par vétusté ou autrement.

Art. 22. Les cordons simples devront avoir o m. 70 de hauteur au-dessus du sol, les branches prenant dans le sol une fiche de o m. 25 au moins.

Art. 23. Il sera loisible à l'entrepreneur de faire les transports des bourrées et piquets, en dehors de la zone littorale, soit par voiture, soit à dos de bêtes de somme ou à dos d'homme.

Dans la zone littorale, les transports, sauf pour les planches, ne pourront être faits qu'à l'aide de bêtes de somme ou à dos d'homme; l'emploi des voitures est formellement interdit.

. . . .

1893 (3 janvier). — *Jugement du tribunal civil de Bordeaux relatif à la propriété d'un terrain dit* Lette du crohot de Lacanau.

Attendu que, pour apprécier l'utilité des actes de propriété allégués par la commune de Lacanau et, par suite, la recevabilité de sa demande, il importe de rappeler les conditions dans lesquelles le débat s'est engagé et de préciser les prétentions des parties au sujet du droit de propriété lui-même; attendu que, le 21 juin 1889, il a été dressé par un agent de l'Administration forestière un procès-verbal relevant comme une contravention le fait, par un sieur Tessier, fermier des pinadas de la commune de Lacanau, d'avoir fait gemmer trente-huit pins accrus sur une lette qu'il prétendait comprise dans son adjudication;

Que la commune, considérant ce procès-verbal comme un trouble à la jouissance plus qu'annale qu'elle prétendait avoir de cette lette, a actionné l'État pour se faire légalement maintenir sa possession;

Attendu que, pour repousser les prétentions de la commune, l'État s'est borné, devant le juge de paix du canton de Castelnau, à soutenir que la lette litigieuse avait été comprise dans l'atelier d'ensemencement dit *du Porge et de Lacanau*[1], ainsi que cela résultait du plan général de cet atelier dressé le 21 avril 1860; que le Conseil municipal de cette dernière commune avait, par délibération du 14 juillet de la même année, approuvé le projet présenté

------

[1] Voir chapitre v, § 19, entreprise n° 7, Déhillote-Ramondin et Gorry.

par les ingénieurs; que, ce plan ayant été publié et affiché conformément à la Loi, aucune réclamation n'avait été faite; qu'enfin, sur l'avis de la Commission d'enquête, il avait été annoncé et publié, par les voies légales, que, le 24 novembre suivant, il serait procédé, à la préfecture de Bordeaux, à l'adjudication des travaux de fixation de 1,184 h. 90 a. 45 c. de dunes, contenance dans laquelle la lette litigieuse était englobée;

Qu'ainsi, devant le juge de paix, l'État n'étayait sa résistance que sur les dispositions de l'article 5 du décret du 14 décembre 1810, remis en vigueur par l'ordonnance royale du 13 octobre 1847;

Attendu qu'aux termes de la jurisprudence de la Cour de cassation et de la Cour de Bordeaux les travaux d'ensemencement des lettes et dunes exécutés en vertu de l'article 5 du décret précité n'ayant pour effet d'attribuer à l'État aucun droit de propriété ou de possession *animo domini*, et ne pouvant constituer, en vertu même du titre qui les autorise, qu'une occupation précaire et momentanée, ne peuvent jamais, même en cas d'inaccomplissement des formalités légales, être considérés comme un trouble autorisant l'action en complainte;

Qu'il est à remarquer, ainsi que cela a été déjà décidé par la Cour de Bordeaux, que par cela seul que l'Administration a procédé à l'ensemencement sur plan et après affiches, elle a reconnu le droit de propriété de la commune, puisque ce mode de procéder n'a été prescrit par le décret du 14 décembre 1810 que pour les terrains appartenant à des communes ou à des particuliers;

Que l'État, en défendant sa possession, précaire au point de vue de l'acquisition de la propriété qu'il ne pourrait plus revendiquer, mais légale au point de vue de l'application du décret de 1810, n'a porté aucune atteinte aux droits de la commune, qui doit dès lors être considérée comme non recevable dans son action;

Attendu que, dans les conclusions qu'il a fait signifier sur l'appel interjeté par la commune de Lacanau, l'État paraît, il est vrai, contester les titres de propriété de cette dernière, et notamment la transaction intervenue entre elle et le sieur Tessier et autres, le 30 novembre 1859, mais que ce manque de netteté dans l'attitude de l'État et cet excès d'argumentation, en contradiction formelle, du reste, avec l'effet qu'il prétend faire produire lui-même au décret de 1810, ne saurait constituer une contestation sérieuse sur le droit de propriété de la commune, ni modifier les conditions du débat telles qu'elles ont été prévues dans les conclusions prises par lui au début de l'instance devant le juge au premier degré;

Attendu, d'autre part, que la solution des difficultés que pourraient faire naître soit la procédure suivie lors de la publication et de la mise en œuvre du projet d'ensemencement, soit l'application du plan dont il était accompagné, soit enfin le mode ou l'étendue de l'exécution qu'il a reçue, rentre dans la compétence de la jurisprudence administrative devant laquelle la commune de Lacanau aura à se pourvoir si elle le juge à propos :

Par ces motifs, le tribunal, après en avoir délibéré, reçoit la commune de Lacanau, appelante de la sentence du juge de paix du canton de Castelnau, en date du 22 février 1890, émendant et faisant ce que le premier juge aurait dû faire, la déclare simplement non recevable dans l'action possessoire qu'elle a intentée contre l'État ;

Fait masse des dépens tant de première instance que d'appel et dit qu'ils seront supportés une moitié par l'État et une moitié par la commune de Lacanau, liquidés à. . ., etc.

1893 (24 septembre). — *Bulletin de la Société de géographie.* (Résumé.)

Ce *Bulletin* publie le résultat des expériences de bouteilles qui ont été lancées, pendant l'été de 1893, dans le golfe de Gascogne. Des cartes font connaître les trajets suivis par des épaves et carcasses de navires, les expériences du prince de Monaco et celles des pêcheries d'Arcachon.

Ces diverses observations montrent que, depuis les Açores jusqu'au fond du golfe de Gascogne, un navire est sollicité dans les directions suivantes :

Des Açores au 12ᵉ méridien, vers le nord-est, l'est et le sud-est; vitesse : 16 milles par vingt-quatre heures;

Du 12ᵉ méridien au 8ᵉ, vers l'est-sud-est; vitesse : 8 milles par vingt-quatre heures; vers le 8ᵉ méridien, il existe une région de 100 milles de largeur, avec contre-courants et tourbillons;

Du 7ᵉ au 5ᵉ méridien, vers l'est-sud-est; vitesse : 6 milles;

Du 5ᵉ méridien à la côte des Landes, vers l'est-sud-ouest; vitesse : 2 milles 2; puis vers le sud-est; vitesse : 4 milles.

L'influence des vents est prépondérante, car, en juin et juillet, où les vents ont poussé vers la côte, il a été recueilli 21 bouteilles, tandis qu'en août et septembre, où les vents ont poussé au large, il n'en a été recueilli que 2.

TABLE DES MATIÈRES.

Pages.

Chapitre I. — Description des dunes de Gascogne...................... 1

Formation des dunes....................................... 1

Vitesse des dunes, forme, altitude, superficie. — Volume des sables.... 5

Deux formations distinctes de dunes. — Origine des sables............ 11

Étangs. — Érosions. — Landes, dunes, lettes; distinction entre ces diverses modalités du sol. — Végétation naturelle des dunes. — Production ancienne de la région des dunes. — Climat...................... 16

Chapitre II. — Les précurseurs de Brémontier....................... 31

Chapitre III. — Les premiers essais de Brémontier (1787-1793).......... 40

Chapitre IV. — Commission des dunes (1801-1817).................... 49

Organisation de la Commission des dunes....................... 49

Commencement des travaux................................. 54

Évaluation des avantages de l'opération (1775-1803)............... 58

Mode d'exécution des travaux. — Prix de revient. — Essences........ 60

Statistique... 66

Police des dunes.. 67

Exploitation. — Gemmage.................................. 69

Dunes autres que celles du golfe de Gascogne.................... 71

Propriété des dunes de Gascogne............................. 73

Chapitre V. — Administrations des ponts et chaussées (1817-1862) et des eaux et forêts (à partir de 1862)................................. 93

Organisation du service.................................... 93

Dune littorale... 94

Procédés d'ensemencement. — Prix de revient. — Essences. — Récolte
  des graines.. 100

Carte des dunes.. 105

Statistique.. 109

Police des dunes... 111

Incendies. — Dispositions légales et réglementaires relatives aux incendies.
  — Garde-feu. — Statistique.. 111

État des peuplements. — Aménagements................................. 120

Gemmage... 121

Emplois de la résine.. 123

Débit du pin maritime... 124

Production des forêts des dunes....................................... 127

Chasse et pêche... 131

Travaux d'amélioration et d'entretien. — Chemins. — Maisons. — Fossés
  de séquées. — Repeuplements... 132

Courants de Mimizan et d'Huchet....................................... 137

Travaux de défense contre l'Océan..................................... 139

Délimitations et bornages... 140

Cadastre.. 147

Aliénations.— Affectations.— Échanges. — Estimation des forêts des dunes. 148

Transactions avec les communes du département des Landes............. 152

Décret du 14 décembre 1810. — Jurisprudence. — Cession de dunes
  boisées en payement des frais de fixation........................... 155

Jurisprudence relative à la distinction entre les dunes et les lettes. — Lettes
  de Lège et de Lacanau... 167

Propriété des dunes de Gascogne. — Jurisprudence..................... 176

CHAPITRE VI. — QUESTIONS DIVERSES RELATIVES AUX DUNES ET AUX LANDES..... ... 181

Organisation administrative... 181

Essences autres que le pin maritime. — Forêts communales............. 186

Montagnes usagères.. 191

Assainissement et mise en valeur des landes.......................... 192

Desséchement des marais du littoral.................................. 198

Dunes autres que celles de Gascogne.................................. 201

DOCUMENTS ANNEXÉS.

16 septembre 1659. — Vente de la terre de Lacanau à M. de Caupos par le duc d'Épernon.. 205

1775. — Demande de concession de canaux de navigation dans les landes de Bordeaux.. 206

1775. — Demande de concession du terrain situé sur les bords de la mer et des étangs, depuis la pointe de Grave jusqu'à Bayonne............... 207

1778. — Projet de lettre à M. Necker et à MM. des domaines, au sujet de la fixation des dunes.. 208

1779. — Projet relatif au port d'Arcachon, aux canaux des Landes et à leur mise en valeur, et à la fixation des dunes........................... 210

23 mars 1779. — Concession à M. Amanieu de Ruat des dunes de la Teste, Gujan et Cazaux.. 217

26 février 1780. — Lettre de l'intendant de Guienne au ministre, au sujet de la fixation des dunes.. 218

18 septembre 1787. — Ordonnance de payement pour les premiers essais de Brémontier.. 219

21 juillet 1791. — Arrêté du directoire du département de la Gironde sur la fixation des dunes.. 219

20 septembre 1792. — Arrêté du Conseil général de la Gironde prescrivant l'ensemencement d'une partie des dunes de la Teste............... 220

23 prairial an v. — Procès-verbal de visite des dunes de la Teste, par M. Guyet-Laprade... 221

16 floréal an VIII. — Rapport de l'Institut sur les mémoires de Brémontier... 225

26 messidor an VIII. — Rapport sur la fixation des dunes, par M. Fleury.... 232

9 frimaire an IX. — Rapport de Chaptal sur la fixation des dunes.......... 238

13 messidor an IX. — Arrêté des consuls relatif à l'ensemencement des dunes. 240

3ᵉ jour complémentaire an IX. — Arrêté des consuls relatif à la fixation et à la plantation des dunes.. 241

2 vendémiaire an x. — Procès-verbal de visite de l'embouchure de la Gironde relativement à la fixation et à la fertilisation des dunes................. 242

22 nivôse an x. — Arrêté du préfet de la Gironde; plantation des dunes.... 243

19 germinal an x. — Procès-verbal de visite des dunes de la Teste par M. Guyet-Laprade.. 247

25 frimaire an xi. — Lettre de Brémontier à la Société d'agriculture de la Seine. 249

20 nivôse an xi. — Société des sciences, belles-lettres et arts de Bordeaux. — Lettre au Ministre... 253

17 brumaire an xii. — Délibération de la Commission des dunes. — Pâturage. 255

22 brumaire an xii. — Arrêté du préfet de la Gironde. — Pâturage........ 257

20 pluviôse an xii. — Quatrième mémoire de Brémontier............... 258

3 messidor an xii. — Arrêté du préfet de la Gironde. — Pâturage......... 263

16 janvier 1806. — Arrêté du préfet de la Gironde. — Police des dunes..... 264

5 et 19 février 1806. — Société d'agriculture de la Seine. — Rapport sur les mémoires de Brémontier....................................... 265

2 avril 1806. — Société d'agriculture de la Seine. Deuxième rapport sur les mémoires de Brémontier.. 267

12 juillet 1808. — Décret de Bayonne.............................. 268

18 octobre 1808. — Circulaire du directeur général des Ponts et Chaussées aux préfets.. 269

9 avril 1810. — Avis de la Commission sur la propriété des dunes......... 270

11 avril 1810. — Les commissions des dunes réunies adoptent le rapport du 9 avril... 273

1810. — Rapport du Ministre de l'intérieur relatif au décret du 14 décembre 1810... 273

14 décembre 1810. — Décret relatif à la plantation des dunes............ 274

11 février 1811. — Circulaire du directeur général des Ponts et Chaussées aux préfets.. 276

5 février 1817. — Ordonnance relative à la fixation des dunes............ 277

7 octobre 1817. — Règlement relatif aux travaux des dunes............. 279

28 septembre 1818. — Conditions de la remise à l'Administration forestière des dunes boisées... 280

17 juin 1819. — Arrêté du préfet de la Gironde. — Police des dunes....... 281

21 août 1821. — Arrêté du préfet de la Gironde. — Police des dunes...... 282

31 janvier 1839. — Ordonnance relative à l'exploitation des pins maritimes des dunes de Gascogne.. 283

17 août 1840. — Rapport de la Commission des dunes de 1838......... 283

9 février 1846. — Dunes de la Teste. — Jugement du tribunal civil de Bordeaux.. 287

31 août 1848. — Dunes de la Teste. — Arrêt de la cour de Bordeaux...... 288

20 février 1858. — Consultation pour la commune de Lacanau. — Partage des lettes.. 291

29 avril 1862. — Décret qui place le Service des dunes dans les attributions du Ministre des finances.. 294

3 août 1864. — Dunes de Lège. — Jugement du tribunal civil de Bordeaux. 295

25 juillet 1870. — Dunes du Porge. — Arrêt de la cour de Bordeaux...... 296

9 décembre 1887. — Marais de Douvre. — Jugement du tribunal civil de Dax. 299

16 mai 1888. — Cahier des charges relatif aux travaux des dunes de Gascogne. 300

3 janvier 1893. — Lette du crohot de Lacanau. — Jugement du tribunal civil de Bordeaux.. 305

24 septembre 1893. — Bulletin de la Société de géographie.............. 307

PLANCHES.

I.   Dunes de Biscarrosse (Landes). — Profil en travers passant par le point culminant.

II.   Dunes de Biscarrosse. — Profil en travers passant à 1,000 mètres au sud de Parentis.

III. Dunes de Sainte-Eulalie (Landes). — Profil en travers passant par Sainte-Eulalie.

IV.   Dunes de Soustons (Landes). — Profil en travers passant à 980 mètres au nord de Soustons.

V.   Dune haute et dune plate.

VI.   Pointe du Bas-Médoc au commencement du xviiie siècle.

VII. Le bassin d'Arcachon au commencement du xviiie siècle.

VIII. Le bassin d'Arcachon à la fin du xviiie siècle.

VUES PHOTOGRAPHIQUES.

I.   Une exploitation résinière dans les dunes.

II. Perchis de pin maritime et maison forestière dans les dunes du Porge (Gironde).

III.   Peuplements de pin maritime et garde-feu dans les dunes de la Teste (Gironde).

IV.   Dune du Sablonney (Gironde). — Peuplement envahi par les sables.

V.   Montagne de la Teste (Gironde). — Peuplement de pin et de chêne-vert.

VI.   Montagne de la Teste. — Un vieux chêne-vert.

VII.   Peuplements de pin maritime et garde-feu dans les dunes de Gastes (Landes).

VIII.   L'étang d'Aureilhan et la dune de Couraous (Landes).

IX.   Une lagune dans les dunes de Mimizan (Landes).

X.   Vue des dunes de Mimizan, sur la rive gauche du courant.

XI.   Un observatoire à incendie dans les dunes de Mimizan.

Pl I

la Pyramide
alt 88 m

Dunes d'ancienne formation
Montagne de Biscarrosse.

Telle de la Prade.

Telte de Naouas

Telte de Quinch

Lande.

Petit étang de Biscarrosse.

Niveau du sol primitif.

OCÉAN.

R F

Niveau moyen de l'Océan.

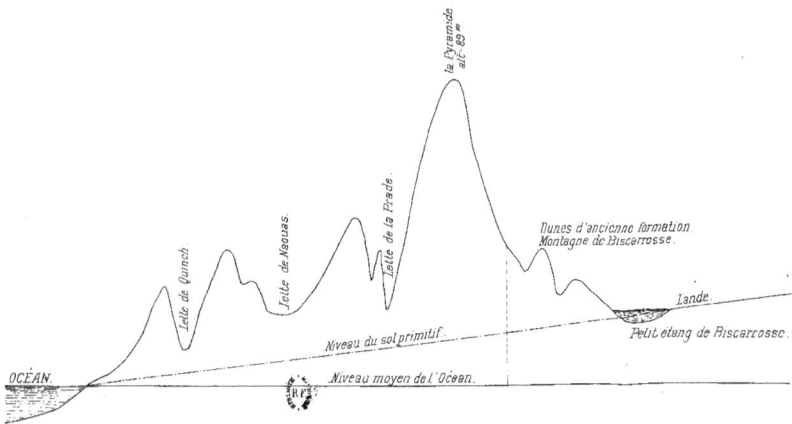

DUNES DE BISCARROSSE. — (LANDES).

Profil en travers passant par le point culminant.

Échelle des longueurs· $\frac{1}{40.000}$
hauteurs· $\frac{1}{1000}$.

Pl II.

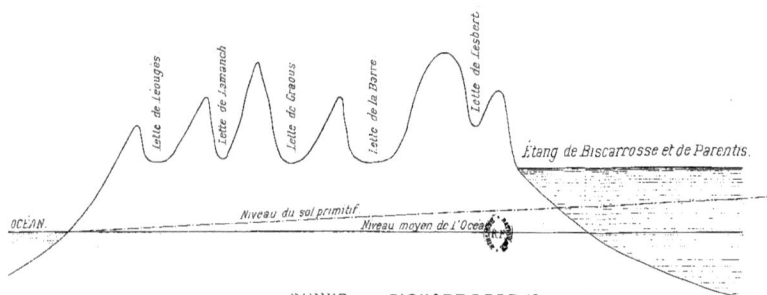

Lette de Levuges
Lette de Lamanch
Lette de Graous
Lette de la Barre
Lette de Lesbert

Étang de Biscarrosse et de Parentis.

OCÉAN.

Niveau du sol primitif

Niveau moyen de l'Océan

DUNES DE BISCARROSSE (LANDES)

Profil en travers passant à 1000ᵐ au sud de Parentis.

Échelle des longueurs - 1/40 000
— ··· — ··· hauteurs - 1/4000

Pl. III.

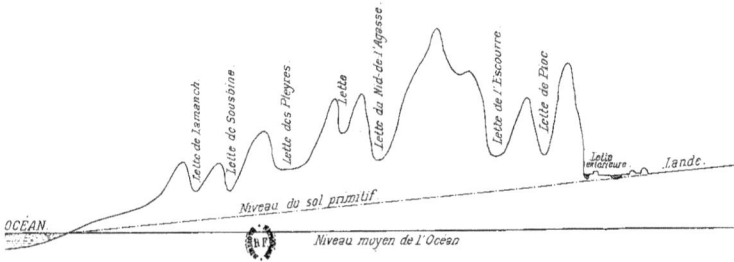

Coupe transversale
DES DUNES DE Ste EULALIE - LES - BAINS
À Ste EULALIE (Landes).

Echelle des longueurs. $\frac{1}{10.000}$.
hauteurs $\frac{1}{1000}$.

Pl. IV

OCÉAN.

Niveau du sol primitif.

Lande.

Niveau moyen de l'Océan.

Étang de Soustons.

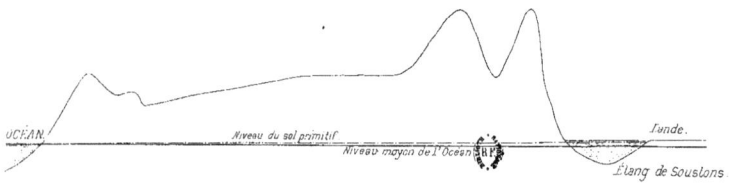

DUNES DE SOUSTONS (LANDES)

Profil en travers passant à 980 m. au nord de Soustons.

Échelle des longueurs : $\frac{1}{10\,000}$.
hauteurs : $\frac{1}{1000}$

Pl. V.

D'après M. le Boullenger (rapport du 6 Décembre 1817)

Dune haute, à marche lente.

Dune plate, à marche rapide.

POINTE du BAS-MEDOC au commencement du 18.e siècle

Échelle - 80.000

(Réduction de la carte de Masse).

• Tour de Cordouan
construite en 1584

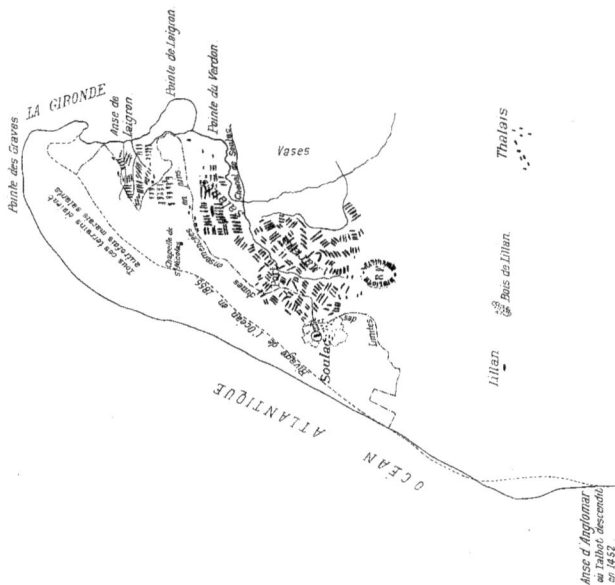

LA GIRONDE

Pointe des Graves

Anse de Laigron

Chenal de Laigron

Pointe du Verdon

Vases

Tous ces terrains étaient à l'abri sous bois

Chapelle de
Soulac

Tous ces terrains étaient à l'abri sous bois

Landes

Bourg de l'Océan, en 1855.

Soulac

Lilian

Bois de Lilian.

Thalais

OCÉAN ATLANTIQUE

Anse d'Anglomar
où Talbot descendit
en 1452

PL VII

LE BASSIN D'ARCACHON
au commencement du II° siècle
Echelle 1/5000
(Réduction de la carte de Masse)

Ares

Canal à Boudaous

Canal d'Ares

Île de
la Teste

BASSIN D'
ARCACHON

Bélisaire

Teignat de Gujan

Port

Bordes

La Teste de Buch

Banc de Larros

Banc de la
Mataquerite

Anse de Lestu

Banc

Banc

Bassin
du Pilac

Passe du Filleau

Grande Batture

OCÉAN ATLANTIQUE

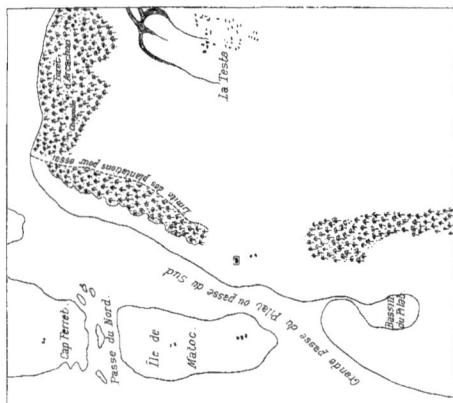

BASSIN D'ARCACHON *à la fin du 18ᵉ siècle*

Échelle - 1⁄50000

(Réduction de la carte des premiers essais de Brémontier)

I. — Une exploitation résinière dans les dunes.

II. — Perchis de pin maritime et maison forestière dans les dunes du Porge (Gironde).

III. — Peuplements de pin maritime et garde-feu dans les dunes de la Teste (Gironde).

IV. — Dune du Sablonney (Gironde). Pins envahis par les sables.

V. — Montagne de la Teste (Gironde). Peuplement de pin et de chêne yeuse.

VI. — Montagne de la Teste. Un vieux chêne yeuse.

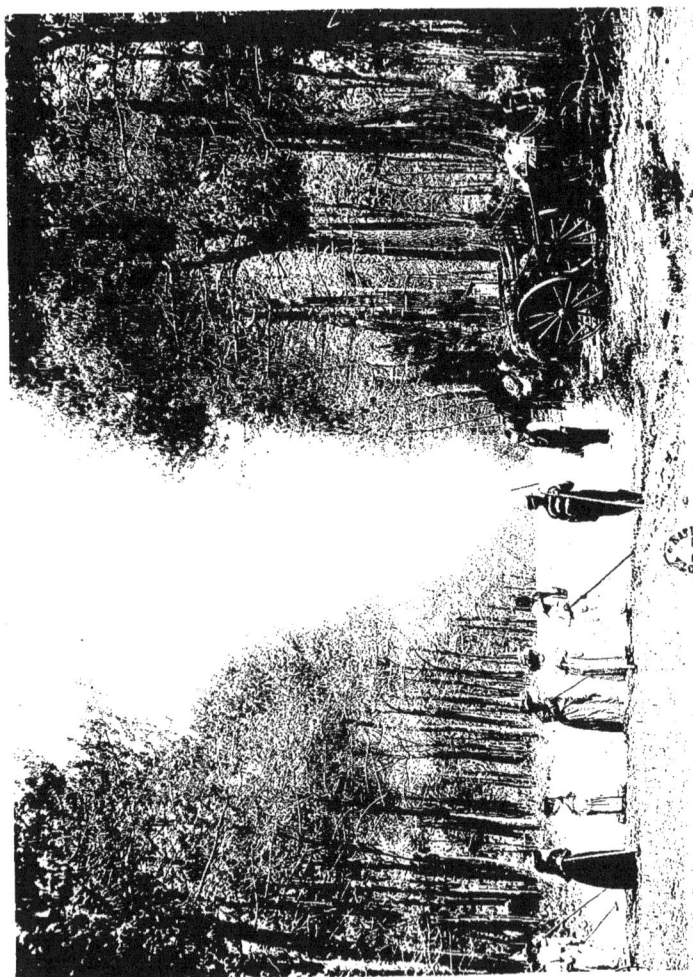

VII. — Perchis de pin maritime et garde-feu dans les dunes de Gastes (Landes).

VIII. — L'étang d'Aureilhan et la dune de Couraous (Landes).

IX. — Une lagune dans les dunes de Mimizan (Landes).

X. — Dunes de Mimizan, sur la rive gauche du courant.

XI. — Un observatoire à incendie dans les dunes de Mimizan.

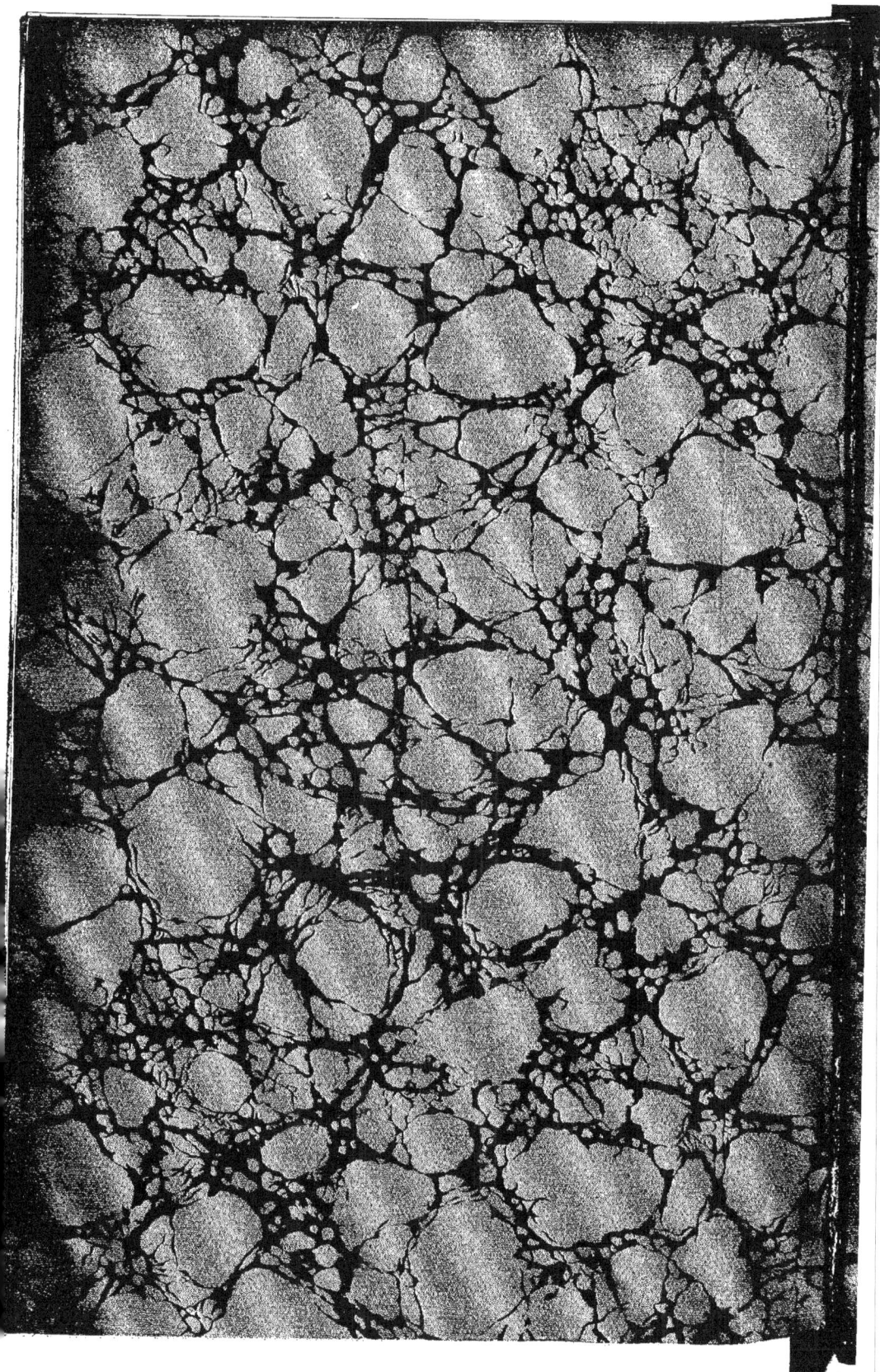

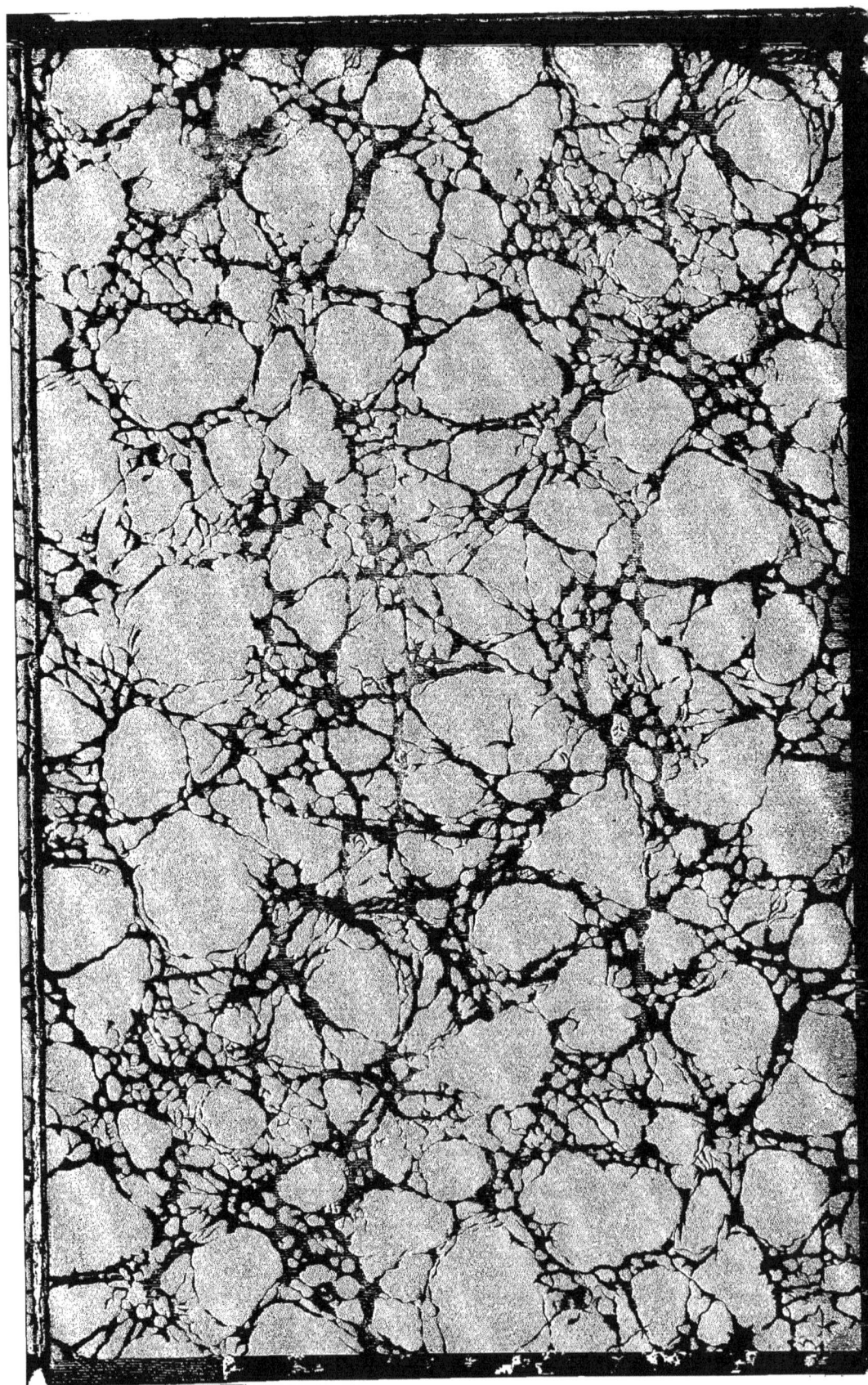

www.ingramcontent.com/pod-product-compliance
Lightning Source LLC
Chambersburg PA
CBHW060121200326
41518CB00008B/887